药用植物安全生产概论

万树青　编著

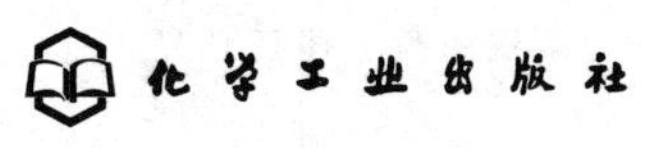

·北京·

内容简介

本书在系统阐述我国药用植物安全生产现状、药用植物栽培基础与采后安全管理、药用植物病虫草鼠害及其绿色防控技术的基础上，重点介绍了农药、重金属和其他有害物质在药用植物上的残留问题和减害治理原理与方法，并科学总结了现代农业技术在药用植物生产中的应用技术。此外，按植物生药部位，分别介绍了33种药用植物的生物学特征、药用功效和病虫害绿色防控的具体措施和方法。

本书可供从事药用植物栽培、生产，药用植物病虫草害防治等工作的技术人员使用，也可作为高等院校药用植物栽培、植物保护、中医药、制药工程专业等相关师生的教学参考书。

图书在版编目（CIP）数据

药用植物安全生产概论 / 万树青编著. -- 北京 : 化学工业出版社，2024. 10. -- ISBN 978-7-122-46155-1

Ⅰ. S567

中国国家版本馆 CIP 数据核字第 20248CJ140 号

责任编辑：孙高洁　刘　军　　装帧设计：关　飞
责任校对：田睿涵

出版发行：化学工业出版社
(北京市东城区青年湖南街 13 号　邮政编码 100011)
印　　装：河北延风印务有限公司
710mm×1000mm　1/16　印张 17¾　彩插 2　字数 345 千字
2024 年 11 月北京第 1 版第 1 次印刷

购书咨询：010-64518888　　售后服务：010-64518899
网　　址：http://www.cip.com.cn
凡购买本书，如有缺损质量问题，本社销售中心负责调换。

定　　价：98.00 元

前言

药用植物是中医药材的重要资源之一。随着现代科学技术的迅猛发展和中医药学的进步，特别是人们崇尚自然、追求天然的情趣和返璞归真日渐成风，当前天然药物即药用植物的需求量不断攀升。为了满足人们防病治病和保健养生对药用植物的需求，大量野生药用植物已被人类引种驯化，由野生种转化为栽培品种，成为现代中药农业的重要组成部分。据有关部门统计，在我国常用植物源中药材的500～600种中，约有250种主要依赖人工栽培，生产总量已占市场总需求量的70%左右。因此，人工栽培的药用植物是中医药材的主要来源。

药用植物的安全生产既要保障药用植物的产量，又要保证中药材的质量，是关系到解除国人疾病痛苦、保障用药健康的大事。

随着药用植物的引种驯化和人工栽培进程的推进，药材的产量和质量提升提上了议事日程。实施中药材GAP，即《中药材生产质量管理规范》，对中药材生产全过程进行有效的品质控制，是保证中药材品质“稳定、可控”、保障中医临床用药“安全、有效”的重要措施。确保用药安全和有效的前提是保证生产过程中的安全性。这种安全性包括药用植物生长的环境、病虫草鼠害防治、施肥等的安全性。为了培养生药学人才，华南农业大学为生物制药工程专业本科生开设了“药用植物安全生产技术”课程，本书在该课程讲义的基础上，修改编写而成。

本书在总论中主要介绍药用植物栽培学基础和安全种植相关内容，药用植物主要病虫草鼠害生物学及安全防控的理论与实践，农药安全使用及残留控制，内源性和环境中有害物质的检测及安全性评价，现代农业技术在药用植物生产中的应用。在各论中分别按根和根茎类、全草类、果实以及种子类、花类、皮类、药用蕨类植物阐述常用药用植物主要病虫害的防治技术等。

本书的出版将为中药材教学，特别为药用植物安全生产方面提供理论依据和实践指导，在我国生药学科人才培养、中医药发展等方面发挥重要作用。本书可作为农业院校植保专业、环保专业以及中医药大学制药工程和生药学专业学生专业学习的重要参考书或教材，作为从事药用植物研究单位和管理部门的文献资料，也可为药用植物种植专业户提供科学种植指导。

由于国内对药用植物病虫草鼠害的研究较少，参考的文献有限，加之作者专业知识的限制，书中不足和疏漏在所难免，敬请广大读者予以批评指正。

万树青

2024 年 7 月

目录

上篇 总论

第一章 绪论 002

第一节 药用植物安全生产相关基本概念 002

第二节 我国药用植物生产现状 006

一、我国药用植物栽培历史与现状 006

二、我国主要药用植物的分布 007

第三节 中药材质量标准与安全评价重要性 008

一、中药材质量标准用途和分类 008

二、中药材质量标准的制定与实施 009

三、重视中药材安全评价工作 011

四、国际中药材安全评价标准现状 012

五、药用植物生产安全性措施 013

第二章 药用植物栽培基础与采后安全管理 014

第一节 药用植物栽培生理学基础 014

一、药用植物生长与发育 015

二、药用植物生长所需的环境条件 020

三、药用植物产量构成与品质形成 023

第二节 药用植物引种 032

一、引种的意义及其主要内容 032

二、引种的步骤和方法 032

第三节 药用植物繁殖方式 034

一、有性繁殖 034
二、无性繁殖 037
第四节　药用植物田间管理 039
一、施肥管理 039
二、有害生物防治 040
第五节　中药材采收与注意事项 041
一、采收原则 041
二、注意事项 042

第三章　药用植物病害及其绿色防控 044

第一节　药用植物病理学基础 044
一、植物病原类型 044
二、病原致植物病害的机制 059
三、非侵染性病害 064
四、药用植物病害的发生特点 069
第二节　药用植物病害绿色防控 070
一、农业措施 070
二、生物防治 071
三、科学用药原则 072
第三节　药用植物病害化学防治与安全用药 072
一、化学杀菌剂类型和特点 072
二、杀菌剂的安全使用 075
第四节　药用植物线虫病害及绿色防控 077
一、植物线虫生物学特性及药用植物重要线虫 077
二、植物线虫的绿色防控 082

第四章　药用植物虫害及其绿色防控 084

第一节　药用植物害虫的类型及发生规律 084
一、药用植物害虫的主要类型 084
二、道地药材害虫的特点 087
三、药用植物害虫种类特点及食性特点 088
四、药用植物地下病虫危害 089
五、无性繁殖材料是虫害初侵染的重要来源 089
第二节　药用植物虫害的绿色防控与安全用药 089
一、绿色防控的内容与技术 090
二、虫害的安全用药 100

第五章　药用植物草害及其绿色防控 105
第一节　杂草生物学与生态学基础 105
一、杂草生物学多样性 105
二、杂草个体与种群生态 107
三、杂草群落生态 109
第二节　植物化感作用 111
一、化感作用及其化感物来源 111
二、化感作用物进入环境的主要途径 111
三、化感作用的机理 111
第三节　杂草的分类及其对药用植物生长的影响 112
一、杂草的分类 112
二、杂草对农作物危害及药用植物草害问题 113
第四节　杂草绿色防控与化学除草剂 116
一、药用植物杂草绿色防控原则和技术 116
二、化学除草剂的安全使用 121
第六章　药用植物鼠害及其绿色防控 124
第一节　药用植物鼠害的特点 124
第二节　鼠害的绿色防控措施 125
一、农业措施 125
二、生物防治 125
三、物理防治 125
四、化学防治 125
第三节　化学杀鼠剂的安全使用 126
一、杀鼠剂的主要类型 126
二、杀鼠剂的安全使用 126
第七章　药用植物农药及其他有害物残留毒性与控制 128
第一节　药用植物有害物质残留主要类型 129
一、农药残留概念及其危害 129
二、重金属概念及其危害 130
三、黄曲霉毒素和其他真菌毒素 131
四、二氧化硫危害 132
第二节　药用植物残留有害物质毒性 133

一、农药残留毒性 133
二、重金属毒性 137
第三节 药用植物有害物质残留控制 138
一、农药残留控制 138
二、重金属残留控制 141

第八章 现代农业和生物技术在药用植物生产中的应用 143

第一节 药用植物无公害与有机栽培技术 143
一、药用植物无公害与有机生产概况 143
二、药用植物无公害与有机栽培对生态环境的要求 145
三、药用植物无公害与有机栽培管理技术 146
第二节 药用植物现代设施栽培技术 150
一、现代设施栽培在药用植物上的应用 150
二、药用植物现代设施栽培的发展趋势 153
第三节 现代生物技术在药用植物生产中的应用 154
一、应用生物技术开展药用植物快速繁殖、资源保护 154
二、应用生物技术进行药用植物育种 156
三、DNA 分子标记在药用植物分类和药材鉴定上的应用 158
四、应用生物技术加快次生代谢物的生产 159

下篇
各论

第九章 根和根茎类 162

一、人参 163
二、三七 165
三、川芎 169
四、丹参 171
五、乌头（附子） 173
六、天麻 176
七、牛膝 178
八、半夏 180
九、白术 182
十、甘草 187
十一、白芷 191
十二、地黄 193
十三、当归 197
十四、板蓝根 201
十五、泽泻 204

第十章　全草类 208

一、广藿香 208
二、北细辛 212
三、肉苁蓉 216

第十一章　果实及种子类 220

一、山茱萸 220
二、五味子 227
三、宁夏枸杞 230
四、阳春砂 233
五、栝楼 235

第十二章　花类 239

一、忍冬 239
二、菊花 241
三、番红花 246

第十三章　皮类 250

一、肉桂 250
二、杜仲 253
三、牡丹 256

第十四章　药用蕨类植物 264

一、金毛狗脊 264
二、海金沙 266
三、紫萁 268
四、贯众 269

附录　我国禁限用农药名单 272

主要参考文献 273

上篇 总论

第一章 绪论

第一节　药用植物安全生产相关基本概念

1. 药用植物

药用植物是能够供药物使用的一些植物的总称。这类植物具有一定药用功效，植物的叶、茎、根、花、果实具有治疗疾病和保健作用。药用植物包括高等植物、蕨类、苔藓类等具有药用价值的野生和栽培的植物。

2. 道地植物药材

道地植物药材就是指在特定自然条件和生态环境的区域内所产的药材，并且生产较为集中，配套一定的栽培技术和采收加工方法，质优效佳，为中医临床所公认。

常用的道地植物药材有：①川药。主产地四川、西藏等。如川贝母、川芎、黄连、川乌、附子、麦冬、丹参、干姜、白芷、天麻、川牛膝、川楝子、川楝皮、川续断、花椒、黄柏、厚朴、金钱草、五倍子、冬虫夏草、麝香等。②广药。主产地广东、广西、海南及台湾。如阳春砂、广藿香、广金钱草、益智仁、广陈皮、广豆根、肉桂、桂莪术、苏木、巴戟天、高良姜、八角茴香、化橘红、樟脑、桂枝、槟榔等。③云药。主产地云南。如三七、木香、重楼、茯苓、萝芙木、诃子、草果、马钱子、儿茶等。④贵药。主产地贵州。如天冬、天麻、黄精、杜仲、吴茱萸、五倍子、朱砂等。⑤怀药。主产地河南。如著名的四大怀药——地黄、牛膝、山药、菊花，以及天花粉、瓜蒌、白芷、辛夷、红花、金银花等。⑥浙药。主产地浙江。如著名的浙八味——浙贝母、白术、延胡索、山茱萸、玄参、杭白芍、杭菊花、杭麦冬，以及温郁金、莪术、杭白芷、栀子、乌梅等。⑦关药。主产地山海关以北、东北三省及内蒙古东部。如人参、细辛、辽五味子、防风、关黄柏、龙胆、平贝母、刺五加、升麻、蛤蟆油、甘草、麻黄、黄芪、赤芍、苍术等。⑧北药。主产地河北、山东、山西及内蒙古中部。如党参、酸枣仁、柴胡、白芷、北沙参、板蓝根、大青叶、青黛、黄芩、香附、知母、山楂、金银花、连翘、桃仁、苦杏仁、薏苡仁、小茴香、大枣、香加皮等。⑨华南药。主要产地长江以南、南岭以北。如茅苍术、南沙参、太子参、明党参、枳实、枳壳、牡丹皮、木瓜、乌梅、艾叶、薄荷、泽泻、莲子、玉竹等。⑩西北药。主产地西安以西的广大地区（陕、甘、宁、青、新及内蒙古西部）。如大黄、当归、秦艽、秦皮、羌活、枸杞子、银柴胡、党参、紫草、阿魏等。⑪藏药。主产地青藏高原地区。如著名的四大藏药——冬虫夏草、雪莲花、炉贝母、西红花，以及甘松、胡黄连、藏木香、藏菖蒲、余甘子、毛诃子等。

3. 农药残留

农药残留是农药使用后一段时期内没有分解的残留于生物体、收获物、土壤、水体、大气中的微量农药原体、有毒代谢物、降解物和杂质的总称。残留农药直接通过植物收获物或水、大气到达人、畜体内，或通过环境、食物链最终传递给人、畜。

食用含有高毒、剧毒农药残留的食物会导致人、畜急性中毒。长期食用农药残留超标的农副产品，虽然不会导致急性中毒，但可能引起人的慢性中毒，导致疾病的发生，甚至影响到下一代。

4. 农药半衰期

农药施用后，落在植物上和土壤中，或散布在空气中，都会不断地分解直至全部消失，这就是农药的降解过程。农药的降解半衰期或消解半衰期统称为农药半衰期。降解半衰期是农药在环境中受生物、化学或物理等因素的影响，分子结构遭受破坏，有半数的农药分子改变了原有分子状态所需的时间；消解半衰期是农药的降解和移动总消失量达到一半时的时间。农药半衰期可作为农药残留期长短的一个指标。半衰期的长短不仅与农药的物理化学稳定性有关，还与施药方式和环境条件（包括日光、雨量、温湿度、土壤类型和土壤微生物、pH 值、气流、作物）等有关。

5. 安全间隔期

最后一次用药期和收获期之间相隔的时间，即收获物的农药残留量降至农药最大允许残留量以下，称为安全间隔期或安全等待期。安全间隔期的长短，与药剂种类、作物种类、地区条件、季节、施药次数、施药方法等因素有关。

6. 农药最大允许残留量

农药最大允许残留量（maximum residue limit，MRL）通俗是指供消费食品中可允许的最大限度的农药残留浓度。

通过农药毒理学研究，科学家可以确定每日允许摄入量（acceptable daily intake，ADI）。ADI值通常由动物实验获得，应用到人体时引入一个安全系数。在此基础上，科学家可以进一步规定出良好农业规范（good agricultural practices，GAP）下农药在农产品中的最大允许残留限量。

MRL为在法律上被认可或者在认识上可以被接受的食品或农产品中农药残留的最高浓度。MRL值（单位：mg/kg农产品）与农药本身的毒性、人类个体的体重、人的消费特征有关，即

$$MRL=(ADI值\times人体标准体重)/摄入系数$$

式中，ADI值指每千克体重每日允许摄入农药量，mg/(kg·d)；人体标准体重指某一地区内人体体重的平均值，kg；摄入系数指人类个体对所涉及农产品的每日消费量，kg/d，通常根据各地饮食习惯而定。

7. 有害生物综合治理

有害生物综合治理（integrated pest management，IPM）是对有害生物进行科学管理的体系。它从农业生态系统总体出发，根据有害生物和环境之间的相互关系，充分发挥自然控制因素的作用，因地制宜，协调应用必要的措施，将有害生物控制在经济受害允许水平之下，以获得最佳的经济、生态、社会效益。

原理是以系统论、信息论和控制论作为理论基础，以生态学的原则作为指导，把有害生物看作农业生态系统中的重要组成部分，并认为农业的高产与稳定必须建立在植物与周围的生物和非生物环境之间协调的基础上，保持良好的农业生态系统，不断保护和培养环境资源。有害生物的防治不是孤立的，要从农业生态系统的总体出发，在防治措施的选择、运用和协调时必须考虑生态系统的平衡和稳定。

8. 化学防治

化学防治是使用化学药剂，主要指人工合成的杀虫剂、杀菌剂、杀螨剂、杀鼠剂等来防治病虫、杂草和鼠类的危害。当前化学防治是防治植物病虫害的关键技术，在面临病害大发生时是唯一有效的措施。但长期使用性质稳定的化学农药，不仅会增强某些病虫草鼠害的抗药性，降低防治效果，而且会污染农产品、空气、土壤和水域，危及人、畜健康与安全和生态环境。

9. 绿色防控

绿色防控是指从农田生态系统整体出发，以农业防治为基础，积极保护利用自然天敌，恶化病虫的生存条件，提高农作物抗虫能力，在必要时合理使用化学农药，将病虫危害损失降到最低限度。它是持续控制病虫灾害，保障农业生产安全的重要手段。

10. 生物防治

生物防治（biological control）是降低杂草和害虫等有害生物种群密度的一

种方法。它利用了生物物种间的相互关系，以一种或一类生物抑制另一种或另一类生物。它最大的优点是不污染环境，是农药等非生物防治病虫害方法所不能比的。生物防治大致可以分为以虫治虫、以鸟治虫和以菌治虫三大类。

用于生物防治的生物可分为：①捕食性生物，包括草蛉、瓢虫、步行虫、畸螯螨、钝绥螨、蜘蛛、蛙、蟾蜍、食蚊鱼、叉尾鱼以及许多食虫益鸟等；②寄生性生物，包括寄生蜂、寄生蝇等；③病原微生物，包括苏云金杆菌、白僵菌、绿僵菌等。在中国，利用大红瓢虫防治柑橘吹绵蚧、利用白僵菌防治大豆食心虫和玉米螟、利用金眼蜂防治越冬红铃虫、利用赤眼蜂防治蔗螟等都获得了成功。

11. GAP

中药材 GAP 是《中药材生产质量管理规范》的简称，是由国家药品监督管理局组织制定并负责组织实施的行业管理规范。中药材 GAP 的研究对象是生活的药用植物、药用动物及其赖以生存的环境（包括各种生态因子），也包括人为的干预，其既包括栽培种、饲养物种（品种），也包括野生生物。

12. 重金属污染

重金属是指密度大于 $4.5g/cm^3$ 的金属，包括金、银、铜、铁、铅等。金属有机化合物（如有机汞、有机铅、有机砷、有机锡等）比相应的金属无机化合物毒性要强得多；可溶态的金属又比颗粒态金属的毒性要大；六价铬比三价铬毒性要大等。

由重金属或其化合物造成的环境污染，主要由采矿、废气排放、污水灌溉和使用重金属超标制品等人为因素所致。重金属在大气、水体、土壤、生物体中广泛分布，而底泥往往是重金属的储存库和最后的归宿。当环境变化时，底泥中的重金属形态将发生转化并释放造成污染。

重金属在人体内能和蛋白质及各种酶发生强烈的相互作用，使它们失去活性，也可能在人体的某些器官中富集，如果超过人体所能耐受的限度，会造成人体急性中毒、亚急性中毒、慢性中毒等，会对人体造成很大的危害。例如，日本发生的水俣病（汞污染）和骨痛病（镉污染）等公害病，都是由重金属污染引起的。

13. 毒性

毒性（toxicity）指外源化学物与机体接触或进入体内的易感部位后，能引起损害作用的相对能力，或简称损伤生物体的能力。也可简单表述为外源化学物在一定条件下损伤生物体的能力。一种外源化学物对机体的损害能力越大，其毒性就越高。外源化学物毒性的高低仅具有相对意义。在一定意义上，只要达到一定的剂量，任何物质对机体都具有毒性；如果低于一定剂量，任何物质都不具有毒性。关键在于此种物质与机体的接触量、接触途径、接触方式及物质本身的理化性质，但在大多数情况下与机体接触的剂量是决定因素。

由药物毒性引起的机体损害习惯称中毒。大量毒药迅速进入人体，很快引起中毒甚至死亡者，称为急性中毒；少量毒药逐渐进入人体，经过较长时间积蓄而引起的中毒，称为慢性中毒。此外，药物的致癌、致突变、致畸等作用，则称为特殊毒性。

毒性与剂量、接触途径、接触期限有密切关系。

评价外源化学物的毒性，不能仅以急性毒性高低来表示。有些外源化学物的急性毒性属于低毒或微毒，却有致癌性，如 $NaNO_2$；有些外源化学物的急性毒性与慢性毒性完全不同，如苯的急性毒性表现为对中枢神经系统的抑制，但其慢性毒性却表现为对造血系统的严重抑制。我们平常见到的“剧毒”“低毒”等实际上就是指毒物的毒性。

按世界卫生组织（WHO）急性毒性分级标准，毒物的毒性分级如下：

① 剧毒：毒性分级 5 级；成人致死量，小于 0.05g/kg 体重；60kg 成人致死总量，0.1g。

② 高毒：毒性分级 4 级；成人致死量，0.05～0.5g/kg 体重；60kg 成人致死总量，3g。

③ 中等毒：毒性分级 3 级；成人致死量，0.5～5g/kg 体重；60kg 成人致死总量，30g。

④ 低毒：毒性分级 2 级；成人致死量，5～15g/kg 体重；60kg 成人致死总量，250g。

⑤ 微毒：毒性分级 1 级；成人致死量，大于 15g/kg 体重；60kg 成人致死总量，大于 1000g。

中药长期应用亦可产生致畸、致癌、致突变的作用。如雷公藤为免疫抑制中药，广泛用于类风湿性关节炎、慢性肾炎和红斑狼疮等自身免疫性疾病的治疗，但长期接触，可使人体外周淋巴细胞染色体畸变。动物试验也证实，雷公藤的剂量超过 25mg/kg 可使小鼠染色体畸变。细辛挥发油有致突变作用。

第二节　我国药用植物生产现状

一、我国药用植物栽培历史与现状

我国药用植物栽培历史之久、开发利用之早、品种之多是世人公认的。但是由于投入的人、财和物力较少，多数品种的生产、研究水平都处于开发利用的初级阶段，有些具有特殊生物学性状或适应范围较窄的品种，其生产水平提高的步伐更慢。1949 年后，这种局面基本改变。在我国市场上流通的 1000 余种中药材，常用的为500～600种，其中主要依靠人工栽培的已达250多种。如板蓝根（*Isatis tinctoria*）、地黄（*Rehmannia glutinosa*）、人参（*Panax ginseng*）等，其生产总量已占市场总需要量的70%左右。可以说，药用植物的栽培化是大势所趋。

当前家种药材产量大的品种有地黄、山药（*Dioscorea polystachya*）、党参（*Codonopsis pilosula*）、当归（*Angelica sinensis*）等。药用植物栽培面积最大的省份是四川，其次为陕西、甘肃和河南。家种药材生产量最大的省份是甘肃，主要为当归和党参等。

2002年以来，随着中药现代化研究与产业化行动的推进和中药材GAP的实施，在全国范围内已先后建立了180多种药用植物的规范化生产基地。

二、我国主要药用植物的分布

由于自然条件、用药历史及用药习惯的不同，我国各地生产、收购的药材种类各具特色，形成了中药材区域化的生产模式。为此各地在发展中药材生产时，必须因地制宜进行规划和布局，以便生产出质量稳定、适销的中药材产品。

黄河以北的广大地区以耐寒、耐旱、耐盐碱的根和根茎类药材居多，果实类次之。长江流域及我国南部广大地区以喜暖、喜湿润种类为多，叶类、全草类、花类、藤本类、皮类和动物类药材所占比重较大。

我国北方各地区收购的野生药材一般为200～300种，南方各地区收购的野生药材300～400种。不同地区适宜发展的主要药用植物种类有：

西北地区：天麻（*Gastrodia elata*）、杜仲（*Eucommia ulmoides*）、山茱萸（*Cornus officinalis*）、乌头（*Aconitum carmichaelii*）、丹参（*Salvia miltiorrhiza*）、地黄、黄芩（*Scutellaria baicalensis*）、麻黄（*Ephedra sinica*）、紫花前胡（*Angelica decursiva*）、防己（*Stephania tetrandra*）、连翘（*Forsythia suspensa*）、远志（*Polygala tenuifolia*）、绞股蓝（*Gynostemma pentaphyllum*）、薯蓣（*Dioscorea polystachya*）、秦艽（*Gentiana macrophylla*）等。栽培种类以天麻、杜仲、当归（*Angelica sinensis*）、党参（*Codonopsis pilosula*）、宁夏枸杞（*Lycium barbarum*）等为代表，野生种类则以甘草（*Glycyrrhiza uralensis*）、麻黄、大黄（*Rheum palmatum*）、秦艽、肉苁蓉（*Cistanche deserticola*）、锁阳（*Cynomorium songaricum*）等为代表。

华南地区：巴戟天（*Morinda officinalis*）、砂仁（*Amomum villosum*）、益智（*Alpinia oxyphylla*）、何首乌（*Pleuropterus multiflorus*）、橘红（*Citrus maxima*）、广藿香（*Pogostemon cablin*）、广防己（*Isotrema fangchi*）、金钱草（*Lysimachia christinae*）等。栽培种类以阳春砂（*Amomum villosum*）、巴戟天、益智、槟榔（*Areca catechu*）、佛手（*Citrus medica*）、广藿香为代表，野生种类则以何首乌、广防己、草果（*Amomum tsaoko*）、石斛（*Dendrobium nobile*）

等为代表。

东北地区：栽培种类以人参（*Panax ginseng*）、辽细辛（*Asarum heterotropoides*）为代表，野生种类则以黄檗（*Phellodendron amurense*）、防风（*Saposhnikovia divaricata*）、龙胆（*Gentiana scabra*）等为代表。

华北地区：栽培种类以党参、黄芪（*Astragalus membranaceus*）、地黄、薯蓣、忍冬（*Lonicera japonica*）为代表，野生种类则以黄芩、远志、知母（*Anemarrhena asphodeloides*）、酸枣（*Ziziphus jujuba* var. *spinosa*）、连翘（*Forsythia suspensa*）等为代表。

华东地区：栽培种类以浙贝母（*Fritillaria thunbergii*）、忍冬、延胡索（*Corydalis yanhusuo*）、芍药（*Paeonia lactiflora*）、厚朴（*Houpoea officinalis*）、白术（*Atractylodes macrocephala*）、牡丹（*Paeonia×suffruticosa*）为代表，野生种类则以夏枯草（*Prunella vulgaris*）、侧柏（*Platycladus orientalis*）等为代表。

华中地区：栽培种类以山茱萸（*Cornus officinalis*）、续断（*Dipsacus asper*）、酸橙（*Citrus×aurantium*）等为代表，野生种类则以半夏（*Pinellia ternata*）、射干（*Belamcanda chinensis*）为代表。

西南地区：栽培种类以黄连（*Coptis chinensis* Franch.）、杜仲、川芎（*Ligusticum sinense*）、乌头（*Aconitum carmichaelii*）、三七（*Panax notoginseng*）、郁金（*Curcuma aromatica*）等为代表，野生种类则以川贝母（*Fritillaria cirrhosa*）、冬虫夏草（*Ophiocordyceps sinensis*）、羌活（*Hansenia weberbaueriana*）为代表。

第三节　中药材质量标准与安全评价重要性

随着我国社会经济的发展，人们用药的安全性意识提高，中药尤其是中药材的安全性受到越来越广泛的重视。没有安全有效的中药材，就没有安全有效的中成药。因此，中药材安全评价显得尤为重要。

一、中药材质量标准用途和分类

1. 中药材质量标准的用途

《中华人民共和国药典》（以下简称《中国药典》）是国家监管药品质量的法定技术标准。中药标准是国家对中药质量及检验方法所做的技术规定，是中药生产、经营、使用、检验和监督管理共同遵循的法定依据。中药的质量优劣及安全与否直接关系到人们的健康与生命安危，而制定中药规范化的质量与安全标准是保证临床用药安全、有效、稳定、可控，促进中药走向现代化和国际化的关键，凡正式批准生产的中药包括药材、饮片及中成药都要符合质量和安全标准。

2. 中药材质量标准的分类

中药材质量标准通常分为国际标准与国内标准，国内标准包括法定标准和企业标准。

法定标准：经过国家药品监督管理局、国家卫生健康委员会及各省（直辖市、自治区）卫生行政部门批准的标准，包括《中国药典》及地方标准，如《四川省中药材标准》《江苏省中药材标准》《贵州省中药材标准》《黑龙江省中药材标准》等。国家标准对药品的质量指标仅是一些基本要求，是药品生产企业应达到的合格水平。鉴于目前中药标准水平不高，所以应认识到符合低标准的高合格率并不表示药品质量好，故质量标准必须逐步提高，特别是一类中药材新药的质量标准必须具有国内先进水平，并真正起到控制真伪、优劣的作用。另外，国家标准也将中药材作为一种商品来进行监督管理。

企业标准：一般有两种情况，一种为检验方法尚不够成熟，但能一定程度上控制质量；另一种为高于法定标准要求，主要指增加了检测项目，或提高了限度标准，其在企业竞争，特别是对保护优质产品本身、严防假冒等方面均发挥着重要作用。国外较大的药品企业均有自己的企业标准且对外保密。

二、中药材质量标准的制定与实施

制定药品标准，必须坚持质量安全第一，充分体现“安全、有效、技术先进、经济合理、择优发展的作用”。中药材产业的现代化归根结底要体现在其产品的现代化上，生产的现代化归根结底应体现在产品质量可控的现代化上。出于一些安全性原因，我国中药目前还很难通过各国的药品管理标准，在国际上我国中药产品主要还是以保健品和食品添加剂的形式出口，影响了我国中药产业的现代化、国际化发展。因此，制定合理可行的质量安全标准是行业发展的当务之急。中药材在实际应用中的确存在安全、质量问题，这就要求提出一个合理的质量标准对其进行有效监控。

1. 重视有毒、有害组分的研究与控制

对我国出口的中药要求“安全、有效和可控”已是国际共识。因此，不能基于对中药的传统认识，应该对中药尤其是中草药的有毒、有害成分有一个客观的评价。2005 年发布的《药用植物及制剂外经贸绿色行业标准》规定了几种重金属限量标准，如镉≤0.3mg/kg，高于国家规定的新鲜蔬菜≤0.05mg/kg 与稻米≤0.2mg/kg；汞≤0.2mg/kg，高于新鲜蔬菜≤0.01mg/kg；砷≤2.0mg/kg，高于新鲜蔬菜≤0.5mg/kg、稻米≤0.5mg/kg。另外对于绿色药用植物农残问

题，标准中仅规定了六六六（≤0.1mg/kg）、滴滴涕（DDT）（≤0.1mg/kg）、艾氏剂（≤0.02mg/kg）和五氯硝基苯（≤0.1mg/kg）的限量，不仅对象太少，也不符合国情。目前我国农作物（包括中药材）广泛地使用有机磷农药、有机氯农药、拟除虫菊酯类农药，而从未使用和生产过艾氏剂农药，五氯硝基苯也早已淘汰。当然不同作物对象的有毒、有害成分限量标准允许有差异，药材的标准应体现其特殊性，不同药材不同药用部分的限量标准是否有差异仍须进一步探讨。

2. 中药材质量标准研究的基础

中药材活性成分是中药防治疾病的物质基础，与中药材质量控制密切相关。药用植物栽培土壤、种质、炮制、储存等都可能引入外源性污染物而影响药材的质量和安全性。因此，只有建立完善的质量控制体系，才能真正达到控制质量的目的。

要清楚植物的来源、生长环境、合理的用药部位、加工储藏方法、习用的范围和毒副作用等，关键是要利用现代分析技术和现代药理毒理技术，明确活性成分或有效成分，进行必要的化学分析，这样才能建立科学的质量标准。

3. 中药指纹图谱质控技术

中药指纹图谱已成为天然药物辨别真假的有力武器，也是中药材质量标准可以执行的途径，是实现中药现代化的必经之路。

欧洲一直比较重视中药的治疗作用，对中药的质量采用高效液相指纹图谱控制技术，以道地植物药材作为标准，各种药材的指纹图谱应与标准指纹图谱相一致。FDA 最近制定的《植物草药指南》中明确把指纹图谱作为这类混合物质群的质量控制方法。

总之，以指纹图谱作为中药及其提取物这类混合物质群的质量控制方法，已经成为目前国际共识。要在吸收消化国际上已有成果的同时，结合中药自身情况广泛实践，及时总结，建立起符合中药特色的指纹图谱质控技术体系，与国际接轨。

4. 中药多模式综合研究

国家已经制定出中药材种植管理（GAP）、生产管理（good manufacturing practice，GMP）、实验室管理（good laboratory practice，GLP）、销售管理（good supply practice，GSP）以及药品注册的管理办法和新药研究的技术要求，这些都是中药研究开发的行动指南，利用这些法规能够帮助解决中药标准中的实验室技术问题，解决中药产品的均一性问题。在中医理论指导下的现代中药模式、在西药理论指导下的化学药模式（包括中药有效成分的结构修饰）和在西医理论指导下的植物药（洋中药）模式都是目前中药现代化可以借鉴或采用的模式。

三、重视中药材安全评价工作

自 20 世纪 80 年代以来，在食品和化妆品等相关行业，我国陆续建立了部分重金属及有害元素检测国家标准，并制定了部分限量标准，对中药中有害元素的检测和提出合理的限量标准有极大的参考价值。外经贸部于 2001 年制定了《药用植物及制剂进出口绿色行业标准》，其中规定了部分重金属（重金属总量、铅、镉、汞、铜、砷）的限量标准。《中国药典》2005 年版附录中收录了铅、镉、砷、汞、铜检测法，并在甘草、白芍、西洋参、金银花等 61 个药材品种项下规定了 51 种重金属元素的限量标准，使中药材中重金属及有害元素检查有据可依。

国内外中药或天然药质量标准中，中药材部分一般包括名称、基源（科、属、种、拉丁学名）、药用部分、采收加工、性状（外形、大小、表面、颜色、质地、断面以及气味等）、鉴别（传统经验、显微、理化）、检查（杂质、水分、酸不溶性灰分等）、浸出物、含量测定（挥发油、各种活性成分等）、炮制、功能主治（效用）、用法用量、注意事项、贮藏等。重点介绍以下几点：

1. 检查

除对杂质、水分、灰分、酸不溶性灰分等进行常规检查外，对于栽培品种，还应该注意对外源性污染物，如重金属、农药残留、真菌微生物、二氧化硫、放射性物质相关的毒性成分的检查。近年来我国政府已对此给予了足够的重视，在实施的国家“九五”“十五”的相关项目中，均要求进行重金属、农药残留等有害物质检测研究，制定与国际接轨的标准。

2. 炮制

炮制的目的：①洁净药物，保证用量准确。除去霉烂变质之物和非药用部位，将药物清洁纯净，保证临床用药剂量准确。②便于调剂和制剂。根和根茎类、藤木类、果实类中药材经炮制后加工成一定规格的饮片，如切成片、丝、段、块等，便于调剂时配方。矿物类、贝壳类、动物骨甲类以及一些中药材，如自然铜、磁石、代赭石、牡蛎、石决明质地坚硬，难以粉碎，不便于调剂和制剂，而且在短时间内不易煎出有效成分。因此必须使用特殊的炮制方法，使其质地变酥，易于粉碎，而且使有效成分易于煎出。③降低或消除药物的毒性或不良反应。部分中药虽有较好疗效，但其毒性或不良反应太大，临床上不安全。针对这些中药，总结出一些较好的解毒方法，如草乌有浸、漂、煮、蒸、加辅料等炮制方法，以降低毒性。④改变或缓解药性。中药采用寒热温凉及辛酸甘苦咸来表达其性味，性和味偏盛的药物，在临床使用时，不利于人体健康，如太寒伤阳，太热伤阴，过酸损齿、伤筋，过苦伤胃、耗液等。一方面可通过配伍的方法；另一方面可以用不同的炮制方法来转变或缓解药物偏盛的性味，中药通过炒、蜜炙等方法，可缓和药性，故有“甘能缓，炒以缓其药性”的说法。⑤增强药物的疗效。通过适当炮制，可以提高中药的疗效，一方面是可以提高药效成分的溶解度，并使溶出物易于吸收而增强疗效；另一方面是药物之间相互配合，起到增强疗效的效果。如大黄苦寒，性沉而不浮，走而不守，但经酒制后，就能上行而清上焦热邪引起的牙疼、口舌生疮等。⑥矫味矫臭。针对动物类或其他具有腥气异味的药物，如用酒制乌梢蛇、用醋制乳香等都是去掉其腥味和异味。⑦有利于保存和贮藏药物。

3. 用法与用量

对于国家公布的28种有毒中药材，特别是近几年发现的含马兜铃酸类（aristolochic acids，AAs）成分的中药材，须制定单次用药的最大安全剂量标准、反复用药时的最大限量标准和明确安全用药期限等。

4. 注意事项

主要说明药物临床使用中应注意的问题，如禁忌及慎用情况等，禁忌通常包括以下两种：

（1）饮食禁忌　古代文献上有何首乌、地黄忌葱、蒜、萝卜，薄荷忌鳖肉以及茯苓忌醋、蜜、生葱等记载，这说明服用含上述中药材的中成药时不可同食某些食物。另外，在服药期间，应忌生冷、不易消化及刺激性食物。

（2）妊娠禁忌　某些中药对胎儿发育有损害作用，根据药物对胎儿损害程度不同，一般可分为禁用和慎用两种。禁用的大多数为毒性较强或药性峻烈的中药，如麝香、三棱草、莪术、巴豆等；慎用的大多数是含有一些活血行气、泻下导滞及太辛太热药物，如桃仁、红花、枳实、附子、干姜等。禁用的绝对不能用，慎用的可酌情使用，但尽量避免，以防发生事故。

四、国际中药材安全评价标准现状

中医药是中华民族数千年治病救人、繁衍生息的瑰宝。目前，全球已有100多个国家和地区在使用或传播中医药。但是由于从业者水平参差不齐，中医药所发挥的作用有大有小，在某些国家和地区甚至走了样或起到相反的作用，极大地影响了中医药在国际上的声誉。在中医药行业内推出国际标准，并以此规范世界各国从业者的行为，对中医药的全球性有序发展至关重要。

由于中医药在大多数国家未取得合法地位，更缺乏管理经验，由国际标准化组织或世界卫生组织（WHO）统一制定中医药国际标准的条件还不成熟。在这种情况下，由中医药发祥地和对中医药最有管理经验的中国制定中医药行业内的国际标准，符合国际惯例，也具有权威性，这项工作也得到了我国政府的高度重视和支持。

据悉，目前已拟定提交世界中医药学会联合会常务理事会讨论的中医药国际标准有多项，其中就包括中药材质量国际标准，说明中药材的质量安全标准已得到国际重视。

世界卫生组织对传统药物的安全性也非常重视，目前正在起草植物药安全性指导原则，其中规定了部分重金属的限量标准建议。世界卫生组织（WHO）与世界粮农组织（FAO）下属的食品添加剂联合专家委员会（JECFA）提供的毒性数据库作为权威数据库，规定了部分有毒元素的最大允许量、摄入量，各国目前将最大允许摄入量的1%作为一般认可的尺度，来制定植物药或制剂相应的有毒元素残留标准。

五、药用植物生产安全性措施

1. 保证种植环境安全

应保证生产基地周围无污染源，环境条件符合国家标准；根据药用植物生长发育习性和对环境条件的要求等制定种植技术规程，依规生产，运用现代信息技术建立追溯体系。

2. 合理使用化肥

生产过程中使用肥料应以有机肥或生物有机肥为主，在不影响产品质量的前提下适量使用化学肥料，所使用的商品肥料必须是经国家登记批准的肥料。

3. 绿色防控、综合治理有害生物

按照“预防为主、综合防治”原则开展药用植物病虫害防治，优先采用生物、物理等绿色防控技术；尽量减少或避免使用除草剂、杀虫剂和杀菌剂等化学农药，严禁使用国家规定的禁限用农药。

4. 严把质量关，兼顾产量

坚持“质量优先、兼顾产量”原则，参照传统采收经验和市场需求，确定采收年限和采收适宜时间。

5. 产后加工，科学贮藏

以初级产品销售的中药材，采收后应放置在通风阴凉处保存，并及时进行销售；粗加工产品在保存期间不得使用保鲜剂和防腐剂，禁止使用有毒、有害物质用于防霉、防腐、防蛀，严禁染色、增重、漂白、掺杂、使假等违法行为。

第二章 药用植物栽培基础与采后安全管理

药用植物种类繁多，有 11000 多种，常用中药材有 500 余种，依靠栽培的主要药用植物有 250 种左右，多数药用植物栽培的研究处于初级阶段。药用植物作为一种特殊的种质资源，不仅能够提出有效成分，用于制药生产，而且多数可以用作保健品。长期以来，人们基于对健康的渴望，认为野生药材的质量好，无形中加剧了对野生资源的破坏。由于盲目采摘，我国野生中药材资源日益减少，已不能满足医疗用药的需求，这就必然要求人们对药用植物进行引种、驯化和栽培。随着经济的发展和对药用植物在医药和保健品等方面的开发，常用药用植物的需求量逐年增加。自国家推行《中药材生产质量管理规范》（GAP）以来，全国制药企业纷纷与药用植物产区联合建立稳产、高产、优质的规范化种植基地，不仅缓解了中药市场的需求，还保证了种质质量，是一条保护生态环境的有效途径。

第一节 药用植物栽培生理学基础

药用植物种类不同，它们的生长发育类型及对外界环境的要求也不同。对于花、果实入药的药用植物，如果营养生长旺盛而没有及时开花结果，就会徒长。对于根、根茎入药的药用植物，如果营养生长衰弱而没有及时形成根或根茎，就会先期抽薹，或因环境胁迫，营养不良，出现早抽薹、早花早果现象，有的会造成中药材质量低下，不能入药，如菘蓝、白芷、当归等。

一、药用植物生长与发育

植物的生长与发育是植物按照自身固有的遗传模式和顺序，在一定的外界环境中，利用外界的物质和能量进行分生、分化的结果。生长是植物直接产生与其相似器官的现象。生长的结果是引起体积或质量的增加，是一种量变的过程。发育是植物通过一系列的质变以后产生与其相似个体的现象。发育的结果是产生新的器官如花、种子和果实。

（一）药用植物营养生长

1. 根的生长

许多药用植物的根是重要的药用部位，如人参、丹参、党参、三七、何首乌、乌头等。

根据形态，根可分为直根系、须根系。直根系：主根发达，较粗壮，垂直向下生长，其中侧根较小或少，如桔梗、党参等。须根系：主根不发达或早期死亡。茎的基部节上簇生许多大小、长短相似的不定根，呈胡须状，无主次之分，如龙胆、麦冬等。

按入土深浅，针对药用植物可分为浅根系和深根系。浅根系：绝大多数在耕作层中，如半夏、白术、山药、百合等。深根系：根系入土较深，如黄芪，其根入土深度可超过 2m，但 80%左右的根系主要集中在耕作层中。

变态根可分为：①贮藏根。指根的一部分或全部肥大肉质，其内贮藏营养物质。依形态不同可以分为圆锥形根、圆柱形根、块根、圆球形根。②气生根。生长在空气中的根，如石斛等。③支持根。自地上茎节处产生一些不定根，深入土中，含叶绿素，能进行光合作用，增强支持作用，如薏苡等。④寄生根。插入寄主体内，吸收营养物质，如桑寄生、槲寄生等。⑤攀缘根。不定根具有攀附作用，如常春藤等。⑥水生根。水生植物漂浮在水中的根，如浮萍等。

2. 茎的生长

植物的茎有地上和地下之分。地下茎是茎的变态，在长期进化过程中，为了适应环境的变化，在形态构造和生理功能上产生了许多变化。药用植物常见地下茎的变态有根茎、块茎、球茎、鳞茎等。地下茎主要具有贮藏、繁殖的功能。地上茎的变态也很多，如叶状茎或叶状枝、刺状茎、茎卷须等。

控制茎生长最重要的组织是顶端分生组织和近顶端分生组织，前者控制后者的活性，而后者的细胞分裂和伸长决定茎的生长速率。茎的节通常不伸展，节间伸展部位则依植物种类而定，有的均匀分布于节间，有在节间中部的，也有在节间基部的。双子叶植物茎的增粗是形成层活动的结果，单子叶植物茎的增粗靠居间分生组织活动。

3. 叶的生长

叶的主要生理功能是进行光合作用、气体交换和蒸腾作用。叶生长发育状况和叶面积大小对植物的生长发育及产量影响极大。

（1）叶的类型和排列　叶是维管植物的营养器官之一，其功能是进行光合作用合成有机物，并能进行蒸腾作用，提供根系从外界吸收水和矿物营养的动力。有叶片、叶柄和托叶三部分的称“完全叶”，如缺叶柄或托叶的称“不完全叶”。叶又分单叶和复叶。

一个叶柄上只有一个叶片的叶称为单叶，如棉花、桃和油菜等。在叶柄上着生两个及以上完全独立的小叶片的则被称为复叶。复叶在单子叶植物中很少，在双子叶植物中则相当普遍。根据总叶柄的分枝情况及小叶片的多少，复叶可分为以下类型。①羽状复叶：小叶片排列在总叶柄两侧呈羽毛状。顶生小叶一个者称为奇数羽状复叶，如刺槐、紫藤等；顶生小叶两个者称为偶数羽状复叶，如双荚决明、皂荚等。叶轴不分枝者称一回羽状复叶，如刺槐、紫藤、双荚决明等；叶轴分枝一次者称二回羽状复叶，如凤凰木、蓝花楹、合欢等；叶轴分枝两次者称三回羽状复叶，如南天竺等。②掌状复叶：小叶排列在叶轴顶端如掌状，如木棉、七叶树等。③三出复叶：只有三个小叶的复叶称三出复叶，如秋枫、野迎春、车轴草等。④单身复叶：只有一个小叶的复叶称单身复叶，如柑橘、柚等（图 2-1）。

图 2-1　叶的类型和排列

（2）叶的构造　叶子一般由叶片、叶柄和托叶三个部分组成。①叶片：叶片由表皮、叶肉和叶脉三个部分组成。叶片是植物制造养料的重要器官，是进行光合作用和呼吸作用的重要场所。②叶柄：叶柄是叶片和茎连接的部分，主要功能是输导和支持作用。③托叶：它的功能各异，比如豌豆的托叶可以进行光合作用，而酸枣的托叶可以变成刺。

（3）叶的变态　变态叶主要有以下六种类型。①苞片和总苞：生在花下面的变态叶称为苞片。苞片一般较小，绿色，也有大型和呈各种颜色的。苞片数多而聚生在花序外围的称为总苞。苞片和总苞有保护花芽或果实的作用，如苍耳、菊科植物的总苞。②鳞叶：叶的功能特化或退化成鳞片状。其中芽鳞有保护芽的作用，生于木本植物的鳞芽外，通常为褐色，具有茸毛或黏液；肉质鳞叶出现在鳞茎上，贮藏有丰富的养料；膜质鳞叶呈褐色干膜状，是退化的叶。如洋葱、百合、慈姑、竹鞭的鳞叶。③叶卷须：叶的一部分变成卷须状，有攀缘的作用。如豌豆、菝葜的叶卷须。④叶刺：叶或叶的一部分（如托叶）变成刺状。叶刺中有芽，以后发展成短枝，枝上有正常的叶。叶刺具有保护功能。如小檗长枝上的叶刺、洋槐的托叶变成的刺。⑤叶状柄：叶柄转变成扁平的片状，并行使叶的功能，含有叶绿素，能进行光合作用，具有发达的气孔，亦可进行蒸腾作用。台湾相思树和金合欢属植物后期长出的叶，小叶都退化，仅存叶状柄。⑥捕虫叶：能捕食小虫的变态叶。如狸藻的捕虫叶呈囊状，每囊有一开口，开口有一活瓣保护，活瓣外表面生有硬毛。小虫触及硬毛时，活瓣开启，小虫随水流入囊内，活瓣又关闭。囊壁上的腺体分泌消化液将小虫消化，并经囊壁吸收。茅膏菜的捕虫叶呈盘状或半月形，边缘长有密密层层的腺毛，用来引诱捕捉小虫。猪笼草的捕虫叶呈瓶状，瓶的下部有水样消化液，瓶的内壁光滑，有倒生的刺毛，瓶口有倒刺及内卷结构，外有一极滑的瓶盖，并有蜜腺分布。当虫子为蜜所引，爬至瓶口，不小心就会滑进瓶内，被消化吸收。

（二）药用植物的繁殖

当植物生长到一定时期，植物体受到外界条件的影响（主要是日照和温度的季节性变化）发生花芽分化，然后现蕾、开花、结实形成种子。种子是药用植物具有繁殖功能的器官。药用植物的繁殖可分为有性繁殖与无性繁殖两大类。有性繁殖是利用植物种子通过一定的培育过程产生出新的植物；无性繁殖是利用植物的营养器官（根、茎、叶）培育成独立的新个体。

1. 种子繁殖

药用植物用种子繁殖最为普遍，具有繁殖技术简便、繁殖系数大、利于引种驯化和新品种培育等特点。但是，种子繁殖的后代容易产生变异，开花结实较迟，尤其是木本药用植物，种子繁殖所需年限也长。

（1）种子特性　种子由胚珠（为子房内着生的卵形小体）受精后发育而成。种子是一个处在休眠期的有生命的活体，种子休眠受内在或外在因素的限制，一时不能发芽或发芽困难的现象是植物对外界条件长期形成的适应性。种子收获后在适宜发芽条件下由于未通过生理后熟阶段，暂时不能发芽的现象称为生理休眠；由于种子得不到发芽所需的外界条件，暂时不能发芽的现象称为强迫休眠。生理休眠的原因：一是胚尚未成熟；二是胚虽在形态上发育完全，但贮藏的物质还没有转变为胚发育所能利用的状态；三是胚的分化已完成，但胚细胞原生质出现孤离现象，在原生质外包有一层脂类物质，使透性降低。上述三种情况均需经过种子自身的后熟作用才能萌发。另外还有两种情况：一是在果实、种皮或胚乳中存在抑制发芽的物质如氢氰酸、植物碱、有机酸、乙醛等，阻碍胚的萌发；二是种皮太厚、太硬或有蜡质，透水、透气性能差，影响种子萌发。种子休眠在生产实践上有重要意义，常可应用植物激素，以及各种物理、化学方法来促进种子发芽。

种子是有一定寿命的，种子的寿命就是指种子的活力，即在一定环境条件下能保持生活力的最长年限。各种药用植物种子的寿命差异很大，寿命短的只有几日或不超1年。种子寿命与贮藏条件有直接关系，适宜的贮藏条件可以延长种子的寿命。

（2）种子的萌芽　种子发芽经历：①吸胀，即干种子大量吸水，鲜重急剧增加的阶段称为吸胀。②鲜重增加的停顿期，从外表看种子表现静止，没有变化，但内部生理活动极为活跃，进行着种子萌发最重要的生理过程。③幼根突破种皮，由于根和茎的生长，鲜重再次增加，幼苗出土生长。种子须在一定的外界条件作用下才能萌发，萌发所需的条件主要是水分、氧气和温度。

（3）播种　将经过精选和处理的药用植物种子，按一定的规格，播入整地就绪的土壤表层，或在免耕情况下直接播入土中。

2. 无性繁殖

植物无性繁殖是植物的营养器官（根、茎、叶）离体后在一定条件下形成新个体的一种繁殖方式，又称营养繁殖。它不通过两性细胞的结合产生后代，而是靠营养器官的再生特性培育新的后代。离体后的根再生出枝条，叶、茎能再生出不定根，叶能再生出根和茎，一个茎和一个根或两个茎嫁接起来能够结合在一起长成一个新的植株，开始独立生活。

（三）药用植物生长周期

1. 药用植物生长周期类型

一个植物体从合子经种子发芽，进入幼年期、成熟期，形成新合子的过程，称为植物的生长周期。

植物的生长周期有以下几种类型：

（1）一年　植物一年内完成种子萌发、开花结实、植物衰老死亡过程。这类植物有薏苡、红花等。

（2）二年　植物第一年种子萌发后进行营养生长，第二年抽薹、开花结实至衰老死亡。这类植物有当归、菘蓝等。

（3）多年　植物每完成一个从营养生长到生殖生长的周期需三年或三年以上的时间。大部分多年生草本植物的地上部分每年在开花结实之后枯萎而死，而地下部分的根和根状茎则可活多年，如人参、平贝母、延胡索等。其中有一部分多年生草本植物能保持四季常青，这类植物每年通过枝端和根尖生长维持形成层生长，连续增大体积。多年生植物大多数一生中可多次开花结实。少数植物一生只开花一次，如天麻等。也有个别植物一年多次开花，如忍冬等。

2. 药用植物生长发育的周期性

（1）生长曲线与生长周期　当植物生长到一定阶段后，由于内部和外部环境（包括空间、水、肥、光、温度等条件）的限制，植物生长的基本方式呈现"慢—快—慢"的"S"形变化曲线，这种曲线称为植物生长的Logistic曲线（图2-2）。植物生长速率呈周期性变化，所经历的三个阶段称为生长大周期或称大生长周期。

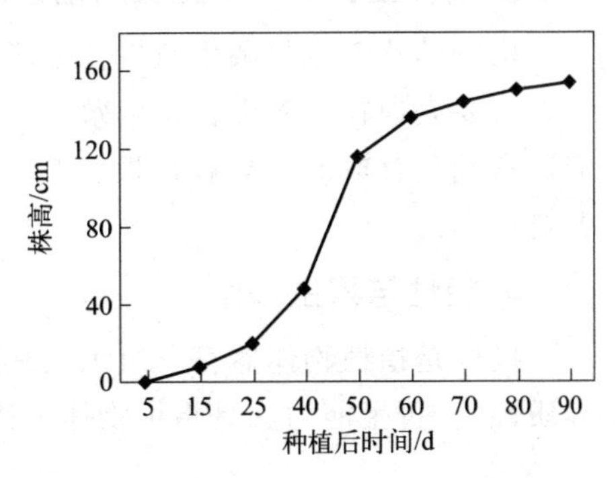

图 2-2　植物生长的 Logistic 曲线

生长过程中每一周期的长短及速度，一方面受该器官的生理功能的控制，另一方面又受外界环境的影响。果实的生长速度受种子发育量的影响很大。利用这些关系，可通过栽培措施控制产品器官如块茎、果实等的生长速度和生长量，以达到高产的目的。植物生长周期的规律表明，任何需要促进或抑制生长的措施必须在生长速率达到最高前实施，否则任何补救措施都将失去作用。

（2）季节周期性　就温度而言，只有在季节温度变化符合植物各个时期生育过程所要求的最适温度时，植物才会进行良好的生长发育。药用植物体内某些有效成分含量的高低有时也呈现周期性变化，这对于确定中药材的适宜采收期有很大影响。例如三颗针在营养生长周期与开花期小檗碱的含量变化不大，到了结果期，其含量可增加一倍以上。

（四）药用植物生长的相关性

植物体内不同器官之间相互依赖、相互制约的关系称为生长的相关性。

生长相关的机制是多种多样的，有的是有机营养物质供应与分配的结果，有的是一种器官消耗更多的水分与矿物盐的结果，还有的是各种植物激素调节的结果。在药用植物生产上常用肥料管理、合理密植及修剪、摘心、整形等措施调整各部分间生长上的相互关系，以达到产品器官高产优质的目的。

1. 顶芽与侧芽、主根与侧根的相关性

在生产上，有时需要利用和保持顶端优势，例如玉米、高粱等作物需控制侧枝生长，促使主茎强壮、挺直；有时则需要消除顶端优势，促进分枝生长，例如菊花摘心，可增加分枝数，以便提高花的产量。

2. 地上部分与地下部分的相关性

在药用植物的生产中，适当调整和控制根和地下茎类药用植物的根冠比，对药用植物产量有很大影响。在生长前期，以茎叶生长为主，根冠比达到较低值，所以根和地下茎类药物在前期要求较高的温度、充足的水分和适量的氮肥。而到了生长后期，就应适当降低土壤温度，施足磷肥，使根冠比增大，从而提高产量。

3. 营养生长与生殖生长的相关性

植物的营养生长和生殖生长之间存在着相互依赖、相互制约的辩证统一的关系，主要表现在营养生长是生殖生长的基础，即生殖器官的绝大部分养分是由营养器官同化合成的。只有在根、茎、叶生长良好的基础上，才能进行花芽分化、开花结实。

4. 极性与再生

极性是指植物体器官、组织或细胞的形态学两端在生理上具有的差异性（即异质性）。再生能力就是指植物体离体的部分具有恢复植物体其他部分的能力。

二、药用植物生长所需的环境条件

光照、温度、水分、养分和空气等是药用植物生命活动不可缺少的，缺少其中任何一项，药用植物就无法生存，这些因子称为植物的生态因子。除生态因子以外，其他因子对药用植物也有直接或间接的影响。诸多生态因子对药用植物生长发育的作用程度并不等同。每一个因子对药用植物都有一定的最佳适应范围以及忍耐的上限和下限，超过这个范围，药用植物就会表现出异常，造成药材减产、品质下降甚至绝收。

1. 温度对生长发育的影响

温度是植物生长发育的重要环境因子，药用植物只能在一定的温度区间内进行正常的生长发育。植物生长和温度的关系存在“三基点”，即最低温度、最佳温度和最高温度。超过两极限温度范围，生理活动就会停止，甚至全株死亡。

（1）药用植物对温度的要求　药用植物种类繁多，对温度的要求也各不一样，依据药用植物对温度的不同要求，可分为以下四类：

① 耐寒药用植物。一般能耐－2℃、－1℃的低温，短期内可以忍受－10℃、－5℃的低温，最适同化作用温度为15℃、20℃。如人参、细辛、百

合、干贝母、大黄、羌活、五味子、薤白、石刁柏及刺五加等。特别是根茎类药用植物，在冬季地上部分枯死，但地下部分越冬仍能耐0℃以下，甚至－10℃的低温。

② 半耐寒药用植物。通常能耐短时间的－2℃、－1℃的低温，最适同化温度为17～23℃。如菘蓝、黄连、枸杞、知母及荠菜等，在长江以南可以露地越冬，在华南各地冬季可以露地生长。

③ 喜温药用植物。种子萌发、幼苗生长、开花结果都要求较高的温度，同化作用最适温度为20～30℃。花期气温低于10～15℃，则不宜授粉或落花落果。如颠茄、枳壳、川芎、金银花等。

④ 耐极药用植物。生长发育需要温度较高，同化作用最适温度多在30℃左右，个别药用植物可在40℃下正常生长。如槟榔、砂仁、苏木、罗汉果、刀豆等。

（2）高温和低温的障碍　低温对药用植物的伤害，主要是冷害和冻害。

冷害是生长季节内0℃以上的低温对药用植物的伤害。低温使叶绿体超微结构受到损伤，或引起气孔关闭失调，或使酶钝化，最终破坏了光合能力。低温还影响根系对矿物养分的吸收，影响植物体内物质转运，影响授粉受精。

冻害是指春秋季节里，由于气温急剧下降到了0℃以下（或降到临界温度以下），茎叶等器官受害。

高温障碍是由强烈的阳光和急剧的蒸腾作用相结合而引起的，高温使植物非正常失水，进而导致原生质脱水和原生质中的蛋白质凝固。高温不仅降低生长速率，妨碍花粉的正常发育，还会损伤茎叶功能，引起落花落果等。

（3）春化作用　春化作用是指由低温诱导促使植物开花的现象。需要春化的植物有冬性的一年生植物（如冬性谷类作物）、大多数二年生植物如当归、白芷和一些多年生植物如菊花。植物春化作用有效温度一般为0～10℃，最适温度为1～7℃，但因植物种类或品种的不同而不同。

2. 光照对生长发育的影响

光质、光照强度及光照时间都与药用植物生长发育紧密相关，对药材品质和产量产生影响。

（1）光照强度对药用植物生长发育的影响　根据各种植物对光照度的需求不同，通常分为阳生植物、阴生植物和中间型植物。①阳生植物（喜光植物或称阳地植物）。要求生长在阳光直射的地方。其光饱和点为全光照的100%，光补偿点为全光照的3%～5%。缺乏阳光时，植株生长不良，产量低。例如北沙参、地黄、菊花、红花、芍药、山药、颠茄、龙葵、枸杞、薏苡及知母等。②阴生植物（喜阴植物或称阴地植物）。不能忍受强烈的日光照射，喜欢生长在阴湿的环境如树林下，光饱和点为全光照的5%～10%，而光补偿点为全光照的1%以上。

例如人参、西洋参、三七、石斛、黄连、细辛、淫羊藿等。③中间型植物（耐阴植物）。处于喜阳和喜阴之间的植物能在日光照射良好的环境中生长，也能在微荫蔽情况下较好地生长。例如麦冬、豆蔻、款冬、莴苣、紫花地丁及大叶柴胡等。

（2）光质对药用植物生长发育的影响　现已证明，红光有利于糖类的合成，蓝光对蛋白质合成有利，紫外线照射对果实成熟起到良好的作用并能增加果实的含糖量，许多水溶性的色素（如花青苷）形成时要求有强的红光，维生素合成时要求有紫外光等。通常在长波长光照下生长的药用植物节间较长而茎较细，在短波长光照下栽培的植物节间短而壮，后者有利于壮苗。人参、西洋参栽培中，各种色膜以淡色为好，而色深者光照度不足，致使植物生长不良，以淡黄、淡绿膜为最佳。而当归的覆膜色彩对增产的促进作用依次为黑色膜、银灰色膜、红色膜、白色膜、黄色膜、绿色膜。

光周期的作用：一天中，白天和黑夜的相对长度称为光周期。按照对光周期的反应，可将植物分为两大类：①长光照植物。日照必须大于某一临界日长（一般 14h 以上）或者暗期必须短于一定时数才能成花的植物，例如红花、当归、紫菀、木槿及除虫菊等。②短日照植物。日照长度只有短于其所要求的临界日长（一般 12h 以下）或者暗期必须超过一定时数才能开花的植物，例如紫苏、菊花、穿心莲、苍耳、大麻及龙胆等。③日中性植物。对光照长短没有严格要求，任何日照下都能开花的植物，例如曼陀罗、颠茄、地黄、蒲公英及千里光等。

3. 药用植物与水分

（1）药用植物对水分的适应性　根据药用植物对水分的适应能力和适应方式，可将药用植物划分成以下几类：

① 旱生植物。这类植物能在干旱的气候和土壤环境中维持生长发育，具有高度的抗旱能力。如芦荟、仙人掌、麻黄、骆驼刺以及景天科植物。

② 湿生植物。生长在潮湿的环境中，蒸腾强度大，抗旱能力差，水分不足就会影响生长发育，以致萎蔫。如水菖蒲、水蜈蚣、毛茛、半边莲等。

③ 水生植物。此类药用植物生活在水中，根系不发达，根的吸收能力很弱，输导组织简单，但通气组织发达。水生植物又分为挺水植物、浮水植物、沉水植物等。如泽泻、莲、眼子菜、满江红等属于浮水植物，金鱼藻属于沉水植物。

（2）药用植物的需水量和需水临界期

① 需水量。植物在生长发育期所消耗的水分主要是植物的蒸腾耗水，蒸腾的水量约占总耗水量的 80%，蒸腾耗水量称为植物的生理需水量，以蒸腾系数表示；蒸腾系数是指每形成 1g 物质所消耗的水分质量。

② 需水临界期。需水临界期是指药用植物在一生中（一、二年生植物）或年生育期内（多年生植物）对水分最敏感的时期。该期水分亏损，造成药材的损

失和质量下降，后期不能弥补。

（3）旱涝对药用植物的危害

① 干旱。缺水是常见的自然现象，严重缺水叫干旱。干旱分为大气干旱和土壤干旱。通常土壤干旱伴随大气干旱发生。

② 涝害。涝害是指长期持续阴雨致使地表水泛滥淹及农田或田间积水。水分过多使地层中缺乏氧气，根系呼吸减弱，最终窒息死亡。

4. 药用植物与土壤养分

药用植物所需的营养元素除C、H、O来自大气和水外，其他元素几乎均来自土壤。其来源大致有五个方面：①土壤矿物质的风化可以释放出除氮外的所有营养元素；②土壤固氮菌对大气中氮的固定；③土壤中有机物质分解；④降雨（雪）增加土壤中养分；⑤向土壤中施肥。

土壤中所含各种养分的存在形态是不相同的，以养分对作物的有效程度来划分，大体可以区分为五种。① 水溶性养分。如 NH_4^+、NO_3^-、$H_2PO_4^-$、HPO_4^{2-}、K^+、Ca^{2+}、Mg^{2+}、SO_4^{2-}、Fe^{2+}、Mn^{2+}、$H_2BO_4^-$、Cu^{2+}、Zn^{2+}、MoO_4^{2-}、Cl^-；简单氨基酸、尿素、葡萄糖酸酯等。水溶性养分来自土壤矿物质风化、有机残体的分解和施用的各种化学肥料。②交换性养分。指土壤复合胶体上吸附的养分，可作土壤溶液中养分的补充。主要是阳离子，如 K^+、NH_4^+、Ca^{2+}等。此外有些阳离子胶体也可以吸附阴离子，如 $H_2PO_4^-$、HPO_4^{2-}、SO_4^{2-}等。土壤复合胶体上吸附的离子可以与土壤中的离子交换，并达到平衡。一般都把水溶性养分和交换性养分的总量称为速效性养分。③缓效态养分。指土壤矿物中较易分解释放出来的非交换性养分。一般不易被植物吸收利用，但它可以在某些因素影响下分解释放出速效性养分，如缓效性钾就包括黏土矿物中的水云母和一部分原生矿物黑云母中的钾及层状黏土矿物所固定的钾离子。④难溶性养分（迟效性养分）。主要是指土壤原生矿物（如磷灰石、白云母和正长石）组成中所含的养分。植物不能吸收利用它，只有在较长的风化过程中才可能将养分释放出来。⑤土壤有机质和微生物残体中的养分。指土壤微生物死亡分解释放出来的养分，为有效养分。土壤有机质中的养分大部分需经微生物分解之后才能为植物利用。

以上几种状态的土壤养分之间没有明显的界限，是可以相互转化的，在自然界中处于动态平衡状态。而影响其转化的因素主要有土壤温度、水分、通气情况、酸碱度以及微生物活动等。

三、药用植物产量构成与品质形成

1. 药用植物产量及其构成因素

（1）药用植物的产量　栽培药用植物的目的是获得更多的有经济价值的中药

材。药用植物产量通常分为生物产量和经济产量。

生物产量是指药用植物在全生育期内，通过光合作用和吸收作用，即通过物质和能量的转化所生产和积累的各种有机物的总量。在总体物质中，有机物质占90%～95%，矿物质占5%～10%。严格地说，干物质不包括自由水，而生物产量则含水10%～15%。

经济产量是指栽培目标与产品的收获量。药用植物中可供直接药用或供制药工业提取原料的药用部位的产量称为药用植物的经济产量。不同药用植物，其药用部位器官不同，如人参、西洋参、丹参、地黄等药用部位为根和根茎，细辛、薄荷、荆芥、鱼腥草、白花蛇舌草和绞股蓝等药用部位为全草，宁夏枸杞、山茱萸、五味子、薏苡和罗汉果等药用部位为果实和种子，红花、菊花、忍冬和辛夷等药用部位为花蕾和开放的花，杜仲、肉桂、厚朴、黄柏和牡丹皮等药用部位为树皮（及根皮）。

在大多数情况下，生物产量与经济产量之间有一定的比例，称为经济系数K（或称相对生产率）。K＝经济产量/生物产量×100%。一般来说，生物产量高，经济产量也高；生物产量低，经济产量也低。而经济系数越高说明植物体的利用越经济。药用植物的经济系数随药用部位不同而异。如药用部位是根、叶、全草等营养器官，它们形成的过程比较简单，经济系数较高，如薯蓣类、根类药材，经济系数可达50%～70%，全草类药材接近100%。而收获种子、果实的药用植物，其经济产量的形成要经过有性器官的分化发育，有机物质要经过复杂的运转，同时这段时间内又易遭受环境条件变化的影响，所以经济系数较低，如番红花药用部位为花的柱头，则经济系数较低。另外，经济系数还与人们综合利用的水平及其内含的有效化学物质有关，如薄荷叶子中含有挥发油，挥发油含量的高低与栽培技术措施有关，不能仅通过叶、茎的产量决定经济系数，还要看挥发油中薄荷脑的含量与质量。特别是一些作为制药工业原料的植物，它们的内含物多少与经济产量的高低有着不可分割的联系。因此，药用植物的经济产量还包含产品质量的含义。

（2）产量构成因素　药用植物的产量（经济产量）是由单株的产量和单位面积上的株数两个因素构成的。由于药用植物种类不同，其构成产量的因素也有所不同，见表2-1。

表2-1　各类药用植物单位面积产量构成因素

药用植物类别	产量构成因素
根及根茎类	单位面积株数，单株有效根（根茎）数，单根（根茎）鲜重，干鲜比
全草类	单位面积株数，单株鲜重，干鲜比
果实类	单位面积株数，单株果实数，单果鲜重，干鲜比
种子类	单位面积株数，单株果实数，每果种子数，种子鲜重，干鲜比

续表

药用植物类别	产量构成因素
叶类	单位面积株数，单株叶片数，单叶鲜重，干鲜比
花类	单位面积株数，单株花（花序）数，单株花（花序）鲜重，干鲜比
皮类	单位面积株数，单株皮鲜重，干鲜比

一般来说，单位面积上株数越多，单株产品数量越多，重量越重，经济产量就越高。但药用植物作为栽培的群体，在一定栽培条件下，构成产量的各因素之间存在着一定程度的矛盾。如单位面积上株数增加至一定程度，每株的产品器官的数量和重量就有减少的趋势。这是因为作物的群体是由各个体构成的，当单位面积上密度增加时，各个体所占的营养面积（包括空间）就减少了，个体的生物产量就有所削减，经济产量也必然减少。但单株产量低不等于最后的产量低，栽培的目的是使单位面积株数×单株产品器官数×单个产品器官重量（即总产量）达最大数值。以上三个产量构成因素随不同作物和不同生产条件而异。这些因素的形成过程和相互之间的关系，以及影响这些因素的条件，采取的相应的农业技术措施，满足药用植物高产的生理需要，就是本书的重要内容之一。例如丁家宜提出，湿生栽培薏苡，其丰产技术措施是：①湿生促苗，促使苗齐苗壮，全田总茎蘖数达预期数目以后，排水干田，以控制无效分蘖。②有水孕穗，足水抽穗，并追施速效氮肥，以增加每株穗数、每穗粒数。③灌浆成熟期以湿为主，干湿结合，并适施化肥增加粒重。采取以上措施，薏苡比旱田栽培增产达5～10倍。

2. 药用植物的产量形成及提高途径

药用植物产量的形成与器官分化、发育及光合产物的分配和积累密切相关，了解其形成规律是采用先进的栽培技术进行合理调控，实现稳产、高产的基础。

（1）产量因素的形成　产量因素的形成是在药用植物不同生育时期依次重叠进行的。如果把药用植物的生育期分为三个阶段，即生育前期、中期和后期，那么以果实种子类为药用收获部位的药用植物，生育前期为营养生长阶段，光合产物主要用于根、叶、分蘖或分枝的生长；生育中期为生殖分化形成和营养器官旺盛生长并进期；生育后期为结实成熟阶段，光合产物大量运往果实或种子，营养器官停止生长且重量逐渐减轻。一般说来，前一个生长时期的生长是后一个时期生长的基础，营养器官的生长和生殖器官的生长相互影响、相互联系。生殖器官生长所需要的养分，大部分由营养器官供给。因此，只有营养器官生长良好，才能保证生殖器官的形成和发育。以根和根茎为产品器官的药用植物，生长前期主要以茎叶的生长为主，根冠比较低；生长中期地上茎叶快速生长，地下部分（根、根茎）开始膨大、伸长；地上地下并进期根冠比逐渐变大；生长后期以地下部增大为主，根冠比逐渐增大，当二者之比达到最大时收获。

药用植物产量实质上是通过光合作用直接或间接形成的，并取决于光合产物的积累与分配。药用植物光合生产能力与光合面积、光合时间及光合效率密切相关。在适宜范围内，光合面积越大，光合时间越长，加之光合效率较高，光合产物非生产性消耗少，分配利用较合理，就能获得较高的经济产量。

植物干物质积累动态符合 Logistic 曲线（“S”形曲线）模式，即经历缓慢增长期、指数增长期和减慢停止期。药用植物种类或品种不同，生态环境和栽培条件不同，各个时期所经历的时间、干物质积累速度和积累总量及在器官间分配均有所不同。干物质的分配随药用植物物种、品种、生育时期及栽培条件而异。生育时期不同，干物质分配的中心也有所不同。以薏苡为例，拔节前以根、叶生长为主，地上部叶片干重占全干重的 99%；拔节至抽穗，生产中心是茎叶，其干重约占全干重的 90%；开花至成熟，生产中心是穗粒，穗粒干物质积累量显著增加。

（2）提高药用植物产量的途径　植物代谢具有“源”“库”“流”的关系。“源”通常指通过光合作用或储藏物质再利用产生的同化物，“库”则是通过呼吸作用或生长消耗利用同化物，“流”是指“源”与“库”之间同化物的运输能力。协同好药用植物“源”“库”“流”的关系，才能最大限度提高药用植物产量。

（3）提高库的储积能力　如可通过满足药用植物生长发育的条件，调节药用植物同化物的分配去向等方式来提高库的储积能力。

3. 药用植物品质构成

药用植物的品质是指其产品器官的质量，直接关系到中药的质量及其临床疗效。评价药用植物的品质一般采用三种指标，即化学成分指标、物理指标和安全性指标。

（1）化学成分指标　药用植物产品的药用功效是由所含的有效成分或活性成分等化学成分作用的结果，化学成分含量的多少以及各组分的比例是衡量药用植物产品质量的主要指标。目前已明确的药用化学成分种类有：①糖类，存在于山药、大枣、地黄、黄精中。②苷类，存在于苦杏仁、大黄、黄芩、甘草和洋地黄等中。③皂苷类，存在于豆科、五加科、毛茛科、伞形科、葫芦科、鼠李科、报春花科、薯蓣科等中。④生物碱类，存在于麻黄、黄连、黄柏、十大功劳及三颗针等中。⑤香豆素类，存在于伞形科、豆科、菊科、芸香科、茄科、瑞香科及兰科等植物中。⑥黄酮类，存在于水龙骨科、银杏科、小檗科、豆科、芸香科、唇形科、菊科和鸢尾科中。⑦萜类和挥发油，存在于红豆杉、松科、柏科、马兜铃科、木兰科、樟科、芸香科、蔷薇科、桃金娘科、伞形科、唇形科、菊科及姜科等植物中。另外还有木质素类、鞣质类、氨基酸、多肽、蛋白质和酶、脂类、有机酸类、树脂类、植物色素类、无机成分等。

药材中所含的药用化学成分因种类而异，有的含 2～3 种，有的含多种。有些成分含量虽微，但生理活性很强。含有多种药用成分的药材，其中多有一种起主导作用，其他起辅助作用。每种药材所含药用成分的种类及其比例是该种药材特有药理作用的物质基础，单看药用成分种类不看比例是不行的，因为许多同科同属不同种的药材，它们所含的成分种类一样或相近，只是各类成分比例不同而已。

药材药效成分是药用植物在特定环境条件下的代谢（含次生代谢）产物，其种类、比例及含量等都受到环境条件的影响。我国幅员辽阔，地貌复杂，生境多样，这是中药材道地性的主要成因之一。在药用植物栽培上，特别是引种栽培时，必须检查分析引种药材与常用药材或道地药材在成分种类上、各类成分含量比例上有无差异。这是衡量引种是否成功的一个重要标准。

（2）物理指标

① 色泽。色泽是药材的外观性状之一，每种药材都有自己的色泽特征。许多药材本身含有天然色素成分，如五味子、枸杞子、黄柏、紫草、红花、藏红花等；有些药效成分本身带有一定的色泽特征，如小檗碱、蒽苷、黄酮苷、花色苷、某些挥发油等。由此看来，色泽是某些药材和药效成分的外在表现形式或特征。

药材是栽培或野生药用植物的入药部位加工（干燥）后的产品。不同质量的药材采用同种工艺加工或相同质量的药材采用不同工艺加工，加工后不论是整体药材外观色泽还是断面色泽都有一定的区别。所以，色泽又是区别药材质量好坏、加工工艺优劣的性状之一。

② 质地、大小与形状。药材的质地既包括质地构成，如肉质、木质、纤维质、革质、油质等，又包括药材的坚韧度，如体轻、质实、质坚、质硬、质韧、质柔韧（润）、质脆等。坚韧程度、粉质状况如何，是判断药材等级高低的特征性状。

药材的大小，通常用直径、长度等表示。绝大多数药材是体积越大品质越好，个别药材（如平贝母）是有规定标准的。

药材的形状是传统用药习惯遗留下来的商品性状，如整体的外观形状分为块状、球形、纺锤形、心形、肾形、椭圆形、圆柱形、圆锥形等，纹理有无抽沟、弯曲或卷曲、凸起或凹陷等。

根据药材大小和形状对药材分等级是传统的方法。随着中药材活性成分的揭示、测试手段的改进，将药效成分与外观性状结合起来分等分级将更为科学。

（3）安全性指标　药用植物栽培生产中有时需使用农药，但使用的农药种类及使用时间要严格注意，不能造成农药残留。农药残留物超过规定者禁止作为药材使用。

4. 药用植物品质形成的生理生化基础

药用植物的产量取决于光合产物的积累和分配，而药用植物产品的质量则取决于所形成的特定物质，如贮藏态蛋白、脂肪、淀粉、糖以及特殊的综合产物如单宁、植物碱、萜类等的数量和质量，并随药用植物的种质、品种类型和环境条件的不同而有很大变化。药用植物的这些特性是由系统发育过程中生理生化作用决定的。

（1）药用植物的代谢产物　尽管药用植物的产品器官多种多样，所含化学成分亦多种多样，结构复杂，效用各异，但它们的品质形成和产量构成，是通过药用植物适宜的生长发育和代谢活动及其他生理生化过程来实现的，即主要是由植物体光合初生代谢产物，如碳水化合物、氨基酸、脂肪酸等作为最基本的结构单位，通过体内一系列酶的作用完成其新陈代谢活动，从而使光合产物转化，进一步形成结构复杂的一系列次生代谢产物。初生代谢产物是维持细胞生命活动所必需的。次生代谢产物并非植物生长发育所必需，其产生和分布通常有种属、器官组织和生长发育期的特异性。次生代谢是植物在长期进化中对生态环境适应的结果。在植物的某个发育时期或某个器官里，次生代谢产物甚至成为代谢库的主要成分，如橡胶树大量产生橡胶，甜叶菊中的甜菊苷含量可达干重的10%以上。药用植物的有效成分绝大多数为植物次生代谢产物。次生代谢产物产生的途径有4条：①莽草酸产生的代谢产物；②氨基酸的次生代谢及其产物；③乙酸（通过丙二酰辅酶A）途径产生的次生代谢产物；④甲羟戊酸产生的代谢产物。也有代谢产物是由混合途径产生的。

（2）药用植物的生长年限　药用植物体内有效成分的形成和积累，不但与其遗传物质密切相关，也与它的生长年限长短有着密切关系。掌握生长年限对药用植物体内有效成分形成和积累的影响，对于确定中药材的合理采收期，提高中药材质量和产量，都有着重要的指导意义。如人参过去多栽培8～10年才收获，近年来由于人参栽培技术不断改进，人参采收期已适当提前。经测定，五年生人参有效成分含量已接近六年生人参，但四年生人参却只有六年生人参的一半。所以从不同生长年限人参根的产量、活性成分含量及药理作用强度等方面综合考虑，现一般都主张以5～7年生长期为宜，多栽培5年采收。

（3）药用植物的物候期　药用植物体内有效成分的形成积累，不仅随植物不同年龄有很大变化，而且在一年之中随季节不同、物候期不同亦有很大不同。一般以地上部分入药的药用植物，生长旺盛的花蕾、花期有效成分含量为高；以地下部分入药的药用植物，休眠期有效成分含量为高。金银花（忍冬）经过人工修剪刺激，一年内可多次开花（每年5月至9月间），但每茬花的产量和有效成分含量不同（表2-2）。

表2-2　不同阶段采收对金银花（忍冬）产量与质量的影响

项目	第1茬花	第2茬花	第3茬花	第4茬花
单株产量/g	495.62	245.29	73.03	56.66
占单株总产的比例/%	56.94	28.18	8.39	6.51
千蕾重/g	17.15	12.40	13.60	12.85
绿原酸/%	6.59	6.78	5.26	5.81

（4）药用植物的不同器官与组织　药用植物的有效成分主要在药用器官与组织中形成、转化和累积，不同药用植物的不同药用部位有效成分的累积规律不同。如中药材薄荷是唇形科薄荷属多种植物干燥的地上部分，其主要有效成分是薄荷醇、薄荷酮、胡椒酮等挥发油，以及木樨草素、圣草酚等黄酮类成分。但栽培薄荷以获得薄荷醇型（或薄荷醇+薄荷酮型）物质为主。经测定，薄荷植株不同部位叶片中挥发油各组分的含量有所不同，植株自上而下叶片中薄荷醇的含量逐渐增大，而薄荷酮含量却逐渐减少，其他成分在上下相邻叶片间无多大差异。以皮入药的黄柏，其主要有效成分小檗碱等在枝、根、皮、叶等不同器官组织中均有分布，但在根中含量较高（表2-3）。再如人参总皂苷，在人参中以花蕾、果实中的含量为最高，传统的药用部位主根以及须根、根茎和芽却次之，茎和种子中的含量最低。因此，植物化学与相关学科的发展为药用植物资源综合利用开辟了新途径。如人参不仅根可供药用，其地上部分（包括茎、叶、花、种子等）均可作药用或开发为食品、化妆品。

表2-3　黄柏不同部位生物碱含量

部位	小檗碱含量/%	木兰碱含量/%	药根碱含量/%	掌叶防己碱含量/%
叶	0.01～0.05	0.01～0.05	—	—
叶柄	0.01～0.05	0.01～0.05	—	—
枝	0.68	0.01～0.05	0.01～0.05	0.01～0.05
皮	4.75	1.10	0.05	0.54
根	12.14	1.81	0.06	0.07

（5）药用植物的生长环境条件　药用植物有效成分的形成、转化与累积，还与植物的生长环境条件密切相关。例如，合理地加强磷钾营养和给植物创造湿润环境，可促进植物体内碳水化合物代谢过程，提高油脂等物质的累积量，而不利于生物碱和蛋白质的合成；合理而适时地加强氮素营养和给植物以适度干旱的条件，可促进植物体内蛋白质和氨基酸的转化，加速生物碱等有效成分在植物体内

的累积，但不利于碳水化合物及脂肪的合成。如麻黄总碱的含量及其组成，既可因原植物来源的不同有差异，也可因生长环境的差异而产生较大变化。其中环境条件的影响，主要是与海拔、温度、光照和土壤密切相关，相对湿度小、阳光充足的环境易实现优质、高产。又如当归在半干旱、气候凉爽和光照充足的生态环境条件下，挥发油含量高（如产于甘肃武都等地的“岷归”达0.65%），色紫、气香而肥润，力柔而善补；但在潮湿、光照不足的生态环境下，挥发油含量低（如产于四川汉源等地的“川归”为0.25%），非挥发性成分如糖、淀粉等含量却高，当归尾粗而坚枯，力刚善攻；而居于“岷归”与“川归”之间的“云归”（如主产于丽江的“云归”含挥发油为0.59%）性则居中，可见生态环境对当归有效成分的含量具有明显的影响。光照和温度对穿心莲的穿心莲内酯、毛地黄叶的毛花洋地黄苷C、颠茄叶的颠茄生物碱及薄荷叶的挥发油等均有明显影响，在光照充足、气温较高的环境下，它们的含量增加，反之则含量降低。

总之，各种环境条件对药用植物有效成分含量的影响是复杂而重要的。药用植物体内有效成分的变化与生态因子对植物代谢过程的影响密切相关。因此，深入研究、掌握各种生态因子，特别是主导生态因子对药用植物体内代谢过程的影响，从而在引种驯化与栽培实践中有意识地控制和创造适宜的环境条件来加强有效物质的形成与累积，对于提高中药材品质有着积极作用与重要意义。

（6）药用植物的栽培技术　栽培技术对药用植物有效成分的形成、转化与积累也有重要的影响。通常情况下，很多野生药用植物经引种驯化与人工栽培后，由于环境条件的改善，植株生长发育良好，为其有效成分的形成、转化和积累提供了良好条件，有利于优质、高产。例如，在海拔600m以下阳光充足、排水良好、土壤肥力较高的砂质土上栽的青蒿，比野生青蒿植株高大，枝叶繁茂，叶片中青蒿素含量高，并发现在栽培中选择不同来源的青蒿种子、不同播种期在同一环境种植后，其青蒿素含量也有不同。

（7）药用植物的采收　合理采收对药用植物内在质量的提高也有重要意义。除应遵循植物特定的年间年内有效成分动态变化规律之外，具体的采收方法和时间对有效成分也有很大影响。例如麻黄碱主要存在于麻黄地上部分草质茎中，木质茎中含量很少，根中基本不含，所以采收时应收割草质茎。具体采收时间与气候关系密切。研究发现，降雨量及相对湿度对麻黄碱含量影响很大，雨季后生物碱含量都大幅度下降，内蒙古中部和西部的草麻黄中生物碱含量高峰期约在9月中下旬，此时采收最为适宜。红花的适宜采收时间为开花后第三天的早晨6:00～8:30，此时红花的主要成分红花黄色素和红花腺苷含量最高。又如药用石菖蒲的根茎宜在秋季采收，如从浙江、四川等不同产区、不同采收季节产品挥发油含量分析结果来看，都以秋季收获的根茎含挥发油量及油主要有效成分β-细辛醚量为高（表2-4）。

表 2-4　不同季节采收的石菖蒲根茎挥发油含量

产地	季节	挥发油含量/%	油中主要成分含量/%		
			β-细辛醚	α-细辛醚	甲基丁香酚
浙江临安	夏	1.8	37.10	20.45	—
浙江临安	秋	1.8	45.79	+	—
浙江临安	冬	1.8	44.00	+	—
浙江宁波	春	1.1	44.00	29.80	0.53
浙江宁波	秋	1.7	49.78	+	—
四川峨眉	春	0.99	51.74	—	—

注："+"表示成分存在，但具体含量未检测或未列出；"—"表示成分不存在或未检测出。

（8）药用植物的加工　一般不宜用烘干法，日晒干法或阴干法挥发油可保持在1.6%以上，而烘干法（60℃以下）的挥发油含量只能保持在1.4%左右。除对采收后干燥方法应予特别讲究外，其他产地加工方法如洗、切、蒸、煮、烫、"发汗"、去节、去毛、去壳等的合理应用，也对药用植物有效成分的含量产生直接影响。如天麻采收分为春季（春麻）和冬季（冬麻），冬麻比春麻质量优。采收后产地加工方法有原皮、去皮、蒸法、煮法等，经研究证明，鲜天麻直接烘干（或晒干），天麻主要有效成分天麻素明显减少，而天麻苷元相应增加；经蒸制加工后的干燥过程中，天麻素及其苷元含量的变化恰好与前者相反。试验显示，天麻素及其苷元的变化可能是一种可逆的变化过程，同时鲜天麻直接干燥时存在酶解和缩合两种相反作用，且由于这两种作用变化速率不同，其综合作用的结果是天麻素减少，苷元增加；经蒸制杀酶后干燥过程，仅有干燥脱水的缩合作用，结果是天麻素增加，苷元减少。在蒸制加工中，不仅有杀酶作用，而且蒸制过程本身有使天麻素增加、苷元减少的作用。天麻素及其苷元药理作用虽然基本相同，但苷元易氧化损失，因此天麻以蒸制为优。同时天麻素易溶于水，所以原皮天麻（采挖无损伤为佳）流水洗净，隔水蒸透心（10～30min）后在60℃以下干燥为宜，并发现天麻蒸制、水煮或明矾水煮、烘干或晒干过程中，天麻素及其变化过程基本相同。为减少水煮过程中天麻素及其苷元的溶解损失，天麻产地加工以原皮整个（不破损）蒸制为好。

随着研究的不断深入，药用植物品质的形成及影响因素将不断被揭示，人们将能够通过创造适宜的条件来调节或控制药用成分的形成、转化与积累过程，以达到有效提高中药材质量的目的。

5. 影响药用植物品质形成的因素

（1）遗传性和外部环境条件　药用植物经济产品（药材）色泽、形态、体积、质地及气味等是鉴别药用品质的重要方面，药材质量优劣主要是由不同药用植物种类和品种的遗传性及外部环境条件决定的。

（2）药用植物有效成分积累的影响因素　药用植物栽培中，有效成分的形成、转化和积累是许多药材的重要指标和关键。一般而言，影响药用植物有效成分的形成、转化和积累的因素有：遗传物质、生长年限、物候期、环境条件、不同器官与组织、栽培技术与采收加工。

第二节　药用植物引种

药用植物的引种驯化，是通过人工培育使野生植物转变为栽培植物，使外地植物（包括国外药用植物）转变为本地植物的过程，也就是人们通过一定的手段使植物适应新环境的过程。

一、引种的意义及其主要内容

药用植物需要引种驯化，大致有以下几种原因：①野生药源不能满足需要，迫切需要人工驯化培育，进行栽培生产。如细辛、巴戟天、川贝母、金莲花、龙胆、冬虫夏草、秦艽、七叶一枝花和金荞麦等。②药用植物生长年限较长，需要量大，必须有计划地栽培生产。如山茱萸、黄连、五味子、厚朴等。③野生药源虽有一定分布，但需要量大，不能满足供应。如射干、何首乌、桔梗、丹参等。④野生药源尚多，但较分散，采集花费劳力多，在有条件的地方可适当地进行人工栽培或半野生半家栽。如甘草、麻黄、金钱草、半夏、薯蓣、沙棘等。但对野生群丛也要加以保护。⑤已引种成功的药用植物，需扩大繁殖，以满足药用。如水飞蓟、颠茄、番红花、西洋参等。⑥历来依靠进口的药材，亟待引种、栽培以逐步满足药用的需要。如乳香、没药、血竭、胖大海等。

二、引种的步骤和方法

（一）引种的步骤

1. 鉴定引种的种类

中国药用植物种类繁多，其中不少种类存在“同名异物”或“同物异名”的情况。就常用的四五百种中药而言，名称混乱的就有 200 种左右。因此，在引种前必须进行详细的调查研究，对植物种类加以准确鉴定。

2. 掌握引种所必需的资料

首先要掌握药用植物原产地和拟引种地区自然条件资料，根据引种的药用植物生物学与生态学特性创造条件，使之适应于新的环境条件。有些药用植物对外界要求不太严格，原产地和引种地区条件差别不大，引种驯化比较容易。不同气候带之间相互引种时，则需通过逐步驯化的方法，使之逐渐地适应新的环境。

3. 制订并实施引种计划

根据调查所掌握的材料和引种过程中存在的主要问题来制订引种计划。如南药北移的越冬问题、北部高山植物南移越夏问题以及有关繁殖技术等，提出解决上述问题的具体步骤和途径，然后付诸实施。

（二）引种的方法

引种方法主要分简单引种法和复杂引种法：

1. 简单引种法

适于在相同的气候带（如温带、亚热带、热带）或环境条件差异不大的地区之间进行相互引种。包括以下几个方面：①无须经过驯化，但需给植物创造一定的条件，可以采用简单引种法。如向北京地区引种牛膝、牡丹、商陆、洋地黄、玄参等，冬季经过简单包扎或覆盖防寒即可过冬；另外一些药材如苦楝、泡桐等，第一、第二年可于室内或地窖内假植防寒，第三、第四年即可露地栽培。②通过控制生长、发育使植物适应引种地区环境条件的方法也属于简单引种法。如一些南方的木本植物可通过控制生长使之变为矮化型或灌木型，以适应北方较寒冷的气候条件。③把南方高山和亚高山地区的药用植物向北部低海拔地区引种，或从北部低海拔地区向南方高山和亚高山地区引种，都可以采用简单引种法。例如，云木香从云南维西海拔 3000m 的高山地区直接引种到北京低海拔（50m）地区，三七从广西和云南海拔 1500m 山地引种到江西海拔 500～600m 地区，人参从东北吉林省海拔 300～500m 处引种到四川金佛山海拔 1700～2100m 和江西庐山海拔 1300m 的地区，都获得成功。④亚热带、热带的某些药用植物向北方温带地区引种，变多年生植物为一年生栽培，也可以用简单引种法。如金荞麦、穿心莲、澳洲茄、姜黄、肾茶、蓖麻等。⑤亚热带、热带的某些根茎类药用植物向北方温带地区引种，采用深种的方法，也可以用简单引种法获得成功。同样，从热带地区向亚热带引种也可采用此法。如三角叶薯蓣和纤细薯蓣引种到北方，将根茎深栽于冻土层下面，可以使其安全越冬。黑龙江从甘肃引种当归，播种后当年生长良好，但不能越冬，采用冬季窖藏的方法，第二年春季取出栽培，秋季可采挖入药，这也属于简单引种法。⑥采用秋季遮蔽植物体的方法，使南方植物提早做好越冬准备，能在北京安全越冬，也属于简单引种法。此外，还有秋季增施磷钾肥，增强植物抗寒能力的方法等。

简单引种法不需要使植物经过驯化阶段，但在引种实践中，很多种药用植物引种到一个新的地区后，植物的变异不仅表现在生理上，而且明显地表现在外部形态上，特别是草本植物表现更为突出。例如东莨菪从青海高原或从西藏高山地区引种到北京，其地上部几乎变为匍匐状。

2. 复杂引种法

在气候差异较大的两个地区之间或在不同气候带之间进行相互引种，称复杂引种法，亦称地理阶段法。如把热带和南亚热带地区的萝芙木通过海南、广东北部逐渐引种驯化移至浙江、福建安家落户，把槟榔从热带地区逐渐引种驯化到广东内陆地区栽培等。复杂引种法主要包括：①进行实生苗（由播种得到的苗木）多世代的选择。在两地条件差别不大或差别稍稍超出植物适应范围的地区多采用此法。即在引种地区进行连续播种，选出抗寒性强的植株进行引种繁殖，如洋地黄、苦楝等。②逐步驯化法。将所要引种的药用植物按一定路线分阶段地逐步移到所要引种的地区。这个方法需要时间较长，一般较少采用。

第三节　药用植物繁殖方式

药用植物的繁殖方式基本上可分为两大类：一类是采用种子播种，繁殖形成新个体的方法，称有性繁殖，又称种子繁殖，培育形成的苗木叫实生苗；另一类是利用植物的茎、芽、叶、根等营养器官的一部分进行繁殖，培育成新个体的方法，称无性繁殖，又称营养繁殖，所取得的苗木叫营养苗。

一、有性繁殖

有性繁殖指直接利用种子进行播种、发芽、生长发育成独立生存的幼苗的过程。由于药用植物产生的种子量大，繁殖系数高，可在短期内获得大量的中药材种苗。其方法简单易行，是发展中药材生产的主要繁殖方法。

1. 种子的特性

植物的种子是由胚珠发育而成的，其主要营养物质有淀粉、脂肪、蛋白质等，为处于休眠状态时还具有生命力的活体。种子的营养成分、构造和贮藏条件不同，它们的生命也有长短之分：最短的是兰花的种子，只有几小时的寿命；肉桂种子的寿命只有几天；辽细辛种子的寿命为 1 个月左右；当归、桔梗、紫菀、杜仲、黄柏等多数药用植物的种子寿命不超过 1 年；百合、牵牛、藿香、长春花、半枝莲等的种子寿命为 2～3 年；寿命最长的是马王堆出土的古莲子，长达千年以上。但种子在适宜的贮藏条件下可以“延年益寿”，如桔梗、白术、白芷、补骨脂等的种子，保持空气相对湿度为 15％、温度在－20℃左右，空气中含氧少、含二氧化碳多，贮藏在无光照的条件下，可以延长其生命的年限。但是，在生产上还是以新鲜种子为好，隔年陈种往往发芽率低，甚至不发芽。

2. 选种和采种

选择优良的种子，是药用植物优质高产的重要保证。决定优良种子的品质条件：首先，要选择品种纯正、无病虫害、生长发育健壮的优良单株作采种母株。其次，对留种的母株要加强水肥管理。再次，为防止品种混杂，还要进行单育、单采、单藏。最后，要及时采收发育成熟、籽粒饱满、粒大而重的种子作种。

采集时期，一般于种子或果实自然成熟，或自然脱落、飞散之前为宜。木本药用植物应选择形态、品质兼优，无病虫害而结实良好的壮龄母树采集，如银杏要采集30年生以上母树的种子，杜仲要采集20年生以上、没有剥过皮的母树种子。

3. 种子的贮藏

采收后的种子或果实，因含水量较大，容易霉烂及感染病虫害，往往丧失萌发力。因此，必须首先进行干燥。一般种子以阴干为宜，待干后即装入种子瓶、铁罐、纸袋、麻袋内，置于通风凉爽处贮藏。切忌用塑料袋装种子。贮藏的种子还要标明品种及采收日期。

种子的贮藏方法，可分为干藏法和湿藏法两种。

（1）干藏法　对自然寿命长而又不因干燥而损害种子生活力的种子，如板蓝根、党参、百合、鸡冠花、凤仙花、知母、百部等宜干藏。先把精选种子晒干，然后贮藏在干燥、通风、凉爽的室内即可。贮藏期间要经常检查，注意防止霉变、虫蛀及鼠害。

（2）湿藏法　凡含水量较高、种壳坚硬、休眠期长而又在干燥的条件下容易丧失发芽力的种子，一般宜湿藏，可打破其休眠期或延长其寿命。其做法是：选择地势高燥、排水良好、土质疏松的背阴向阳处，挖一大小适中的坑，坑底铺一层石子和细河砂，然后将种子和湿砂以1∶（2～3）的比例混合均匀放入坑内。或用1层砂、1层种子在坑内层积贮藏，最后在上层种子覆盖1层10～15cm厚的湿砂。砂的湿度以用手握之成团、松开即散为度。坑的中间立放一把秸秆，高出地面，以利通气，避免霉烂。少量种子可用木箱、缸或花盆，将种子与湿砂按比例混拌均匀装好，上加盖并留小孔通气，置室内通风阴凉处贮藏。如辛夷、厚朴、山茱萸、射干、贝母、人参、黄连等的种子，贮藏在湿润的环境中才能保持其生活力。

4. 播种

为了促进种子迅速发芽和预防病虫危害，在播种前常采用下列方法对种子进行处理和消毒：

（1）浸种催芽法　大多数种类的种子，如大黄、甘草、白术、防风、泽泻、决明子等，宜采用冷水或温水（40～50℃）浸种12～24h后播种，可提高发芽率。

（2）机械损伤法　对一些种皮含胶质或蜡质的种子，如辛夷、厚朴、穿心莲、乌桕、黄芪、杜仲、党参等，因吸水能力差，可采用碱液浸洗，或反复搓擦，除去胶（蜡）之后播种，可提高发芽率。

（3）化学药剂处理法　一些种皮坚硬的种子，如银合欢、侧柏、白蜡树等，常采用硫酸、溴化钾、赤霉素等药剂进行处理，亦能提高其发芽率。

（4）种子的消毒　普通种子在播前不必消毒。对一些易感染病虫害的无性繁殖材料，如贝母鳞茎，播前如用50%多菌灵250倍液浸种，可防止腐烂病的发生。又如薏苡种子，采用2%～2.5%硫酸铜水溶液浸种10min，可防治黑粉病。多数药用植物的种子可用1%升汞或1%福尔马林溶液浸种5min，然后取出用清水冲洗干净，再行播种，均能达到消毒作用。

5. 播种期

多数种类的药用植物宜春播或秋播。一年生、耐寒性差的药用植物，如薏苡、紫苏、板蓝根、决明子、鸡冠花、凤仙花、半枝莲等，通常在春季晚霜过后播种；二年生和多数种皮坚硬而厚或大、中粒种子，如水飞蓟、牛蒡子、红花、山茱萸、桃、胡桃等的种子宜在酷暑过后秋凉时播种；木本药用植物一般宜春播，但一些硬粒种子，如乌梅、厚朴、酸枣等以冬播为好。种子微小和寿命短的种类，如细辛、板蓝根、十大功劳、白英等的种子宜随采随播。总之，应根据药用植物的生物学特性，结合当地的气候、土壤条件，做到适时播种。

春播，在不致晚霜危害的前提下，播种期宜早不宜迟。早播种子早出土，可延长幼苗的生长期，提高幼苗的生长量。秋播，则不宜过早，早播种子发芽早，出土快，易遭冻害，但最迟要在土壤封冻前播完。

6. 播种方式

药用植物的播种方式，应根据种子特性、幼苗生长习性、苗床土质以及环境条件而定。一般分为撒播、条播和穴播三种方式。

（1）撒播法　指将种子均匀地撒于苗床畦面上的方法。多适用于细粒种子和大面积播种，如播板蓝根、怀牛膝等。但由于幼苗出土拥挤，光照不足，易造成徒长现象，易蔓延和发生病虫害，同时也浪费种子，因此生产中较少使用。

（2）条播法　指将种子成行、均匀地播入苗床畦面上的方法。幼苗生长健壮，且便于管理。多数药用植物的有性繁殖多采用此法播种。

（3）穴播法　指按一定的株行距挖穴，直接将种子播入穴内的方法，又称点播法。此法幼苗生长健壮，且管理方便。适用于播种大粒或贵重的中药材，如厚朴、三七、檀香、丁香、安息香、槟榔等。

7. 播种深度

播种深度是指种子播后覆土的厚度。它常决定播种的成败，一般原则为覆土厚度为该种子直径的2～3倍，但应根据种子特性、土壤、气候等环境条件灵活掌握。砂质土壤宜深，黏质土壤宜浅；干旱季节宜深播，多雨湿润时宜浅播；易发芽的种子宜浅播，难发芽的种子宜深播；催芽种子宜浅播，未经催芽的种子宜深播；大粒种子宜深，细小种子宜浅；同样大小的种子，单子叶植物宜深，双子叶植物宜浅；种子播后盖草的宜浅，否则应深播。

8. 播种量

播种量指单位面积上播种时所需种子或种苗的数量。应根据播种方式、种植密度、种子千粒重、发芽率等情况而定。一般种植密度大、千粒重高而发芽率低、净度差的种子，播种量要大一些，否则可小一些。

9. 播后的管理

种子播后，要经常注意保持土壤的湿润状态，不致床土有过干或过湿的现象。对于细小种子，如党参、半枝莲等，应于播前先灌足底水，再行播种，或覆土后用细孔喷壶浇水，切不可直接往上灌水。大粒种子，浇水可粗放些。

播种初期，床土可稍湿润，以供种子吸收水分，有利长根；中后期水分不可过多，否则影响幼苗出土生长。对幼苗期喜阴的药用植物，在苗期应搭棚遮阴，防止强光直射，降低地面土温，减少水分蒸发，促进幼苗生长健壮，减少苗期病害。早春低温或多雨季节，播后应覆盖杂草，以防雨水冲刷。待种子萌发出土时，应立即除去覆盖物，以利幼苗茁壮生长。

二、无性繁殖

无性繁殖是利用营养器官的特性来繁育植物的新个体。在药用植物中，目前常用的无性繁殖方式主要有分离繁殖、压条繁殖、扦插、嫁接和组织培养 5 种繁殖方式。

1. 分离繁殖

分离繁殖是将植物的营养器官分离母体或者营养器官的一部分重新培育成独立新个体的繁殖方法。此方法具有成活率较高且操作简便的优点。药用植物种类和气候不同，分离期也不相同，一般适宜在秋末或早春植株休眠期内进行。

（1）块根繁殖　块根繁殖可采用水培的方式。块根最佳繁殖时间为春季。

（2）根状茎繁殖　根状茎上的不定芽可用来繁殖。该繁殖方法以春季萌动和秋季繁殖成活率为高。

（3）球茎繁殖　球茎繁殖是部分植物唯一的繁殖方式。如西红花利用球茎进行营养繁殖。由于西红花为三倍体植物，不能进行有性繁殖，故可采用多年生连作栽培的球茎繁殖，在田间越夏、采花和越冬。

（4）珠芽繁殖　自然状态下珠芽生长成熟之后掉入土中，即可繁殖成新植株。

（5）分株繁殖　分株繁殖即将母株萌发出的幼株分离，使幼株成为新植株的繁殖方式。分株繁殖分株与移植可同步进行，亦可先分株后移植，该繁殖方式不仅操作简单，而且成活率高。

（6）分根繁殖　分根繁殖即将根分切成数块，将根段单独培育成新植株的方式。此繁殖方法在切块时需保留芽。

2. 压条繁殖

压条繁殖育苗是将枝条加以适当切割或环状剥皮后压入土中，适当浇水，待其生根并能独立生长时，剪离母体，经扦插形成新植株。

压条栽植前需要进行适当的消毒。压条繁殖适用于众多药用植物，部分植物可在生长期以及休眠期进行压条繁殖。压条的长度会影响成活率，如阔叶箬竹采用 10cm 鞭段长度的埋鞭繁殖方式成活率更高。针对不同植物，压条入土深度不一。

3. 扦插

扦插在药用植物无性繁殖中也有使用。扦插材料是植物的茎、叶、根、芽等部位，进行土培、沙培或者水培均可，亦可浸泡在水中，待生根后直接栽种成新植株。此繁殖方式具有成活率高、繁殖速度快等优点，但是过程较复杂。

（1）茎扦插　茎扦插是将植物枝条插入基质中，培育成新植物的方式。一般将茎扦插分为硬枝扦插与嫩枝扦插两类。①硬枝扦插。具有繁殖速度快、成本低、操作便捷等优点，且能够最大程度地保持优良品种的特征特性。有研究表明，甜菊育苗的最佳选择即扦插育苗。硬枝枝条在冬季储藏或春季剪取，选择生长健壮且无病虫害的枝条，将其截成长为 15～20cm 的插条，每个插条需保留 2～3 个芽眼，去除叶子，以减少营养物质的消耗。扦插行距 1.6m、株距 1.5m，穴深应不小于 16cm，每穴插 5～6 根，扦插时露出地面的枝条长度应不超过 10cm。扦插过后需要定期浇水或者在雨季进行扦插。②嫩枝扦插。嫩枝扦插成活率较高，插条可带叶或者去除叶子，其成活率均可达到 90%以上。扦插时间因物种而异，如刺五加嫩枝扦插时间为每年的 6～7 月。为了促进根的生长，可将枝条浸泡于植物生长调节剂中。

（2）根扦插　根扦插存活率相对较高。在春季、夏季和秋季进行扦插，插条培育刺梨幼苗效果最佳。

（3）根茎扦插　根茎扦插对插条长度和扦插的时间要求较高。

4. 嫁接

嫁接是将目的树种的枝或芽嫁接到砧木的茎或者根上的过程，砧木通常具备亲和性好、抗性好、生长快等特征。根据不同树种选择不同的嫁接时间与嫁接方式。在春、秋季采用枝接、芽接和皮接方式嫁接刺梨，成活率较高。春季树液流动时，采用切接或劈接方式嫁接金叶刺梨较佳。

5. 组织培养

组织培养是指分离出目的植株上的某个器官或原生质体等组成部分，在人工方法下进行科学培养，进而获得完整性良好的新植株的一种培育方法。以基本培养基搭配不同的植物生长调节剂，建立增殖、分化、生根等快繁再生体系。该方法应用于众多药用植物繁殖中，并有显著效果。

第四节　药用植物田间管理

田间管理是保证药材生产，获得高产优质药材的一项重要技术措施。由于各种药用植物的生物学特性以及人们对药用部位需求不同，各药用植物栽培管理工作有很大差别。

一、施肥管理

以粪尿肥为例。粪尿肥主要包括人粪尿、家畜类粪尿及厩肥等，含有氮、磷、钾养分和各种微量元素及丰富的有机质，是生产绿色无公害药材的首选肥料。在药田中科学施用粪尿肥能提高药材的抗病能力，降低硝酸盐含量，改善药材的质量。但值得注意的是，如果直接在药材植株上浇施粪尿肥，也会污染药材，造成病菌传播。因此，施用粪尿肥也要得法。

1. 施用前的处理

为了有效地杀灭粪尿肥中的寄生虫卵和传染性病菌，必须在施用前进行无害化处理。通常可采用高温堆肥法和粪池密闭法。也可采用毒物处理法，即利用对寄生虫及病菌有毒的物质处理粪尿肥，如每 100kg 粪尿肥中加福尔马林 200mL 封存 1 天，或加 50%敌百虫片 2g 封存 2 天，也可加尿素 1kg 封存 3 天。有条件的地方可将积肥与沼气发酵相结合，最好施用经过转化后的有机肥、沼渣。沼液肥效高，能取得较好的生态效益和社会效益。

2. 采用沟、穴施肥法

根据药材植株大小、土壤湿润状况，施用腐熟的粪尿肥时需要兑水稀释，开沟或挖穴浇施，覆盖泥土，防止肥料流失，提高粪尿肥的利用率。在药材幼苗期追施粪尿肥，浓度要低，用量要少，避免烧坏幼苗。此外，人尿中含有较高的 NaCl，对忌氯药材，如姜科的黄姜、沙姜、砂仁等不宜施用，以免影响产品质量。

3. 忌用污水稀释肥

一些药农认为污水有肥效，喜欢用污水兑粪尿肥浇灌药材，这样会造成药材的严重污染。因为污水中含有大量病菌、虫卵、毒物和重金属离子，容易诱发病虫害，造成土壤污染，甚至影响后季作物。因此，不论是工业污水还是生活污水，凡未经无害化处理，都不能用作药材的灌溉及肥料兑施用水。

二、有害生物防治

随着药用植物种植产业的不断发展，科学的种植技术已成为提高药材产量和品质的重要保证，而在药用植物引种栽培及中药材贮运过程中常遭受各种病虫害的危害，直接影响中药材的产量和质量。

药用植物种类繁多，且一种药用植物常受多种病虫的危害，因此病虫对药用植物的生长影响极大。如人参栽培中，已知有40多种侵染性病害，常发生的病虫害就有20多种，另外道地药材由于种植历史悠久，加上气候、土壤和人们的栽培习惯等因素影响与道地药用植物相伴的寄生病虫害的逐年积累，严重影响道地药材的产量和质量。因此，药用植物病虫害防治是药用植物生产的重要环节，是药用植物安全生产的首要工作。

药用植物病虫害防治要贯彻“预防为主，综合防治”的总方针，实施“有害生物的综合治理”策略和“绿色防控”的方法。要充分利用生态因子控制有害生物的种群数量。

绿色防控是目前农作物也是药用植物生产过程中有害生物防控的有效方法和技术路线，它的核心思想是从农田生态系统整体出发，以农业防治为基础，积极保护和利用自然天敌，恶化病虫的生存条件，提高农作物抗虫能力，在必要时合理使用化学农药，将病虫危害损失降到最低限度。在实施过程中，可采用生态调控、生物防治、物理防治、科学用药等防控技术，以达到保护生物多样性、降低病虫害暴发概率的目的。绿色防控是促进标准化生产，提升药用植物质量安全水平的必然要求，也是降低农药使用风险、保护生态环境的有效途径。

需强调的是，药用植物病虫害防治必须保证安全，严防农药残毒，特别对内服中药材，严禁使用剧毒高残留的农药，以免影响服用者的健康。

绿色防控需采取的措施和方法如下：

① 植物检疫。是国家制定的一系列检疫法令和规定，对植物检疫对象进行病虫害检验，防止从别的国家或地区传入新的危险性病虫害及杂草，并限制当地的检疫对象向外传播蔓延。植物检疫是防治病虫害一项重要的预防性和保护性措施。

② 农业措施。综合运用栽培、管理技术措施来控制和消灭病虫害的方法。它包括合理轮作、深耕细作、清洁田园、调节播种期、合理施肥、选育推广抗病虫品种。

③ 生物防治。应用自然界有益生物来消灭或抑制某种病虫害的方法。生物

防治能改变生物群落结构，直接消灭病虫害。具有使用灵活、对人畜和天敌安全、无残毒、不污染环境、效果持久、有预防性等特点。目前，生物防治主要是利用以虫治虫、以菌治虫和以菌治病的方法进行。

④ 化学防治。应用化学农药防治病虫害的方法。其优点是作用快、效果好、应用方便、能在短期内消灭或控制大量发生的病虫害，受地区性或季节性限制比较小。但化学防治也存在缺点，如长期使用，害虫易产生抗药性，杀伤天敌；还有些农药毒性较大，有残毒，能污染环境，影响人畜健康。

⑤ 物理防治。根据害虫的生活习性和病虫害的发生规律，利用温度、光及器械等物理机械因素直接消灭病虫害和改变其生长发育条件的方法称物理机械防治法，如对活动性不强、有趋光性害虫等进行人工捕杀。

⑥ 新技术应用。近几年由于原子物理学、化学、生物学的发展，现开始应用电离辐射使雄害虫不育，激光防治害虫，用化学、生物方法提取激素来诱杀害虫，如昆虫绝育防治法、昆虫激素防治法、拒食剂防治法等。

第五节　中药材采收与注意事项

中药材的采收季节、时间、方法和贮藏等与中草药的品质有着密切的关系，是保证药材质量的重要环节。除某些药材所含的有效成分在采制和贮藏方面有特殊的要求外，一般植物类药材的采收原则和注意事项如下：

一、采收原则

1. 全草、茎枝及叶部位采收

全草、茎枝及叶部位采收，大多数是在夏秋季节植株充分成长、茎叶茂盛或开花时期采集的，但有些植物的叶有时也在秋冬时采收。多年生草本常割取地上部分，如益母草、薄荷等；一些茎较柔弱、植物矮小及必须带根用的药材则连根拔起，如垂盆草、紫花地丁等。

2. 根和根茎部位采收

根和根茎部位采收一般是在秋季植物地上部分开始枯萎或早春植物抽苗时采集，这时植物的养分多贮藏在根或根茎部，所采的药材产量高、质量好。但也有些根及根茎如太子参、半夏、延胡索等则在夏天采收。多数根及根茎类药材需生长一年或两年以上才能采收供药用。

3. 花类部位采收

多数花在未开放的花蕾时期或刚开时采集，以免香味散失、花瓣散落，影响质量，如金银花、月季花等。由于植物的花期一般很短，有的要分次及时采集，如红花要采花冠由黄变红的花瓣；花粉粒需盛开时采收，如松花粉、蒲黄（水烛香蒲）干燥花粉等。采花最好在晴天早晨，以便采后迅速晾晒干燥。

4. 果实部位采收

除少数采用未成熟果实如青皮外，一般应在果实成熟时采集。

5. 种子采收

通常在完全成熟后采集。有些种子成熟后容易散落，如牵牛子、凤仙花子等，则在果实成熟而未开裂时采集。有些既用全草又用种子的药材，则可在种子成熟时割取全草，将种子打下后分别晒干贮藏，如车前子、紫苏子等。

6. 树皮和根皮部位采收

通常在春夏间剥取树皮和根皮，这时正值植物生长旺盛期，浆液较多，容易剥离。剥树皮时应注意不能将树干整个一圈剥下，以免影响树干的输导系统，造成树木死亡。

此外，在采收时还需要注意天气变化，如阴雨时采集，往往不能及时干燥，以致腐烂变质。在采集药材时，应该重视保护药源，既要考虑当前的需要，又要考虑长远的利益，保种留种。

二、注意事项

1. 留根保种

有些多年生植物，地上部分可以代根用的，尽量不要连根拔；必须用根或根茎的，应该注意留种。有些雌雄异株的植物如栝楼，在挖掘天花粉时，一般只应挖取雄株的块根。用全草的一年生植物，大量采集时应留下一些茁壮的植株，以备繁殖。用叶的植物不要把全株叶子一次采光，应尽量摘取密集部分，以免影响植物的生长。

2. 充分利用

根、茎、叶、花都可入药的多年生植物，应多考虑用地上部分和产量较多的部分。此外，可结合环境卫生大扫除、垦地填洪和伐木修枝，随时注意将可作药用的树皮、根皮、全草等收集起来，认真地加以整理，以供药用。

3. 适当种植

根据实际需要，对于本地难以采集或野生较少的品种，可以适当地进行引种繁殖，以便采用。

4. 及时加工

采集以后，都应采取一定的加工处理，以便贮藏。采集后应先除去泥土杂质和非药用部分，洗净切断，除鲜用外，都应根据药材的性质及时放在日光下晒干，或阴干，或烘干，分别保藏。有些含水分较多的药材如马齿苋等，可在洗净后切断，多晒几天，才能晒干。植物的果实或种子如五味子、女贞子、莱菔子、葶苈子、白芥子等，须放在密封的瓮内；植物的茎叶或根部没有芳香性的如益母草、木贼草、夏枯草、大青叶、板蓝根、首乌藤等，可放在干燥阴凉处或贮于木箱内；芳香性药材及花类如菊花、金银花、月季花等，须放在石灰瓮内，以防受潮霉烂变质。种子类药材要防虫鼠。

第三章 药用植物病害及其绿色防控

药用植物在栽培过程中，受到有害生物的侵染或不良环境条件的影响，正常新陈代谢受到干扰，从生理功能到组织结构发生一系列的变化和破坏，以致在外部形态上呈现反常的病变现象，如枯萎、腐烂、斑点、霉粉、花叶等，统称病害。

引起药用植物发病的原因，包括生物因素和非生物因素。由生物因素如真菌、细菌、病毒等侵入植物体所引起的病害，有传染性，称为侵染性病害或寄生性病害；由非生物因素如旱、涝、严寒、养分失调等影响或损坏生理功能而引起的病害，没有传染性，称为非侵染性病害或生理性病害。在侵染性病害中，致病的寄生生物称为病原生物，其中真菌、细菌常称为病原菌。被侵染植物称为寄主植物。侵染性病害的发生不仅取决于病原生物的作用，而且与寄主生理状态以及外界环境条件也有密切关系，是病原生物、寄主植物和环境条件三者相互作用的结果。

第一节 药用植物病理学基础

一、植物病原类型

侵染性病害根据病原生物不同，可分为下列几种：

（一）真菌性病原与病害

由真菌侵染所致的病害种类最多，如西洋参的斑点病，三七、红花的炭疽病，延胡索的霜霉病等。真菌性病害一般在高温多湿时易发病，病菌多在病残体、种子、土壤中过冬。病菌孢子借风、雨传播。在适合的温、湿度条件下孢子萌发，长出芽管，侵入寄主植物内为害。

真菌属真核生物，细胞壁多含几丁质（子囊菌、担子菌、半知菌）和纤维素（卵菌），没有质体和光合色素。侵染植物的真菌主要是子囊菌、担子菌、半知菌和卵菌。真菌病害的主要特征是：侵染部位有菌丝和孢子，出现白色棉絮状物、丝状物、粉状物、雾状物或颗粒状物。病状主要是：①坏死，主要病害为炭疽病、立枯病、根腐病、白粉病、锈病等。②腐烂，绵疫病、软腐病、灰霉病等。③萎蔫，主要病害为枯萎病、玉米青枯病等。④其他病状，黑穗病、黑粉病等可造成植物倒伏、死苗、斑点、黑果、萎蔫等病状，在病部带有明显的霉层、黑点、粉末等特征。根据真菌的形态结构和生殖方式的不同分为以下几种：

1. 子囊菌

子囊菌为产生子囊的菌类。除单细胞的酵母菌外，菌丝中有隔膜。经有性繁殖，在子囊中产生子囊孢子。菌丝组成菌丝体，形成含有子囊的子实体。

子囊及子囊孢子形成过程：子囊菌形成子囊的方式不一，最简单的是由两个营养细胞结合后直接形成子囊。例如啤酒酵母，两个单核而且是单倍体的营养细胞结合后，经质配、核配而成为一个二倍体的细胞。此细胞可进行普通的出芽生殖而产生许多细胞，然而它们都是二倍体细胞。这种二倍体细胞在一定条件下，其细胞核进行两次分裂，其中一次为减数分裂。因而变成含四个子核的细胞，此时的细胞即成为子囊，四个子核与周围的原生质各形成一个孢子，即子囊孢子。所以此菌的子囊中含四个子囊孢子。子囊破后孢子散出，又可进行出芽生殖而产生许多细胞，此时的细胞又成为单倍体细胞（图 3-1）。

高等子囊菌形成子囊的两性细胞，多半已有分化，因而形态上也有区别。雌性者称产囊器，多呈圆柱形或圆形，而且体积较大，由一个或一个以上的细胞构成。其顶端有受精丝，受精丝或为长形细胞，或为丝状。雄性者称为雄器，一般较雌性者小，为圆柱形或为棒状。产囊器中各含有单核或多核，两性器官接触后，雄器中的细胞质和核通过受精丝进入产囊器。先进行质配，质配后产囊器生出许多短菌丝，称为产囊丝，成对的核进入产囊丝，而且经过几次同时分裂而形成多核。此后产囊丝中生出横隔，隔成多细胞，每个细胞含一核或二核，但顶端的细胞为双核。核配在顶端细胞内进行。核配后的细胞即为子囊细胞。子囊细胞中的二倍体核经三次分裂，其中一次为减数分裂，形成 8 个子核，每一子核又变成单倍体，并与周围原生质形成孢子，即子囊孢子。子囊母细胞则成为子囊。在子囊和子囊孢子发育过程中，原来的雄器与雄器下面的细胞生出许多菌丝，它们有规律地将产囊丝包围，于是形成子囊果。子囊果有三种类型：完全封闭式、多少有点封闭和开口成盘状即子囊盘（图 3-2）。

子囊菌病害有叶斑病、炭疽病、白粉病、煤烟病、霉病、萎蔫病、干腐病、枝枯病、腐烂病和过度生长性病害。病状有根腐、茎腐、果（穗）腐、枝枯和叶斑等。各种子囊菌病害症状见图 3-3。

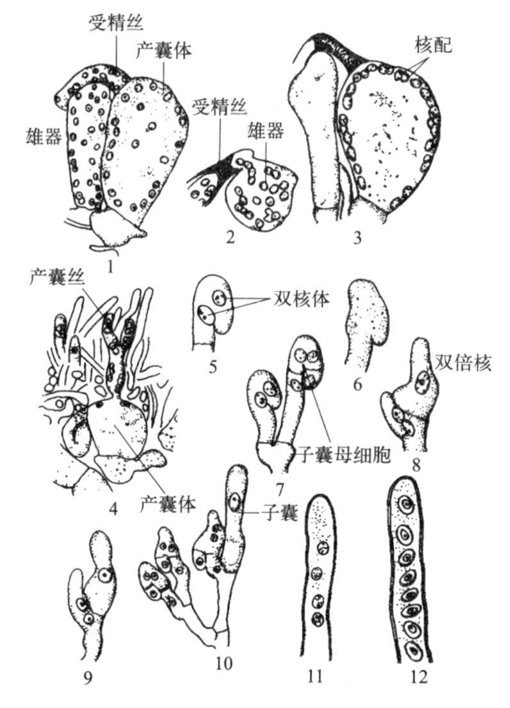

图 3-1　子囊菌的有性生殖和子囊的形成过程

1—配子囊；2—质配；3—核配；4—产囊丝的形成；5—产囊丝钩的产生；6—双核分裂（有丝分裂）；7—子囊母细胞的产生；8—合子；9—幼子囊；10—子囊丝的层出现象；11—减数分裂后的子囊；12—发育中的子囊孢子

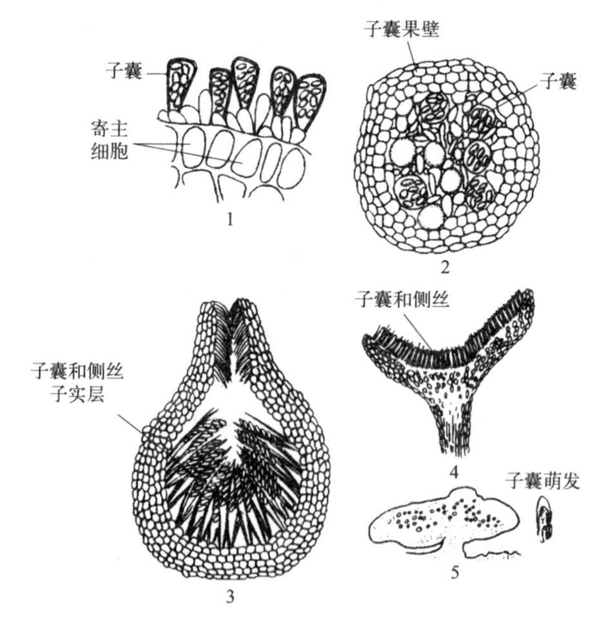

图 3-2　子囊菌子实体的类型

1—裸露的子囊；2—闭囊壳；3—子囊壳；4—子囊盘；5—子囊座

图 3-3　子囊菌引起植物病害症状

2. 担子菌

菌丝体的菌丝均具横隔膜。菌丝由初生菌丝和次生菌丝组成。担子菌最大的特点是形成担子和担孢子。

担子和担孢子形成过程：担孢子是担子菌有性生殖产生的有性孢子，它是一种外生孢子，经过两性细胞质配、核配后产生。因为它着生于担子上，故称担孢子。在担子菌中两性器官多已退化，由未经分化的菌丝接合后只进行质配，并不立即发生核配，由此产生双核菌丝，在双核菌丝的 2 个核分裂之前可以产生钩状分枝而形成锁状联合，这有利于双核同时分裂，以使每个细胞具有两个不同的子核。双核菌丝的顶端细胞膨大成为担子，担子内两核发生核配，形成 1 个二倍体的细胞核，此核经过二次分裂，其中一次为减数分裂，于是产生 4 个单倍体的子核；而后担子顶端长出 4 个小梗，小梗顶端稍微膨大，4 个子核分别进入小梗的膨大部位，发育形成 4 个外生的单倍体的担孢子。

担子菌的特化菌丝形成各种子实体，如蘑菇、香菇等子实体呈伞状，由菌盖、菌柄和菌褶等组成，菌褶处着生担子和担孢子。

担子菌菌丝发育可明显地分成 5 个阶段：

① 形成一级菌丝。担孢子萌发，形成由许多单核细胞构成的菌丝，称一级菌丝。

② 形成二级菌丝。不同性别的一级菌丝发生接合后，通过质配形成由双核细胞构成的二级菌丝，它通过独特的“锁状联合”，即以喙状突起而联合两个细胞的方式不断使双核细胞分裂，从而使菌丝尖端不断向前延伸。

③ 形成三级菌丝。到条件合适时，大量的二级菌丝分化为多种菌丝束，即为三级菌丝。

④ 形成子实体。菌丝束在适宜条件下会形成菌蕾，然后再分化、膨大成大型子实体。

⑤ 产生担孢子。子实体成熟后，双核菌丝的顶端膨大，其中的两个核融合成一个新核，此过程称为核配，新核经两次分裂（其中有一次为减数分裂），产生 4 个单倍体子核，最后在担子细胞的顶端形成 4 个独特的有性孢子，即为担孢子。

锁状联合过程：①在细胞的两核之间生出一个喙状突起，双核中的一个移入喙状突起，另一个仍留在细胞下部。两异质核同时分裂，成为 4 个子核。②分裂完成后，原位于喙基部的一子核与原位于细胞中的一子核移至细胞上部配对；另外两子核，一个进入喙突中，一个留在细胞下。③此时细胞中部和喙基部均生出横隔，将原细胞分成三部分。上部是双核细胞，下部和喙突部暂为两单核细胞。④此后，喙突尖端继续下延，与细胞下部接触并融通。同时喙突中的核进入下部细胞内，使细胞下部也成为双核。

经如上变化后，4 个子核分成 2 对，一个双核细胞分裂为 2 个。此过程结束后，在两细胞分融处残留一个喙状结构，即锁状联合（图 3-4）。

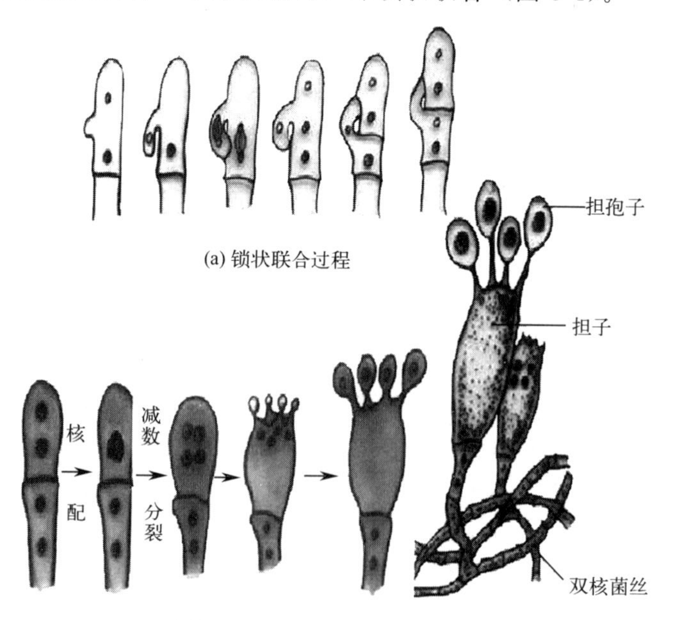

图 3-4　担子菌锁状联合和有性生殖产生担子和担孢子过程

担子菌病害有锈病、黑粉病，病原分别为锈菌、黑粉。

① 芦竹叶锈病。病症为在叶上生有铁锈色至褪黄色的隆起圆形斑，即夏孢子堆和冬孢子堆。发病初期产生泡状斑点，被寄主表皮覆盖，后表皮破裂，散出黄褐色粉状夏孢子。叶片上夏孢子多的，叶片逐渐变黄。叶背面集生杯状黄色锈孢子器。病原为万寿竹锈孢锈菌，属担子菌亚门真菌。该菌可侵染黄精等（图 3-5）。

图 3-5　芦竹叶锈病

② 薏苡黑粉病。苗期一般不显症，当植株长到 9～10 片叶时，穗部进入分化期后，叶片开始显症。多表现在上部 2～3 片嫩叶上，在叶片或叶鞘上形成单一或成串紫红色瘤状突起，后变褐呈干瘪状，内生黑粉状物；子房染病，受害子房膨大为卵圆形或近圆形，顶端略尖细，部分隐藏在叶鞘里，初带紫红色，后渐变暗褐色，内部充满黑粉状孢子，外有子房壁包围，染病株主茎及分蘖茎的每个生长点都变成一个个黑粉病疱，病株多不能结实而形成菌瘿。病原薏苡黑粉菌为担子菌亚门冬孢菌纲黑粉菌目黑粉菌科黑粉菌属真菌（图 3-6）。

图 3-6　薏苡黑粉病

3. 半知菌

半知菌是指只有无性繁殖或未发现有性阶段的真菌。大多属于子囊菌，部分属于担子菌。由于未观察到有性生殖过程，无法确定分类地位，因此归于半知菌。一旦发现有性孢子，即归入相应的亚门。半知菌无性阶段很发达，有性阶段已发现但不常见的子囊菌和担子菌，习惯上也归在半知菌中，故这些真菌有两个学名。它们有性阶段的学名是正式的学名，而无性阶段的学名实际上使用更广泛。

半知菌营养体大多是有隔的分枝菌丝，有些种类形成假菌丝。其繁殖方式主要有两种：①生活史中仅有菌丝的生长和增殖，菌丝常形成菌核、菌索（图 3-7），不产生分生孢子。有的种类可形成厚垣孢子，腐生或寄生，是许多植物的病原菌，如立枯病菌。②绝大多数的半知菌都产生分生孢子，在半知菌的有隔菌丝体上形成分化程度不同的分生孢子梗，梗上形成分生孢子。分生孢子梗丛生或散生。丛生的分生孢子梗可形成孢梗束和分生孢子座（图 3-8）。孢梗束是一束排列紧密的直立孢子梗，于顶端或侧面产生分生孢子，如稻瘟病菌；分生孢子座由许多聚成垫状的短梗组成，顶端产生分生孢子，如束梗孢属。较高级的半知菌，在分生孢子产生时形成特化结构，由菌丝体形成盘状或球状的分生孢子盘或分生孢子器（图 3-9）。分生孢子盘上有成排的短分生孢子梗，顶端产生分生孢子，如刺盘孢属；分生孢子器有孔口，其内形成分生孢子梗，顶端产生分生孢子。分生孢子盘（器）生于基质的表面或埋于基质、子座内，外观上呈黑色小点。

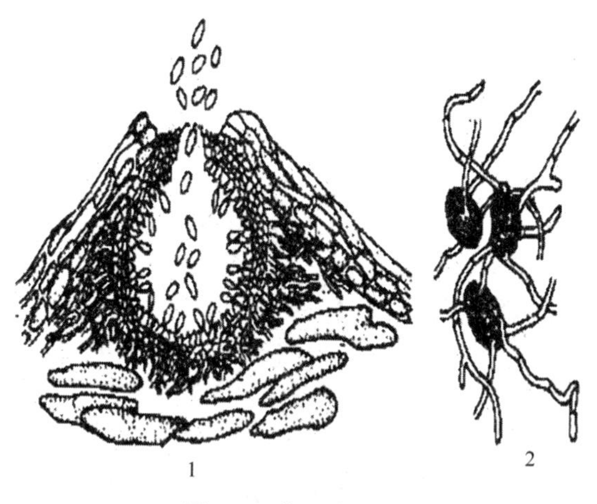

图 3-7　菜豆壳球孢

1—分生孢子器；2—菌核

半知菌无性子实体主要有 6 类（图 3-10）：①分生孢子梗，由菌丝特化能产生分生孢子的一种丝状结构。分生孢子梗单生或丛生，无色或有色，分枝或不分枝，有的分生孢子梗顶端膨大，上面产生分生孢子。有的半知菌无分生孢子梗。

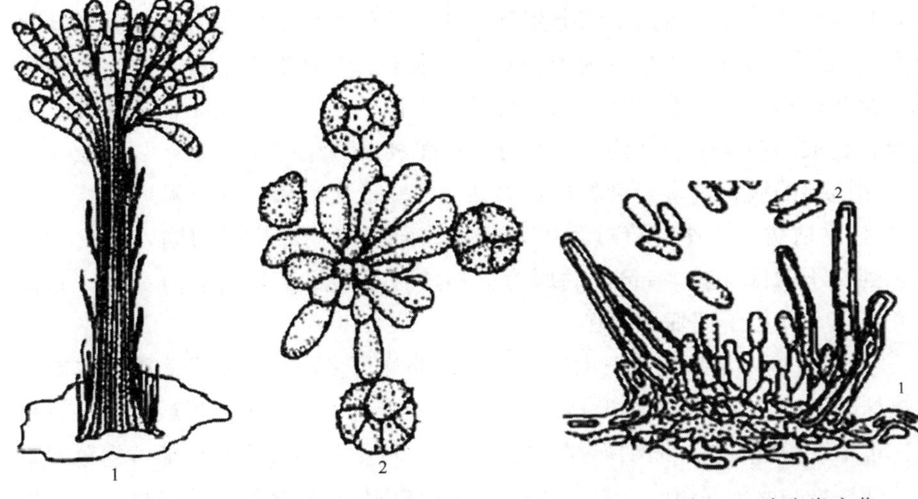

图 3-8 半知菌的孢梗束和分生孢子座

1—孢梗束；2—分生孢子座

图 3-9 胶孢炭疽菌

1—分生孢子盘；2—分生孢子

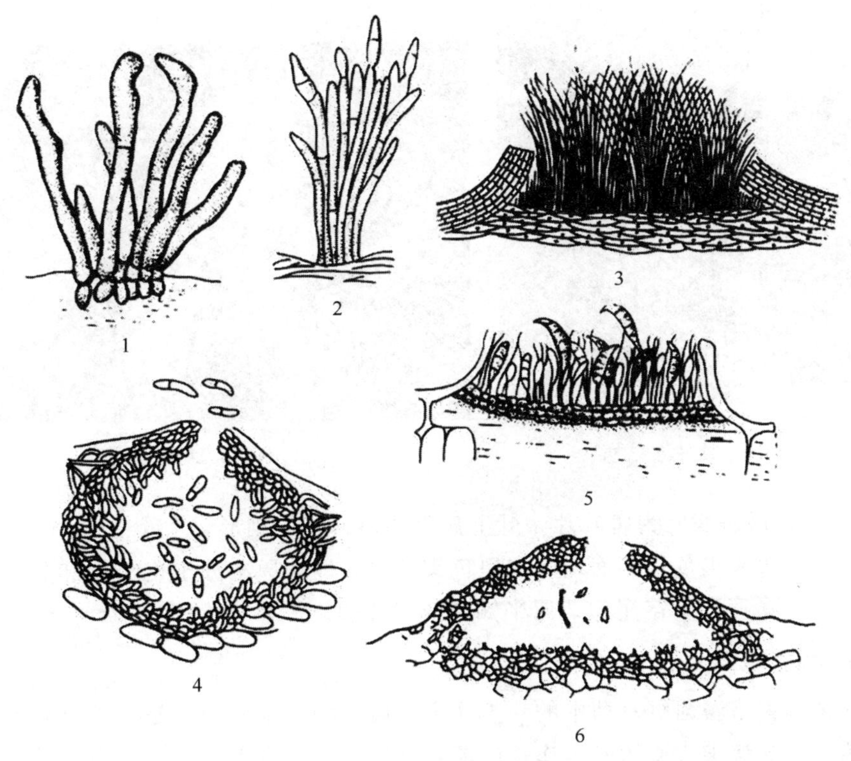

图 3-10 半知菌无性子实体类型

1—分生孢子梗；2—孢梗束；3—分生孢子座；4—分生孢子器；5—分生孢子盘；6—子座状无性子实体

②孢梗束，又称束丝，分生孢子梗基部联结的一种联合体。③分生孢子座，由多根菌丝特化的垫状结构，表面形成分生孢子梗。④分生孢子器，由多根菌丝特化成近球形的结构，其内形成分生孢子梗及分生孢子。⑤分生孢子盘，由多根菌丝特化成的盘状结构，上面着生分生孢子梗及分生孢子。⑥子座状无性子实体，由多根菌丝特化成的垫状保护结构，内生分生孢子梗及分生孢子。

半知菌引起的病害很多，例如杜仲立枯病、三七炭疽病、甘草褐斑病等。

① 杜仲立枯病。杜仲育苗过程中，苗靠地面的茎基部变褐凹陷，严重时缢缩死亡，通常不倒伏（图 3-11）。病原为立枯丝核菌，属半知菌亚门真菌，有性态为瓜亡革菌，属担子菌亚门真菌。

② 三七炭疽病。炭疽病在三七苗期、成株期均可发病，苗期发病引起猝倒或顶枯，成株期发病主要为害叶、叶柄、茎及花果。叶片染病初生圆形或近圆形黄褐色病斑，边缘红褐色明显，后期病部易破裂穿孔。叶柄和茎染病生梭形黄褐色凹陷斑，造成叶柄盘曲或茎部扭曲。为害茎基造成成株倒伏或根茎腐烂。花梗、花盘染病出现花干籽干现象。果实染病也生近圆形黄色凹陷斑，造成果实变褐腐烂（图 3-12）。三七炭疽病由胶孢炭疽菌和黑线炭疽菌引起，病原均属半知菌亚门真菌。

图 3-11　杜仲立枯病

图 3-12　三七炭疽病

③ 甘草褐斑病。为害叶片。叶上病斑圆形或不规则形，大小 1～3mm，中心部灰褐色，边缘褐色，两面均生灰黑色霉状物，即病原菌分生孢子梗和分生孢子（图 3-13）。病原为黄芪尾孢，属半知菌亚门真菌。

4. 卵菌

卵菌病害是藻菌纲真菌中的一类病害，属于鞭毛菌亚门，是一类重要的植物病原菌，这类病害病原体寄生作物广泛，破坏性强，危害非常大。由于其潜育期短，再侵染次数多，在一个生长季节内能快速发展造成病害流行，易导致作物损产失收。

图 3-13　甘草褐斑病

形态：除少数外，营养体大多为管状分枝、无隔、多核的菌丝体，细胞壁含纤维素。无性生殖：形成孢子囊，产生孢囊孢子。有性生殖：卵式生殖，产生合子称为卵孢子，减数分裂在配子产生时进行。合子萌发形成二倍体的营养体（菌丝体）（图 3-14，图 3-15）。

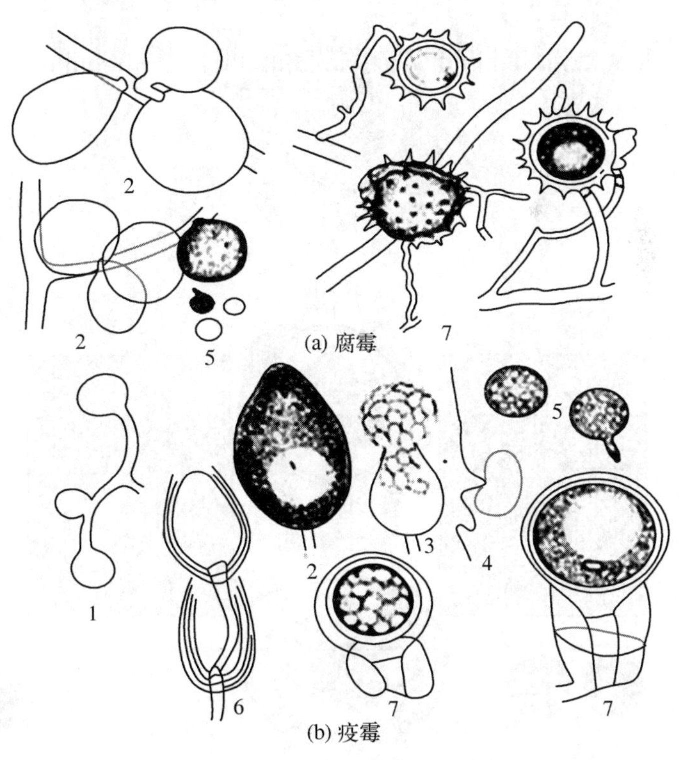

图 3-14　腐霉和疫霉的形态特征

1—膨大菌丝；2—孢子囊；3—正在释放孢子的孢子囊；4—游动孢子；
5—休止孢子及其萌发；6—孢囊溢出；7—雄器、藏卵器与卵孢子

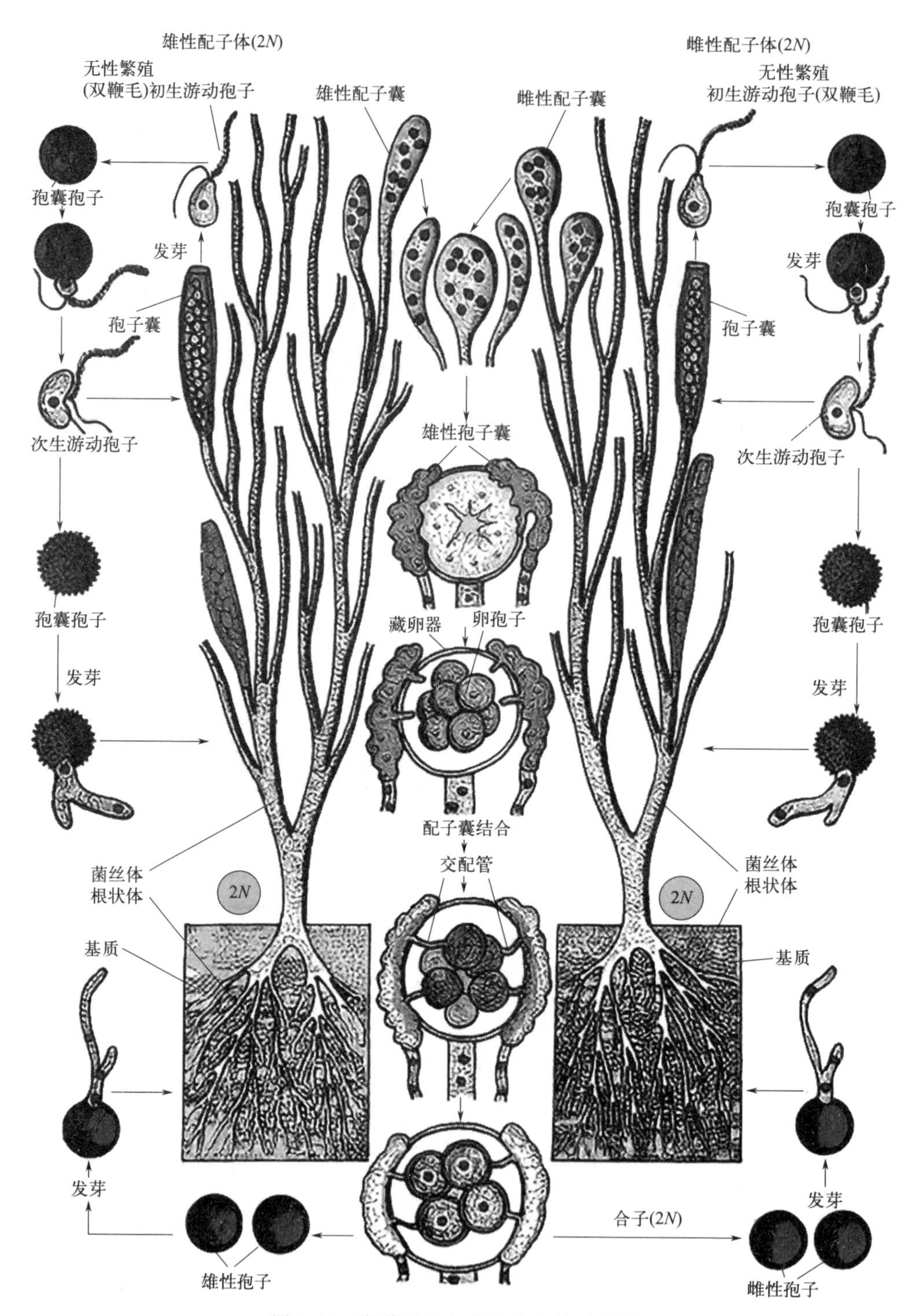

图 3-15　卵菌无性与有性生殖的示意图

常见药用植物卵菌类病害有：

① 薄荷霜霉病。主要为害叶片和花器的柱头及花丝。叶面病斑浅黄色至褐色，多角形。湿度大时，叶背霉丛厚密，呈淡蓝紫色（图 3-16）。病原为薄荷霜霉，属鞭毛菌亚门真菌。

(a) 薄荷霜霉病

(b) 板蓝根霜霉病

图 3-16 药用植物霜霉病

② 地黄疫病。病株初期只是近地面的根茎处开始腐烂，病部组织由黄色变褐色，逐渐向地上部扩展，在其外缘叶片的叶柄上出现水浸状褐斑，并迅速向心叶蔓延，叶柄腐烂，叶片萎蔫。湿度大时，在病部产生白色棉絮状的菌丝体，后期离地面较远的根茎干腐；严重时腐烂得只剩褐色表皮和木质部，细根也干腐脱落（图 3-17）。病原为恶疫霉菌，是真菌中一种藻状菌，属鞭毛菌亚门卵菌纲霜霉目腐霉科疫霉属真菌。

(a) 地黄疫病

(b) 西洋参疫病

图 3-17 药用植物疫病

（二）细菌性病害

细菌属原核生物，细胞核无核膜，裸露线形 DNA，细胞壁由肽聚糖组成，是由 N-乙酰葡萄糖胺和 N-乙酰胞壁酸两种氨基糖经 β-1,4-糖苷键连接排列形成（图 3-18）。

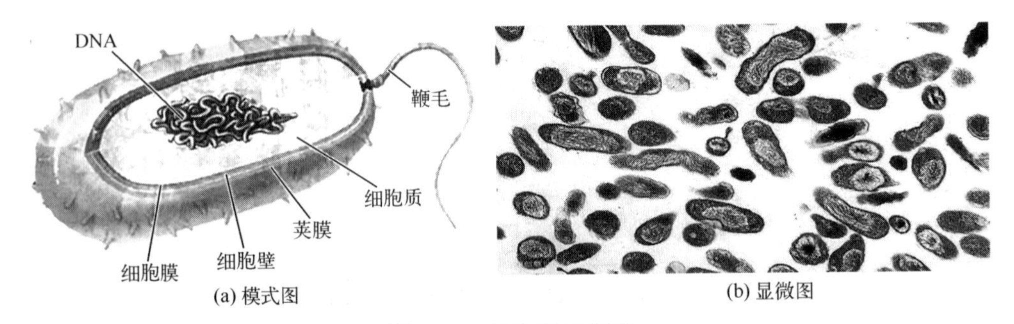

(a) 模式图　(b) 显微图

图 3-18　植物病原细菌

细菌性病害由细菌侵染所致，如浙贝软腐病、佛手溃疡病、颠茄青枯病等。侵害植物的细菌都是杆状菌，大多具有一至数根鞭毛，可通过自然孔口（气孔、皮孔、水孔等）和伤口侵入，借流水、雨水、昆虫等传播，在病残体、种子、土壤中过冬。在高温、高湿条件下易发病。细菌性病害表现为植株萎蔫、腐烂、穿孔等，发病后期遇潮湿天气，在病部溢出细菌黏液（称作“菌脓”或“溢脓”），常伴有腐败的臭味，是细菌病害的特征。

1. 植物细菌性病害常见的病状

（1）斑点型　植物由假单胞杆菌侵染引起的病害中，有相当数量呈斑点状。如药用植物葛（粉葛）细菌性叶斑病。

（2）叶枯型　多数由黄单胞杆菌侵染引起，植物受侵染后最终导致叶片枯萎。如药用植物百合叶枯病，又称灰霉病。

（3）青枯型　一般由假单胞杆菌侵染植物维管束，阻塞输导通路，致使植物茎、叶枯萎。如番茄青枯病、马铃薯青枯病、草莓青枯病等。

（4）溃疡型　一般由黄单胞杆菌侵染植物所致，后期病斑木栓化，边缘隆起，中心凹陷呈溃疡状。如柑橘溃疡病、菜用大豆细菌性斑疹病、番茄果实细菌性斑疹病等。

（5）腐烂型　多数由欧文氏杆菌侵染植物后引起腐烂。如白菜细菌性软腐病、茄科及葫芦科作物的细菌性软腐病以及水稻基腐病等。

（6）畸形　由癌肿野杆菌侵染所致，使植物的根、根颈或侧根以及茎秆畸形。如菊花根癌病等。

2. 药用植物细菌性病例

（1）浙贝软腐病　由病原细菌引起的病害。初期症状为鳞茎呈水渍状，褐色，黏滑状软腐，有臭味。有时鳞茎外观尚好，内部腐烂。

（2）佛手溃疡病　症状为叶片初生黄色油渍状小斑点，扩大后近圆形，叶片正背两面病斑均隆起，病斑表面粗糙木栓化，黄褐色，病斑周围有黄色晕环。后期病斑中央凹陷，呈火山口状开裂。病原为黄单胞杆菌属细菌。菌体短杆状，两端圆，极生单鞭毛，有荚膜，无芽孢，革兰氏染色阴性，好氧性。

(3) 菊花青枯病　幼苗期感病后，植株根颈变褐腐烂以致倒伏；生长盛期感病后，通常地上部位叶片突然失水干枯下垂（图3-19），根部变褐腐烂，最后整株枯死。用刀横切茎或根，可见乳白色或黄褐色细菌黏液溢出；纵切茎秆，可见维管束向生长点变色。病原为菊花青枯病菌，属真细菌纲假单胞细菌目。菌体短杆状，两端钝圆，极端有鞭毛。

图3-19　菊花青枯病叶枯病症

（三）病毒病

病毒是由核酸分子（DNA或RNA）与蛋白质构成的非细胞形态，靠寄生生活的介于生命体及非生命体之间的有机物种，它是没有细胞结构的特殊生物体。

植物病毒是由核酸构成的核心与蛋白质构成的外壳组成的。植物病毒核酸类型有ssRNA（单链RNA）、dsRNA（双链RNA）、ssDNA（单链DNA）和dsDNA（双链DNA）。但绝大多数含ssRNA，无包膜，其外壳蛋白亚基或呈二十面体对称，或呈螺旋式对称排列，形成球状或棒状颗粒（图3-20）。大多数植物病毒是由单一外壳蛋白组成形态大小相同的亚基，多个亚基组成外壳。外壳内含有携带其全部基因的病毒核酸。有的植物病毒的核酸分成1～4段，分别装在外壳相同的颗粒中。如烟草脆裂病毒的RNA分成两段，分别装在两种颗粒中，分子量大的一段装在长棒状颗粒中，小的一段装在短棒中，故称二分体基因病毒；又如雀麦花叶病毒的RNA分成4段，RNA1、RNA2、RNA3和RNA4分别装在外形大小相同的3种球形颗粒中，故称三分体基因组病毒。二分体或三分体基因组病毒总称为多分体基因组病毒。

1. 植物感染病毒的症状

(1) 变色　产生花叶、斑点、环斑、脉带和黄化。

(2) 坏死　枯黄至褐色，有时出现凹陷。

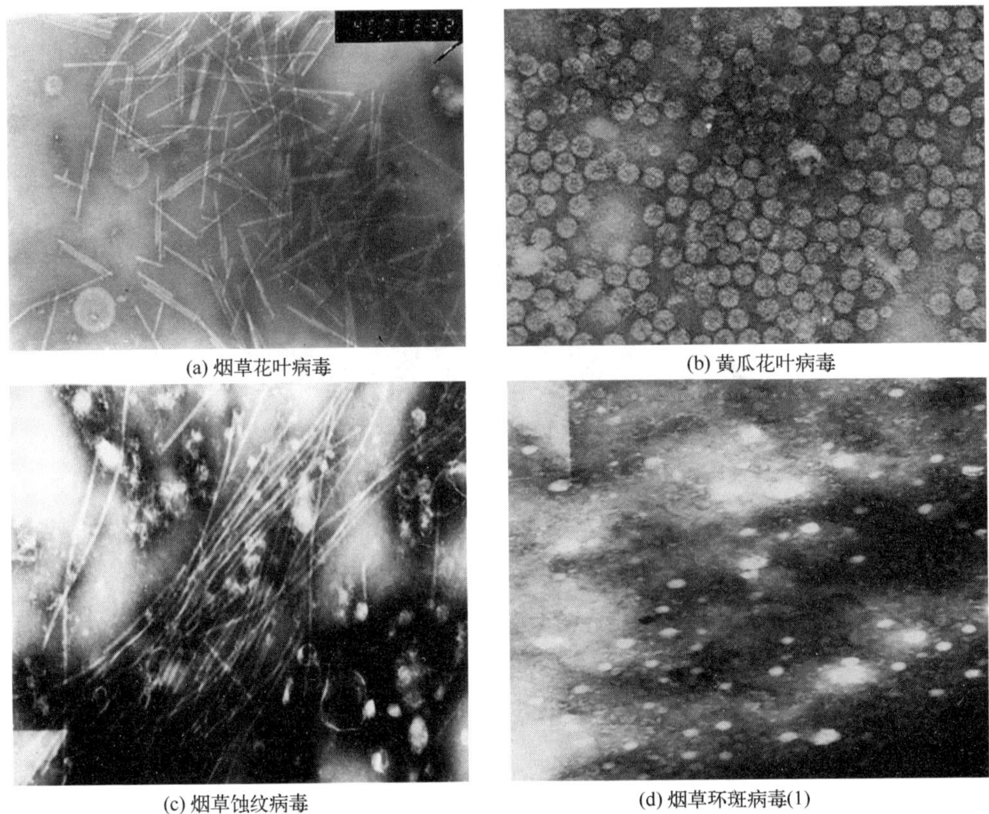

(a) 烟草花叶病毒

(b) 黄瓜花叶病毒

(c) 烟草蚀纹病毒

(d) 烟草环斑病毒(1)

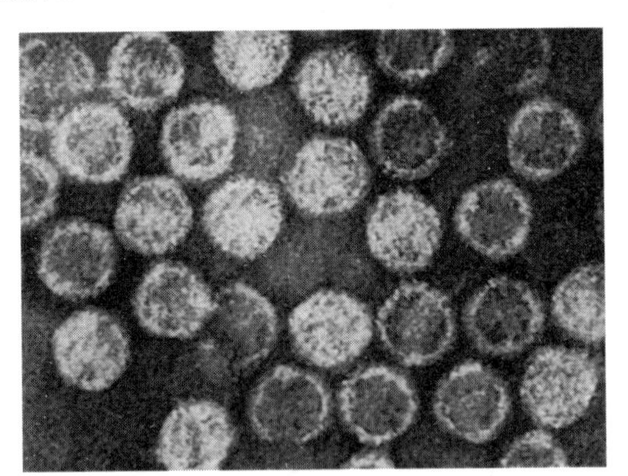

(e) 烟草环斑病毒(2)

图 3-20　电镜下的各种植物病毒粒子

（3）畸形　茎间缩短，植株矮化，生长点异常分化形成丛枝或丛簇，叶片的局部细胞变形，出现疱斑、卷曲、蕨叶及黄化等。

2. 常见的药用植物病毒

如颠茄、缬草、白术花叶病，地黄黄斑病，人参、澳洲茄、牛膝、曼陀罗、泡囊草、洋地黄等的病害都是由病毒引起的。病毒病主要借助于带毒昆虫传染，有些病毒病可通过线虫传染。病毒在杂草、块茎、种子和昆虫等活体组织内越冬。病毒病主要症状表现为花叶、黄化、卷叶、畸形、簇生、矮化、坏死、斑点等。

图 3-21　白术花叶病病症

（1）白术花叶病　是由烟草普通花叶病毒（TMV）、黄瓜花叶病毒（CMV）引起的，发生在白术上的病害。为害植株全株，染病叶片呈现黄绿相间的花叶症状，幼嫩叶黄化更明显，植株矮化不明显，染病果实膨大畸形（图 3-21）。

（2）地黄黄斑病　是由病毒引起的一种地黄叶部病害。发病初期叶面产生黄白色近圆形的病斑，病情发展形成多角形或不规则大斑，被害叶片黄绿相间，叶面凹凸不平，在夏季高温季节病斑出现。

药用植物病害的病原除真菌类、细菌类和病毒类外，还有植物寄生线虫，如根结线虫和胞囊线虫；以及寄生性种子植物，如菟丝子、列当、桑寄生和樟寄生等。

二、病原致植物病害的机制

（一）侵染过程

病原物的侵染过程就是病原物与寄主植物可侵染部位接触，并侵入寄主植物，在植物体内繁殖和扩展，然后发生致病作用，显示病害症状的过程，也是植物个体遭受病原物侵染后的发病过程，简称病程。病原物侵染寄主病程分为接触期、侵入期、潜育期和发病期。

1. 接触期

接触期是病原物与寄主接触，或到达能够受到寄主外渗物质影响的根围或叶围后，开始向侵入部位生长或运动，并形成某种侵入结构的一段时间，称接触期。

病原物（真菌孢子、菌丝、细菌、病毒粒子、线虫等）可以通过气流、雨水、昆虫等各种途径传播。在传播过程中，只有少部分被传播到寄主的可感染部位，大部分落在不能侵染的植物或其他物体上。病原物在接触期间要受到外界各种复杂因素的影响。植物根部的分泌物可促使病原真菌、细菌和线虫等或其他休眠体的萌发或引诱病原的聚集。如根的分泌物可使植物寄生线虫在根部聚集，与根的生长产生的二氧化碳和某些氨基酸等有关。

在接触期，除受到寄主植物分泌物的影响外，还受到根围土壤中其他微生物的影响。如有些腐生的根围微生物能产生抗菌物质，可抑制或杀死病原物。将有拮抗作用的微生物施入土壤，或创造有利于这些微生物生长的条件，往往可以防治一些土壤传播的病害。

大气的湿度和温度对接触期病原物的影响：许多真菌孢子，在湿度接近饱和的条件下，虽然也能萌发，但不及在水滴中好。如稻梨孢菌的分生孢子，在饱和湿度的空气中萌发率不到1%，而在水滴中达到86%。

温度主要影响真菌孢子的萌发和侵入的速度，各种真菌孢子萌发都有一定的温度范围，因真菌种类不同而异，一般最适温度在20～25℃。

2. 侵入期

从病原物侵入寄主到与寄主建立寄生关系的这段时间，称为病原物的侵入期。植物病原物几乎都是内寄生的，只有极少数是外寄生的，如引起植物白粉病的白粉病菌，但一般都需要产生吸器伸入植物表皮细胞中。植物寄生线虫也有外寄生的，它们以头、颈伸入植物组织中吸吮植物的汁液；寄生性种子植物也要在寄主组织内形成吸盘，所以也属于侵入。

（1）侵入途径和方式　病原物的种类不同，其侵入途径和方式也不同。真菌大都以孢子萌发形成的芽管或者以菌丝从自然孔口或伤口侵入，有的还能从角质层或者表皮直接侵入。植物病原细菌主要是通过自然孔口和伤口侵入。植物病毒的侵入都是从各种方式造成的微伤口侵入。

① 直接侵入。病原物直接穿透寄主的角质层和细胞壁的过程。植物的角质层由比较复杂的物质组成，主要有蜡质、角皮质和类脂化合物。细胞壁的成分主要是纤维素、半纤维素、果胶化合物和糖蛋白。一部分真菌具有直接侵入的特性，其侵入的过程为：落在植物表面的真菌孢子在适应的条件下萌发产生芽管，芽管的顶端可以膨大而形成附着胞，附着胞以它分泌的黏液将芽管固定在植物的表面，然后从附着胞上产生较细的侵染丝，以侵染丝穿过植物的角质层，进入细胞内。

② 自然孔口侵入。植物体表有许多自然孔口，如气孔、水孔、皮孔、蜜腺等。许多真菌和细菌就是由上述某一或几种孔口侵入的，其中以气孔侵入的最为普遍。如多种锈菌的夏孢子、霜霉病菌的游动孢子或孢子囊及许多引起叶斑病的细菌等。真菌孢子落在植物叶片表面，在适宜条件下萌发成为芽管，因趋化性芽管向气孔处伸长，或无趋化现象而仅凭机会伸长到气孔上方，芽管顶端再生长伸长侵入气孔。另一种情况如小麦锈菌、夏孢子萌发形成芽管，然后形成附着胞和侵染丝，以侵染丝从气孔侵入。

从气孔侵入的细菌，其寄主孔口上必须有水滴或水膜，细菌在其中靠寄主少量的外渗营养进行初步繁殖，然后在水中游动侵入孔内。

③ 伤口侵入。植物体表常有机械、病虫等外界因素造成的伤口。此外，还有一些自然伤口，如叶痕和支根生出处。许多病原菌既可以从伤口侵入，又可以从自然孔口侵入；而有些病原菌则只能从伤口侵入，它们是严格的伤口侵入菌。从伤口侵入的病原菌常需要在伤口表面进行短期生长和繁殖，才能侵入健康组织。病毒、类菌原体等只能从微伤口侵入。某些细菌或致病性较弱的次生侵染真菌，可以侵入由初次侵染病菌造成的伤口，引起发病。

（2）侵入所需环境条件　病原菌的侵入要想顺利地完成，需要有适宜的环境条件配合。环境条件既对寄主的抗病性有一定的影响，同时也影响病原物的侵入活动。对病原菌侵入影响最大的是温度和湿度。

（3）侵入期所需时间　病原物侵入所需要的时间因病原物种类不同而有差异。病毒的侵入与传播紧密相连，瞬时即完成；细菌的侵入所需时间也较短，在最适条件下，不过几十分钟；真菌侵入所需时间较长，大多数真菌在最适宜的条件下需要几小时，但很少超过 24h。

3. 潜育期

潜育期指病原物侵入后和寄主建立寄生关系到出现明显症状的阶段。潜育期是病原物在寄主体内夺取营养进行扩展、发育的时期，也是病原物与寄主进行激烈斗争和相互适应的时期。病原物只有克服了寄主的反抗力，建立起稳定的寄生关系，症状才逐渐地表现出来。

在病原物与寄主建立的寄生关系中，营养关系是最基本的。病原物从寄主获得营养的方式大致可以分为两种。第一种为活体营养型，病原物直接从寄主的活细胞中吸取养分，通常以菌丝在细胞间发育蔓延，以吸器伸入活细胞内吸收营养。属于这类的病原物都是专性寄生，如锈菌、白粉菌、霜霉菌。第二种为死体营养型，病原物先杀死寄主的细胞和组织，然后从死亡的细胞中吸收养分。属于这一类的病原物都是非专性寄生的，它们产生酶或毒素的能力强，所以对植物的破坏性大。它们虽然可以寄生在植物上，但是获得营养的方式还是腐生的。

病原物在植物体内的扩展，有的局限在侵染位点附近，称为局部侵染，如常见的各种叶斑病；有的则从侵染位点向各个部位蔓延，甚至引起全株的感染，称为系统侵染，如番茄病毒病等。

（1）潜育期长短与病原菌种类有关　各种病害种类潜育期长短差异很大。短的只有几天，长的可达 1 年。大多数叶部真菌病害潜育期一般 10 天左右。

（2）环境对潜育期长短的影响　病害潜育期长短受环境条件的影响，其中以温度的影响最大。如葡萄霜霉病的潜育期在 21℃以下为 13 天，23℃以下为 4 天，29℃以下为 8 天。对大多数病害来说，湿度对潜育期长短影响不大，因为病原物已从寄主内部取得所需要的水分，外界湿度已不成为限制因素。但如果植物组织中的湿度高，尤其是细胞间充水时，则有利于病原物在组织内的发育和扩展，潜育期相应缩短。

一般来说，局部侵染的病害，潜育期长短受环境影响大，并成为决定流行速度的重要因素之一。潜育期越短，再次侵染次数越多，病害流行越严重。系统侵染的真菌性病害潜育期受环境条件影响较小。病毒病潜育期长短因温度而有明显变化。潜育期长短还受寄主抗病性影响。

（3）潜育期中引起寄主内部病变　在潜育期时，病原物在植物体内繁殖和蔓延，消耗了植物的养分和水分。同时，由于病原物分泌的酶、毒素和生长激素破坏了植物的细胞和组织，植物的新陈代谢发生了显著的改变。先是生理上的改变，继而引起组织的改变，最后表现在外部形态上的变化，即出现症状标志着潜育期的结束。

4. 发病期

发病期是指症状出现后病害进一步发展的时期。病害发生的轻重，也受上述寄主生长、温度高低等因素的影响。症状的出现是寄主生理病变和组织病变的必然结果，并标志着一个侵染程序的结束。发病期病原由营养生长阶段转入生殖生长阶段，即进入产孢期，产生各种孢子（真菌病害）或其他繁殖体。新生的病原物的繁殖体为病害的再次侵染提供了主要的来源。真菌孢子形成的速度和数量与外界条件中的温度和湿度关系很大。孢子产生的最适温度一般在25℃左右，高湿度能促进孢子的产生，如马铃薯晚疫病和多种霜霉病等只有在相对湿度饱和或接近饱和时才能产生孢子，形成霉层。若天气干燥，特别是高温干燥，虽然病状显露，但并无孢子形成。只有遇到高湿后，才产生孢子。细菌性病害的症状往往是产生脓状物，其中含有大量的细菌个体。病毒由于在寄主细胞内寄生，在寄主体外不表现症状。在多数情况下，症状表现的部位都与病原物侵入扩展的范围相一致，例如各种斑点性病害，在侵染点及其周围形成病斑。但有些病害侵入扩展范围与症状表现部位不一致，如各种黑穗病，通常在幼芽时侵染，在穗部表现症状；又如根病，侵染在根部，症状则常在植株地上部表现。

（二）青枯菌致病机理

1. 青枯菌侵染过程

青枯菌寄主广泛，可以侵染茄科、豆科、蓼科、紫草科、凤仙花科等44科200多种植物。在自然条件下，青枯菌一般从植物根部和茎部伤口侵入，但也能直接侵入，即从没有受伤的次生根冠侵入，引起发病。植物生长时，会在次生根的根冠和主根的表皮间形成鞘，青枯菌能穿过这层鞘，侵入皮层细胞间隙生长，破坏细胞间中胶层，使细胞壁分离、变形，形成空腔，继而侵染。木质部薄壁组织使导管附近的小细胞受刺激形成侵填体，并移入侵填体。侵填体破裂后被释放进入导管，并在导管内大量繁殖和快速传播扩张，从而引起植株萎蔫死亡。

在伤口侵入和自然侵入两种情况下，青枯菌浓度要求是截然不同的，只要伤口处有极微量的青枯菌，即可发生侵染；而侵染未受伤的次生根，青枯菌的浓度至少需达到每毫升 5×10^4 个菌体，分析这种高浓度菌体的要求，可能是由于病原菌须累积足够的酶来降解根部的黏胶层鞘，这种黏胶层鞘的主要成分是果胶类物质，因而果胶酶对青枯菌侵染是很重要的。至于青枯菌如何完成对植物的识别、富集，继而侵入组织内部，目前尚不清楚。有些报道表明，在侵染初期，青枯菌的运动性可能对病原在未受伤根部的聚集起一定的作用。

植物病害生理研究表明，青枯菌在导管中生长时可产生大量的胞外多糖，从而影响和阻碍植物体内的水分运输，特别是容易对叶柄结和小叶处较小孔径的导管穿孔板造成堵塞，因而引起植株枯萎；同时，青枯菌还可分泌多种细胞壁降解酶（如果胶酶类和纤维素酶类），可能对导管组织具有一定的破坏作用。青枯菌在人工培养时还能分泌一些植物激素类物质如 IAA、CTK 和 Eth 等，但现有资料表明，由于激素含量低，它们在植物体内的作用有限。

2. 青枯菌致病因子

青枯菌致病机制非常复杂，存在着如胞外多糖（EPS）、胞外蛋白［主要是聚半乳糖醛酸酶（PG）和纤维素酶（EG）］、运动性等多个致病相关的因子。青枯菌在培养基上和植物体内可产生大量的主要成分为酸性胞外多糖Ⅰ或胞外蛋白的黏性物质，Hayward 等认为这些黏性物质可能阻塞维管束而在致萎过程中起重要作用，大量黏性物质在导管中阻碍液体流动，导致输水困难和停止。不少研究证实致萎机制主要有以下几个方面：①堵塞导管；②产生过度流体静压力，而使导管破裂；③促进细菌在植物体内的移动、扩散和定植；④保护细菌免遭植物的抗病反击。

有证据显示胞外多糖Ⅰ可以掩盖脂多糖（LPS）以使细菌避开寄主的识别和攻击，胞外多糖、胞外蛋白以及植物生长调节物质在青枯菌致病过程中可能起着重要的作用。研究发现聚半乳糖醛酸酶 28kDa 的胞外蛋白在致病过程中作用并非必需，康耀等采用 Tn5 诱变青枯菌小种 3 号 PO41 获得了青枯菌胞外蛋白输出基因缺失的突变株，该突变株可以正常产生胞外多糖和胞外蛋白，只是丧失了向胞外输出胞外蛋白的能力而失去致病力，从而肯定了胞外蛋白在青枯菌致病过程中的重要作用。研究发现，当聚半乳糖醛酸酶与 62.5kDa 的胞外蛋白共同存在时，在青枯菌致病过程中有着明显的作用。因此推测，青枯菌致病过程中可能由多种蛋白（包括酶）共同作用。青枯菌能产生 10 种左右的胞外蛋白，其中包括属于果胶酶的果胶甲基酯酶（Pme）和 3 种聚半乳糖醛酸酶（PG）。在植物体果胶富集的部位，这几种酶将果胶分解成低聚物，并为病菌提供半乳糖醛酸作为生长基质。研究显示，Pme为病菌生长于甲基化果胶质基质上所需，但并不是引起枯萎的毒性因子，而PG尤其是内聚半乳糖醛酸酶（PglA或PehA）缺陷突变型至少需要花费双倍于野生型的时间致使番茄枯死。PG并不作用于病菌的致病性，而只是加强其定植和侵染能力，因此对于病害的发展PG并非是必不可少的。有试验表明，单独的胞外PG对致萎性的贡献并不显著。葡聚糖酶（EgⅠ）是一种纤维素酶，通过降解细胞壁上的纤维性葡萄糖，可能对青枯菌入侵植物根部和穿越木质部导管起着一定的作用。研究发现内聚糖酶缺陷突变型引起的病害症状较野生型发展更慢，对根茎的入侵和定植在速度和效率上都有所降低。然而被感染植物的比例与野生型接种的一样多，并且在大多数情况下，侵染最终导致植物完全枯萎。

三、非侵染性病害

非侵染性病害是由非生物因子引起的病害，如营养、水分、温度、光照和有毒物质等，阻碍植株的正常生长而出现不同病症。有些非侵染性病害也称植物的伤害。植物对不利环境条件有一定的适应能力，但不利环境条件持续时间过久或超过植物的适应范围时，就会对植物的生理活动造成严重干扰和破坏，导致病害，甚至死亡。

这些由环境条件不适而引起的植物病害不能相互传染，故又称为非传染性病害或生理性病害。这类病害主要包括缺素症等。

（一）缺素症

1. 缺镁症

常在酸性土及轻砂土的栽培植物上发生。主要发生在老叶上，尤其以挂果多老年树结果母枝的老叶为甚。最初表现为老叶顶端及两侧的叶片出现轻微的黄化，主脉附近少许叶片呈绿色，严重时仅叶片主脉基部呈楔形绿色区，其余部分黄化，甚至全叶黄化，提早脱落，新梢不能正常转绿。

防治方法：

① 在酸性土壤，按$1t/hm^2$的用量增施钙镁磷肥。

② 在各次新梢抽发前及叶片转绿前分别喷1次0.5%硫酸镁或硝酸镁肥，或每株施100g硫酸镁。

2. 缺锰症

常在酸性土和砂质土的栽培植物上发生。发病初期叶片黄化症状与缺锌相似，且缺铁症状常隐藏于缺锰症，因此缺锰症不易判断，常被误认为缺锌症。缺锰症黄化程度较轻，主、侧、细叶脉附近叶肉多不黄化，且新梢叶片大小正常。

防治方法：

① 叶面喷施0.3%硫酸锰，或0.05%高锰酸钾，或0.3%硫酸锰加0.1%熟石灰。

② 需施用石灰调整土壤至微酸性，并在树盘内株施50～100g硫酸锰。

3. 缺锌症

常在酸性砂质土及轻砂土的栽培植物上发生。新生老熟叶片的叶肉先出现淡绿色或黄色斑点，发病的新梢叶片比正常叶片明显小且窄，新梢节间缩短，小枝顶枯，果实偏小、僵硬，汁少味淡。

防治方法：

① 在新梢抽出1/3～1/2时和叶片转绿前叶面各喷1次0.2%硫酸锌+0.1%熟石灰，或在春芽萌发前1个月用3%硫酸锌注射树干。

② 施用石灰调整土壤至微酸性，并可在树盘内株施100～150g硫酸锌。

4. 缺铁症

常在碱性土壤的栽培植物上发生。初期新梢顶叶呈淡绿色，进而叶脉间的叶肉黄化，仅叶脉网状绿色，叶片失绿黄化失去光泽，与严重缺氮症相似，但同树老叶仍为正常绿色。叶片早落，果实变小，幼果果皮绿色变淡。

防治方法：

① 增施有机肥，种植绿肥，是解决缺铁症的有效措施。

② 发病初期，喷0.2%硫酸亚铁加0.1%柠檬酸液，或加0.3%柠檬铁铵有一定效果。

③ 在紫色土中施入硫黄粉，也可促进根系对铁的吸收。

5. 缺钙症

常在酸性土和砂质土的栽培植物上发生。新梢幼叶先出现症状，嫩叶的叶缘处先产生黄色或黄白色；主、侧脉间及叶缘黄化，但主、侧脉及附近叶肉绿色，叶面黄化产生枯斑，嫩叶窄小黄化，不久脱落。发病严重枝条端部枯死，生理落果严重。病果小而畸形。土壤中大量施用酸性化肥或土壤中钾、硼元素含量过多，在干旱时造成元素不均衡，易诱发缺钙症。

防治方法：

① 合理施肥，多施有机肥料，少施含氮和钾的酸性化肥；酸性土壤施用500～800kg/hm^{2}的石灰来调节土壤酸度。

② 喷施钙肥，刚出现症状时在新叶期树冠上喷施0.3%磷酸氢钙或硝酸钙。

6. 缺钾症

常在砂质土或有机质少的土壤栽培的植物上发生。发病初期，在老叶叶尖和上部叶缘开始发黄，逐步向叶片中部发展。叶片卷曲畸形，新梢长势弱。果小而皮厚，味淡而酸。

防治方法：

① 增施有机肥和复合肥，实行配方施肥。

② 生长期喷施 0.5%硫酸钾数次，或冬季、初春每株根施硫酸钾 120～150g。

7. 缺硼症

多在土壤含钙过多或施石灰过多的栽培植物上发生。发病嫩叶上产生不规则的黄色水渍状斑点，叶小、畸形，老熟叶片叶脉肿大，主侧脉木栓化，叶尖向内卷曲，易脱落，枝条干枯；幼果皮出现白色条斑，果变形、小而坚硬、皮厚汁少，严重时大量落果。

防治方法：

① 施用含硼较高的草木灰或种植绿肥（如藿香蓟）。

② 在花期、幼果期喷施 1～2 次 0.2%硼砂或硼酸来防治。

（二）致病因素

引起非侵染性病害的环境因素主要有以下几种：

1. 土壤缺素、中毒

土壤中的植物必需元素供应不足时，可使植物出现不同程度的褪绿，而有些元素过多时又可引起中毒。

氮是植物细胞和蛋白质的基本元素之一。植物缺氮时植株矮小、叶色淡绿或黄绿，随后转为黄褐并逐渐干枯。氮过剩时，植物叶色深绿，营养体徒长，成熟延迟；过剩氮素与碳水化合物作用形成多量蛋白质，而细胞壁成分中的纤维素、木质素则形成较少，以致细胞质丰富而细胞壁薄弱，这样就降低了植株抵抗不良环境的能力，易受病虫侵害且易倒伏。长期使用铵盐作为氮肥时，过多的铵离子会对植物造成毒害。

磷是细胞中核酸、磷脂和一些酶的主要成分。缺磷时，植株体内积累硝态氮，蛋白质合成受阻，新的细胞核和细胞质形成较少，影响细胞分裂，导致植株幼芽和根部生长缓慢，植株矮小。

钾是细胞中许多成分进行化学反应时的催化剂。缺钾时，叶缘、叶尖先出现黄色或棕色斑点，逐渐向内蔓延，碳水化合物的合成因而减弱，纤维素和木质素含量因而降低，导致植物茎秆柔弱易倒伏，抗旱性和抗寒性降低，还能使叶片失水、蛋白质解体、叶绿素遭受破坏，叶色变黄，逐渐坏死。

镁是叶绿素的成分，也参与许多酶的作用，缺镁现象主要发生在降雨多的砂土中，受害株的叶片、叶尖、叶缘和叶脉间褪绿，但叶脉仍保持正常绿色。

钙能控制细胞膜的渗透作用，同果胶质形成盐类，并参与一些酶的活动，缺钙的最初症状是叶片呈浅绿色，随后顶端幼龄叶片呈破碎状，严重时顶芽死亡。

铁在植物体内处于许多重要氧化还原酶的催化中心位置，是过氧化氢酶和过氧化物酶的成分之一、固氮酶的金属成分，也是叶绿素生物合成过程不可缺少的元素，缺铁导致碳、氮代谢的紊乱，干扰能量代谢，并会导致叶色褪绿。

此外，在缺钼、缺锌、缺锰、缺硼和锰中毒等条件下植物也会发生非侵染性病害。在必需元素中，有的是可再利用的元素，如氮、磷、钾、镁、锌等缺乏时，首先在下部老叶上表现褪绿症状，而嫩叶则能暂时从老叶中转运得到补充；有的是不能再利用的元素，如钙、硼、锰、铁、硫等缺乏时就首先在幼叶上表现褪绿，因老叶中的这类元素不能转运到幼叶中。

2. 多盐毒害

多盐毒害又称碱害，是土壤中盐分，特别是易溶的盐类，如氯化钠、碳酸钠和硫酸钠等过多时对植物的伤害，其症状是植株萌芽受阻和减缓，幼株生长纤细并呈病态、叶片褪绿，不能达到开花和结果的成熟状态。

3. 水分失调

如旱害可使木本植物的叶子黄化、红化或产生其他色变，随后落叶。受旱害植物的叶间组织出现坏死褐色斑块，叶尖和叶缘变为干枯或火灼状，当植物因干旱而达永久萎蔫时就出现不可逆的生理生化变化，最后导致植株死亡。涝害的症状是叶子黄化、植株生长部分柔嫩、根和块茎及有些草本茎有胀裂现象，有时也可使器官脱落。

4. 温度失调

植物在高温下常出现光合作用受阻，叶绿素被破坏，叶片上出现死斑，叶色变褐、变黄，未老先衰以及配子异常，花序或子房脱落等异常生理现象。在干热地带，植物和干热地表接触可造成茎基热溃疡。高温还可造成氧失调，如由土壤高温高湿引起的缺氧，可使植物根系腐烂和地上部分萎蔫；肉质蔬菜或果实则常因高温而呼吸加速。

低温对作物的伤害可分为冷害和冻害两种。冷害的常见症状是色变、坏死或表面出现斑点；木本植物则出现芽枯、顶枯，自顶部向下发生枯萎、破皮、流胶和落叶等现象，如低温的作用时间不长，伤害过程是可逆的。冻害的症状是受害部位的嫩茎或幼叶出现水渍状病斑，后转褐色而组织死亡；也有的整株成片变黑，干枯死亡；还可造成乔、灌木的“黑心”和霜裂，多年生植物营养枝死亡，以及芽和树皮死亡等。

5. 光照失调

缺少光照时，植物常发生黄化和徒长，叶绿素减少，细胞伸长而枝条纤细等现象，阳性植物尤为显著。强光下则可使阴性植物叶片发生黄褐色或银灰色的斑纹。急剧改变作物的光照强度，易引起暂时落叶。

6. 药害

化学药剂如使用不当，对农作物或种子会产生药害：①急性药害。一般在喷药后 2～5 天出现，其症状表现为叶面或叶柄茎部出现烧伤斑点或条纹，叶子变黄、变形、凋萎、脱落。多由施用一些无机农药如砷素制剂、波尔多液、石灰硫黄合剂和少数有机农药如代森锌等所致。②慢性药害。施药后症状并不很快出现，有的甚至 1～2 个月后才有表现。可影响植物的正常生长发育，造成枝叶不繁茂、生长缓慢，叶片逐渐变黄或脱落，叶片扭曲、畸形，着花减少，延迟结实，果实变小、不饱满或种子发芽不整齐、发芽率低等。多由农药的施用量、浓度和施用时间不当所致。拌种用的砷、铜和汞剂侵入土壤后可破坏土壤中的有益微生物或毒杀蚯蚓，造成土壤中元素的不平衡和土壤结构的改变，也可使植物生长不良或茎叶失绿。但不同的作物或果树品种对农药和除草剂的抵抗能力有差别，植物体内的生理状况、植物叶片的酸碱度和植物所处的不同生育阶段也可影响其对农药的敏感程度。

7. 环境污染

工业废气、废水，土壤被污染后的有毒物质，都能直接或通过污染土壤、水源而为害植物。其受害程度和症状表现因植物的抗性和年龄、发育状况、形态构造等而异。导致非侵染性病害的有毒物质主要有以下几种：

（1）二氧化硫　它首先破坏植物栅栏细胞的叶绿体，然后破坏海绵组织的细胞结构，造成细胞萎缩和解体。受害作物初始症状有的从微失膨压到开始萎蔫；也有的出现暗绿色的水渍状斑点，进一步发展成为坏死斑。急性中毒伤害时呈现不规则形的脉间坏死斑，伤斑的形状呈点、块或条状，伤害严重时扩展成片。嫩叶最敏感，老叶的抗性较强。

（2）氟化物　对一些与金属离子有关的酶具有抑制作用，因而能干扰植物的代谢。氟化物和钙结合成不溶性物质时可引起植物缺钙。常见症状是叶尖和叶缘出现红棕色斑块或条痕，叶脉也呈红棕色，最后受害部分组织坏死、破碎、凋落。植物对氟化物的敏感性因种类和品种不同而有很大差别。在低水平氮和钙的条件下，坏死现象较少发生；在缺钾、镁或磷时，则影响特别严重。

（3）氧化氮和臭氧　受害植物的一般症状表现为老叶由黄变白色或黄淡色条斑，扩展成为坏死斑点或斑块。伤害累积可导致未熟老化或强迫成熟。臭氧被植物吸收后可改变细胞和亚细胞的透性，氧化与酶活力有关的氢硫基（—SH）或拟脂及其他化学成分，干扰电解质和营养平衡，使细胞因而解体死亡。

（4）硝酸过氧化乙酰　其与一氧化氮、二氧化氮、臭氧等的混合物在光或紫外线的照射下形成的光化学烟雾，可使植物光合作用减弱而呼吸作用增强。症状为叶背气室周围海绵细胞或下表皮细胞原生质被破坏而形成半透明状或白色的气囊，叶子背面逐渐转为银灰色或古铜色，而表面却无受害症状；对谷类作物的伤害则表现为叶片表面出现坏死带。

（5）氯气　对植物的叶肉细胞有很大的杀伤力，能很快破坏叶绿素，产生褪色伤斑，严重时全叶漂白、枯卷甚至脱落。受伤组织与健康组织之间无明显界线，同一叶片上常相间分布不同程度的失绿、黄化伤斑。

（6）氨气　在高浓度氨气影响下，植物叶片会发生急性伤害，使叶肉组织崩溃，叶绿素解体，造成脉间点、块状褐黑色伤斑，有时沿叶脉两侧产生条状伤斑，并向脉间浸润扩展，伤斑与正常组织间有明显界线。

（7）乙烯　低浓度乙烯是植物激素，但浓度太高会抑制生长，毒害作物。棉花最敏感。行道树和温室作物也常受害，产生缺绿、坏死、器官脱落等症状。

（三）与侵染性病害关系

染有锈病的菜豆和向日葵叶子受氧化烟雾伤害比健康叶子少。被臭氧伤害的马铃薯叶片则能很快感染灰霉病菌。浓度为 $100\mu g/m^3$ 的二氧化硫能明显降低黑点病菌在玫瑰花上的侵染力；二氧化硫还可降低菜豆的锈病发病率和严重程度。氟可影响菜豆上烟草花叶病毒病斑的发展，病斑数目随氟量增加而增加；但氟量达到 500×10^{-6} 后继续上升时则病斑数又逐渐减少。非侵染性病害在一定条件下可引起病原物的侵入而变为侵染性病害。如冻害、冷害经常导致苹果树腐烂病、菠菜和苜蓿根腐病、水稻细菌性褐斑病等。

（四）防治途径

主要包括两方面：一是通过抗性锻炼和抗性育种，来提高作物的抗逆性；二是改善环境条件，维持生态平衡和促进生态的良性循环。

四、药用植物病害的发生特点

1. 道地药材病害严重

由于历史形成的原因，某些药材有特定的被认为是最佳的生产地区，在这些地区生产的某种药材就是所谓“道地药材”。如东北人参、云南三七、宁夏枸杞、河南地黄、浙江杭菊、四川川芎、甘肃当归等。这些道地药材长期生长在特定的地区，病原菌逐年积累，致使病害严重，难以控制。如东北人参锈腐病十分严重，致使老参地不能再利用，只有毁林栽参，已成一大难题。

2. 药用植物地下部病害严重

中药材的药用部位很多是根、块根和鳞茎等地下部分。这些地下部分很易受土传病原真菌、细菌或线虫危害，发生多种根部病害。如人参锈腐病、白术根腐病、附子白绢病、地黄线虫病、浙贝软腐病等。这类病害发生严重且难控制，必须用以预防为主的综合措施加以治理。

3. 无性繁殖材料是药用植物病害的重要初侵染来源

不少中药材是用根、根茎、鳞茎、株芽或枝条等无性繁殖材料进行繁殖的。这些无性繁殖材料常受到病害侵染而成为当代植株的病害初侵染来源。因此，在生产上建立无病苗种田、精选无病种苗进行适当的种苗处理和地区间种苗检疫等工作是十分重要的。

第二节　药用植物病害绿色防控

药用植物病害绿色防控是在“预防为主，综合防治”植保方针的基础上发展起来的一种全新的有害生物防控策略和方法。绿色防控技术内涵就是按照“绿色植保”理念，综合采用农业防治、物理防治、生物防治、生态调控以及科学、合理、安全使用农药的技术，达到有效控制农作物病虫害，确保农作物生产安全、农产品质量安全和农业生态环境安全，促进农业增产、增收的目的。在药用植物种植中需综合利用农业措施、生态调控和生物防治技术以及科学合理利用化学农药等技术，最大限度减少化学农药用量，保护环境，提高植物药材品质和产量。鉴于药用植物病害的特点和危害形势，为了从单纯依赖化学防治的困境中摆脱出来，从生态学和环境保护的视角，药用植物病虫害绿色防控所采用的措施有以下几种：

一、农业措施

1. 选用和培育抗病品种

在药用植物栽培过程中，选用无病虫的和抗病虫的良种、优质种质，提高它们的抗病性，从种植源头上防止病害发生。

2. 深耕整地

夏天采收后，及时深翻耕地打破犁底层。应通过曝晒土壤或者深埋消灭病菌，加速病株残体分解。土壤结冻前，深翻耕地，通过低温霜冻消灭部分病虫，增加土壤通透性，熟化土壤，促进植物根系发育，增强药用植物抗病能力。

3. 实行合理轮作

坚持“引草入田，药草轮作”方针，大力推广药用植物-猫尾草-白三叶草等药草轮作模式，提高光、热、土地资源利用率，调节农田生态环境，改善土壤肥力和物理性质，促进药用植物生长发育和有益微生物繁衍，提高抗病能力。

4. 科学施肥

坚持有机肥与无机肥相结合、大量元素与中微量元素相结合、基肥与追肥相结合、农机与农艺相结合，培肥地力，提高药用植物抗逆性。

5. 加强中耕除草

生育期内除草三次以上，提高田间通透性，防止杂草滋生病虫害，及时拔除早期病株，减轻病虫害交叉感染，消除地埂杂草，消灭越冬病害，防止病虫侵染。

二、生物防治

生物防治是通过直接的或间接的一种乃至多种生物因素，削弱或减少病原物的接种体数量与活动，或者促进植物生长发育，从而达到减轻病害并提高产品数量和质量的目的。植物病害的生物防治主要包括以下几种：

1. 抗生菌的利用

利用产抗生素的微生物来防治土传真菌病害。随着研究的深入，一些可以参与营养物质的争夺、侵染点的占领、诱导植物产生免疫力，乃至直接对病原物袭击等微生物均作为生防资源来进行发掘。

2. 重寄生物的利用

植物病原微生物大多是寄生物，在它们生活的某些阶段也经常被另一些微生物寄生，从而失去侵染致病能力，甚至被置于死地。重寄生物有多种类型，主要有：重寄生真菌，如腐霉等根腐病原菌可被一些丛梗孢目真菌寄生，以致菌丝、孢子囊和卵孢子等器官被破坏；寄生真菌的病毒，如从患病的蘑菇上可提纯到病毒。

白粉寄生孢能够重寄生白粉菌和核盘菌，这两种菌分别导致药用植物遭受严重的白粉病和菌核病病害。因此白粉寄生孢具有防治植物白粉病的作用。

3. 抑制性土壤的利用

抑制性土壤又称抑病土、抑菌土等，其主要特点是：病原物引入后不能存活或繁殖；病原物可以存活并侵染，但感病寄主受害很轻微；病原物在这种土中可以引起严重病害，但经过几年或几十年发病高峰之后，病害减轻至微不足道的程度。

4. 根际微生物和菌根的作用

植物根的渗出物主要有糖类、氨基酸类、脂肪酸、生长素、核酸和霉类等，聚集在根的四周，富集成丰富的营养带，刺激了细菌等微生物的大量繁殖，这种效应叫根际效应。由于根渗出物的影响，其中包括营养物质的矿质化，共生及非共生固氮，形成菌根，并影响病原微生物及其他微生物的活动等。

5. RNA 沉默研究与开发

双链 RNA（dsRNA）是引发 RNA 沉默的激发子，来源有三种：植物 RNA 病毒编码的 RNA 聚合酶（RdRPs）在病毒复制过程中所产生的长的双链 RNA；病毒 RNA 的二级结构；病毒复制产生的 RNA 分子异常激活宿主 RNA 聚合酶后所产生的双链 RNA。这些双链 RNA 在生物体内会被一个类似 RNAase 的称为 Dicer 的酶降解为小分子的干扰性 RNA（siRNA），并与 RNAase 结合形成 RNA 诱导的沉默复合体（RISC），可特异性地攻击同源的 mRNA 并使其降解，最终导致该病毒的 RNA 沉默。

三、科学用药原则

应推广高效、低毒、低残留、环境友好型农药，优化集成农药的轮换使用、交替使用、精准使用和安全使用等配套技术，加强农药抗药性监测与治理，普及规范使用农药的知识，严格遵守农药安全使用间隔期。通过合理使用农药，最大限度降低农药使用造成的负面影响。

第三节　药用植物病害化学防治与安全用药

一、化学杀菌剂类型和特点

1. 基本概念

（1）杀菌剂　用于防治植物病害的化学农药统称为杀菌剂，包括杀真菌剂、杀细菌剂、抗病毒剂。

（2）杀菌剂作用方式　①杀菌作用。使真菌孢子不能萌发或者在萌发中死亡，其机理是真菌的能量供应不足而致死。②抑菌作用。促使真菌的芽管或菌丝的生长受到抑制，或使芽管和菌丝的形态产生变化，如芽管粗糙，芽管末端膨大、扭曲和畸形，菌丝过度分枝等，其机理是真菌生长必需物质的生物合成受到抑制。

（3）系统性获得抗病性　某些杀菌剂（三环唑、烯丙苯噻唑、毒氟磷等）在离体条件下对植物病菌几乎没有毒性，但在植物体内能够启动植物的防卫机制，从而达到防病的目的。如植物激活剂或植物防卫激活剂，能够防治真菌、细菌和病毒等多种不同类型的病害。

（4）保护作用和治疗作用　①保护作用。在病菌侵入寄主之前将其杀死或抑制其活动，阻止侵入，使植物避免受害而得到保护。具有保护作用的杀菌剂称保护剂。②治疗作用。在病原物侵入以后至寄主植物发病之前使用杀菌剂，抑制或杀死植物体内外的病原物，或诱导寄主产生抗病性，终止或解除病原物与寄主的寄生关系，阻止发病。具有内吸治疗作用的杀菌剂也称为治疗剂。

2. 杀菌剂的类型与特点

（1）多作用位点杀菌剂

特点：保护剂，无治疗作用，广谱杀菌剂没有选择性，不能进入植物体内，对已侵入植物体内的病菌没有作用，对施药后新长出的植物部分亦不能起到保护作用。一般来说这类药剂的作用位点多、杀菌谱广，病菌不易产生抗药性。

代表品种有：①波尔多液。硫酸铜与石灰有多种配合量，配制时应根据保护的作物和防治的病害种类选择合适的配合量。②石硫合剂中的多硫化钙。通过水解、氧化和分解形成元素硫和硫化氢，起杀菌作用。广泛用于防治橡胶白粉病，与其他现代选择性杀菌剂复配防治多种植物病害。③代森锰锌。可防治多种卵菌、子囊菌、半知菌和担子菌引起的作物叶部病害。对小麦锈病、玉米大斑病及蔬菜霜霉病、炭疽病、疫病和果树黑星病有很好的防效。④五氯硝基苯。可有效防治丝核菌属、葡萄孢属、核盘菌属真菌和炭疽菌引起的植物病害，也可以通过土壤处理防治十字花科蔬菜根肿病。但对腐霉属、疫霉属和镰刀菌属病原菌引起的植物病害无效。

（2）选择性杀菌剂

特点：对于不同菌种和病害具有活性差异，具内吸传导和治疗作用。

种类：羧酰替苯胺类、有机磷类、苯并咪唑类、羟基嘧啶类、二甲酰亚胺类、苯酰胺类、噻唑类、麦角固醇生物合成抑制剂、氨基甲酸酯类、取代脲类、苯吡咯类、苯胺嘧啶类、甲氧基丙烯酸酯类杀菌剂等。

①有机磷类。代表品种三乙膦酸铝，主要防治疫霉引起的根茎疫病和叶面的霜霉病、白锈病。亦可防治部分半知菌病害。②苯并咪唑类。代表品种多菌灵，广谱内吸性杀菌剂，具有保护和治疗作用。对葡萄孢霉、镰刀菌、尾孢菌、青霉、壳针孢、核盘菌、黑星菌、白粉菌、炭疽菌、稻梨孢、丝核菌、锈菌、黑粉菌等属的真菌效果较好。③羧酰替苯胺类。代表品种萎锈灵，防治担子菌亚门真菌引起的许多重要病害，如谷类作物散黑穗病、坚黑穗病和多种作物锈病以及丝核菌引起的立枯病。对植物生长有刺激作用，有利于增产。④固醇生物合成抑制剂。抑制真菌麦角固醇生物合成，即可破坏真菌细胞膜的结构和功能，干扰细胞正常的新陈代谢，导致菌体生长停滞、繁殖率下降，甚至细胞死亡。具广谱的抗菌活性，对几乎所有作物的白粉病和锈病有特效，除卵菌、细菌和病毒外，对子

囊菌、担子菌、半知菌都有一定效果。其中代表品种十三吗啉（克啉菌），防治麦类和热带作物白粉病、锈病，香蕉叶斑病、茶疱疫病等。⑤苯基酰胺类。对卵菌有特效的选择性内吸治疗杀菌剂。主要品种有甲霜灵、呋霜灵、苯霜灵、呋酰胺、噁霜灵。其中代表甲霜灵，对霜霉目卵菌具有选择性抗菌活性，可阻止菌丝生长和孢子形成。主要用于防治各种作物霜霉病、疫病、白锈病和腐霉引起的立枯病、猝倒病等。⑥噻唑/噻二唑类。代表品种三环唑，能有效防治稻瘟病和水稻白叶枯病，防治黄瓜细菌性角斑病。经药剂处理后能诱导稻株产生几种抗菌物质，对病菌有抑制作用，同时激活稻株苯丙氨酸裂解酶和儿茶酚-*O*-二甲基转移酶的活性，使侵染点周围组织纤维屏障增强，阻止病菌的进一步扩展。⑦甲氧基丙烯酸酯类。此类杀菌剂来源于天然抗生素 Strobilurin A，具有特别广谱高效的抗菌活性，对卵菌、子囊菌、担子菌和半知菌都有很强的杀菌活性。作用于真菌的线粒体呼吸，破坏能量合成，从而抑制真菌生长或将病菌杀死。代表品种嘧菌酯对几乎所有的子囊菌、担子菌、半知菌和卵菌都有很强的活性，可用于防治对大多数杀菌剂产生抗药性的病原菌。

（3）抗生素类　为微生物代谢产生的一类抗生物质。多数是从土壤中分离的放线菌类的代谢物。具有选择性强、活性强、保护和治疗作用。在自然界中的降解速度快，对环境安全，已得到广泛的研发和应用。主要品种有放线菌酮、庆丰霉素、链霉素、春雷霉素、公主岭霉素等。

不同的抗生素具有不同的抗菌谱。有的具有广谱的抗菌活性，如放线菌酮、庆丰霉素、链霉素等可以防治多种植物真菌和细菌病害；有的只具有较窄的抗菌活性，如灭瘟素和春雷霉素只能防治稻瘟病，井冈霉素只能防治丝核菌病害。

杀菌剂主要类型、代表品种和防治对象见表 3-1。

表 3-1　杀菌剂主要类型、代表品种和防治对象

杀菌剂类型		代表品种	防治对象
非选择性	铜制剂	波尔多液	广谱杀菌，保护作用
	无机硫杀菌剂	石硫合剂	广谱杀菌，保护作用
	有机硫杀菌剂	代森锰锌	广谱杀菌，保护作用
	芳烃类	五氯硝基苯	丝核菌属、葡萄孢属、核盘菌属真菌和炭疽菌引起的植物病害
选择性	有机磷类	异稻瘟净	水稻叶瘟、穗瘟，纹枯病和胡麻斑病
		三乙膦酸铝	疫霉引起的根茎疫病和叶面的霜霉病、白锈病
	苯并咪唑类	多菌灵	葡萄孢霉、镰刀菌、尾孢菌、青霉、壳针孢、核盘菌、黑星菌、白粉菌、炭疽菌、稻梨孢、丝核菌、锈菌、黑粉菌等

续表

杀菌剂类型		代表品种	防治对象
选择性	羧酰替苯胺类	萎锈灵	担子菌引起的黑穗病、锈病和丝核菌引起的立枯病
	固醇生物合成抑制剂	十三吗啉	麦类和热带作物白粉病、锈病，香蕉叶斑病、茶疱疫病。除卵菌、细菌和病毒外，对子囊菌、担子菌、半知菌都有一定效果
	苯基酰胺类	甲霜灵	对卵菌有特效，防治各种作物霜霉病、疫病、白锈病和腐霉引起的立枯病、猝倒病等
	噻唑/噻二唑类	三环唑	稻瘟病和水稻白叶枯病，防治黄瓜细菌性角斑病
	甲氧基丙烯酸酯类	嘧菌酯	对卵菌、子囊菌、担子菌和半知菌都有很强的杀菌活性
	抗生素类	灭瘟素和春雷霉素	稻瘟病
		井冈霉素	丝核菌病害
		放线菌酮、庆丰霉素、链霉素	多种植物真菌和细菌病害

二、杀菌剂的安全使用

杀菌剂使用技术的要求高于杀虫剂，所以掌握起来难度比较大。因此，在使用杀菌剂时，一定要掌握下面几条原则方可收到良好效果。

1. 精确判断病害类型，做到对症下药

除了凭经验鉴别外，还需配合使用高科技手段才能做出准确判断，这样才能真正做到对症下药。不同类别的杀菌剂有不同的性质、特点和作用方式，没有“万能药”。

2. 清晰杀菌剂的作用性质和机制

根据药剂对病害防治的作用来划分，大体分三类：①保护性杀菌剂。这类杀菌剂能够保护未被病菌侵染的施药部位免受病菌侵染，需要在作物没有接触到病菌或病害发生之前喷药才可收到效果，如铜制剂（波尔多液）、硫制剂（石硫合剂）、代森锰、代森锌等。②铲除性杀菌剂。这类药剂能直接杀死入侵前的病菌和治疗已被侵染的施药部位，常用于消毒，很少直接用于作物上。如用福尔马林消毒带菌种子，粉锈宁对小麦条锈病、白粉病使用方法得当有铲除作用。③治疗性杀菌剂，也叫内吸性杀菌剂。这类杀菌剂被植物吸收传导后，可阻止植株各个部位的病菌发展，如多菌灵、托布津、春雷霉素等。

3. 不能乱混农药，避免植物药害发生

氢氧化铜是碱性农药，混配性差，不能与强酸、强碱性农药混用。除铜制剂外，其他含重金属离子的制剂如铁、锌、锰等制剂，混配使用时要特别慎重。代森锌、代森锰锌、甲基硫菌灵等药要求不能与含铜或碱性农药混用，甲基硫菌灵可与铜离子络合而失去活性。石硫合剂与波尔多液要分开使用，混配使用可产生有害的硫化铜，也会增加可溶性铜离子含量。

生物农药不能与杀菌剂混配使用，许多农药杀菌剂对生物农药具有很强的杀伤力，会影响生物农药的防治效果，因此生物农药与杀菌剂混配时要谨慎。

戊唑醇、烯唑醇等三唑类杀菌剂在使用过程中要严格按照登记的剂量使用，在瓜类上使用不得超剂量、超范围，特别是瓜类苗期要慎重。小麦、水稻穗期使用不能超量，以免影响抽穗。

每种杀菌剂产品都有相应的登记作物、剂量范围、安全间隔期和使用次数，不要随意扩大使用范围、加大使用浓度，在药用植物临近采收时尽量不要使用杀菌剂。

4. 防止药害发生的措施

以下措施可以有效预防杀菌剂药害的发生：严格按照要求合理、科学使用农药，在使用农药前要认真看杀菌剂包装上的说明，充分了解药剂，按照标签说明掌握所用药剂使用注意事项，科学合理使用农药。

针对不同的病害，选择一种或多种杀菌剂防治，注意混配农药的特性与顺序。农药混配顺序一般为可湿性粉剂、水分散粒剂、悬浮剂、微乳剂、水乳剂、水、乳油，依次加入，每混用一种都要充分搅拌。使用要二次稀释，先加部分水后加药，等农药加完后再将水补满。

① 对于之前未使用过的杀菌剂，在施用前可小面积试验，注意了解该杀菌剂的安全用药剂量、使用方法和适应时期，明确农作物各个发育阶段对该药的敏感性及发生药害的条件。

② 提高药剂配施与施药水平。杀菌剂的使用效果会受到温度、湿度等环境条件的影响，如铜制剂在高温条件或叶片有水珠的情况下使用，对果树和大棚蔬菜容易造成药害。夏季施药，一般温度高于 30℃以上、强阳光照射时不能施药，雨天或露水很大时不建议施用农药。注意农作物种类及不同生育期的特点，避免在敏感作物和敏感时期超量使用药剂（考虑作物的耐药能力），如前面提到的三唑类杀菌剂在孕穗破口期要控制用量。

③ 出现药害症状（斑点、黄化、生长停滞等）后要及时诊断和查明药害的原因，并采取相应的补救措施，减轻药害，尽量减少损失。常见的补救措施：发现较早可喷洒清水降低杀菌剂的浓度，及时使用芸苔素内酯、碧护、磷酸二氢钾或优质叶面肥，缓解药害，促进恢复生长。

第四节　药用植物线虫病害及绿色防控

植物线虫病是药用植物的重要病害，严重影响中药材的品质和产量，是药用植物生产中重点的防治对象。植物线虫是一类低等的无脊椎动物，种类繁多。据报道，植物线虫有207属，4832个种。一般都比较小，虫体透明。通常只有在显微镜或解剖镜下才能看到。许多线虫寄生在植物体内，危害植物生长发育，造成植物产品损失和质量变劣。几乎每种植物都可被一种或多种线虫寄生危害。线虫可寄生在植物的根系、幼芽、茎叶、种子和果实内，造成根系衰弱、畸形或腐烂；造成茎叶发育不良，矮化或整个地上部分死亡；可使种子变成虫瘿等。线虫入侵造成的伤口有利于病原菌的侵染，因此易造成植物的复合病害。

由于植物线虫寄生的特点，加之线虫体壁结构对杀线虫剂渗透性较差，神经系统又不甚发达，很难找到有效的杀线虫剂，给防治工作带来很多困难。常用的杀线虫剂主要是土壤熏蒸剂，如D-D混剂、有机磷和氨基甲酸酯类等，但这些土壤熏蒸剂和神经毒剂因污染环境和对人畜高毒而被禁用。为了实施中药材安全性生产和消费，必须采用生态的、绿色的、可持续的防控策略和方法。

一、植物线虫生物学特性及药用植物重要线虫

1. 植物线虫的生物学特性

线虫属原腔动物门或线形动物门，身体呈圆筒形，没有纤毛，没有焰细胞，有4条主纵表皮索、1个呈三角形内腔的咽、1个围成圆形的神经环、交合刺、1个或2个管状的生殖腺，雌性生殖管独立开口，雄性管通入直肠。

根据有无侧尾腺分为两个亚纲：①有侧尾腺亚纲。此亚纲有六个目，其中与植物相关的为垫刃目和滑刃目，其他的为自由生活和动物寄生线虫。②无侧尾腺亚纲。与植物有关的有矛线目的剑线虫属、长针线虫属、毛刺线虫属、拟长针线虫属、拟毛刺线虫属。

线虫的发育经历卵、幼虫和成虫三个虫态，幼虫有四个龄期，经四次蜕皮后成为成虫。卵孵化出的幼虫分为1龄和2龄幼虫类型。无侧尾腺线虫以1龄幼虫孵化出卵壳，有侧尾腺线虫以2龄幼虫孵化出卵壳。

2. 药用植物几种重要线虫

（1）根结线虫　根结线虫属有侧尾腺亚纲垫刃目根结科。多雌雄异体，幼虫和雄虫为线形，3～4龄幼虫外形为豆荚形，雌成虫膨大为葫芦形、鸭梨形、卵

肾形，幼虫大小为（280～530）μm×（12～23）μm，雄成虫为（108～1550）μm ×（28～40）μm，雌成虫为（380～850）μm ×（200～560μm）（图 3-22）。

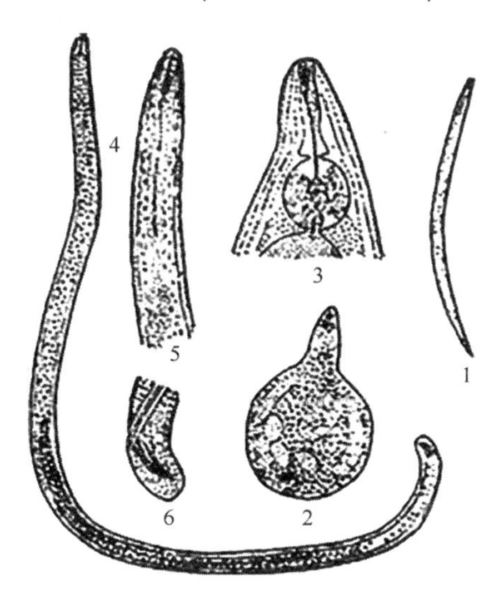

图 3-22　根结线虫基本结构

1—2 龄幼虫；2—雌虫；3—雌虫前端；4—雄虫；5—雄虫前端；6—雄虫尾端

根结线虫的生活史要经历卵、幼虫和成虫三个时期。在适宜条件下（20～30℃），卵经过 2 天分裂成 20 个左右的细胞，然后进入囊胚期，再经过 2 天，第 4～5 天进入原肠期，之后的 4～5 天先出现口针，形成 1 龄幼虫，再经过静伏和第一次蜕皮，破壳孵出即 2 龄幼虫。2 龄幼虫是根结线虫侵染危害植物的唯一有效龄期，2 龄幼虫由植物嫩根侵入，再经过两次蜕皮发育成成虫，雄成虫重回到土壤中，雌成虫产卵繁殖后代，多数根结线虫进行孤雌生殖。根结线虫主要以卵、卵囊或 2 龄幼虫随病残体在土壤中越冬，当气温达到 10℃以上时，卵就能孵化出幼虫。

线虫可通过带虫土或苗及灌溉水传播。土温 25～30℃、土壤湿度为 40%～70%条件下线虫繁殖很快，10℃以下停止活动，55℃时 10min 死亡。在无寄主条件下可存活 1 年。

根结线虫的 2 龄幼虫入侵植物幼嫩的根尖部位，刺入维管束细胞，由背食道腺分泌多糖酶的生长调节物质，刺激线虫周围的 4～6 个细胞增大，形成多核巨细胞（比正常细胞大 15～20 倍）。营养物质流入巨细胞，为线虫提供营养。同时周围细胞组织受到刺激增大形成结，内包线虫（至少 1 个线虫，多者 5 个）。

根结线虫危害植物的主要表现有：①线虫取食植物营养，植物根结的形成损耗了分生组织中大量的营养物质。②线虫的分泌物使维管束韧皮部的细胞变成巨细胞，细胞不能分化出导管与筛管。这样，使无机盐、水分不能上行传导，生理生化代谢受阻，造成营养不良、矮黄不长。③线虫所造成的伤口有利于土壤病原菌的侵染，如棉花镰刀菌所引起的枯萎病，就是真菌与线虫共生影响的结果。根结线虫所造成的收获物减产 30%～50%，严重时 80%或颗粒无收。

根结线虫寄主很广，可危害 39 科植物。根结线虫造成药用植物受害根部畸形膨大，如人参、西洋参、麦冬、川乌、牡丹的根结线虫病等。5 种药用植物根结线虫根部为害症状见图 3-23。

(a) 人参 (b) 西洋参 (c) 麦冬 (d) 川乌 (e) 牡丹

图 3-23 人参、西洋参、麦冬、川乌、牡丹根结线虫病根部受害症状

（2）孢囊线虫 孢囊线虫又称根线虫，为垫刃总科孢囊科线虫，分为四个属，约有 783 种。属定居型内寄生线虫，不呈现显著的根结，只是侵入根伸长区

后头定位处产生一个大型多核厚壁合胞体。幼虫在根内从 2 龄发育到 4 龄，雌成虫迅速膨大，撑鼓根皮呈稍微突起的小包。最后撑破根组织，露出柠檬形、梨形或球形的体躯于根皮外，为肉眼可见的幼孢囊体，而头部仍在根内原处。雌雄异形，雌虫体壁加厚，颜色加深，由白色透明变为黄褐色，坚韧如革，即为孢囊。三虫态与根结线虫相同。幼虫长 300～600μm，雄虫长度在 1000～1500μm，雌虫 500～900μm（图 3-24，图 3-25）。

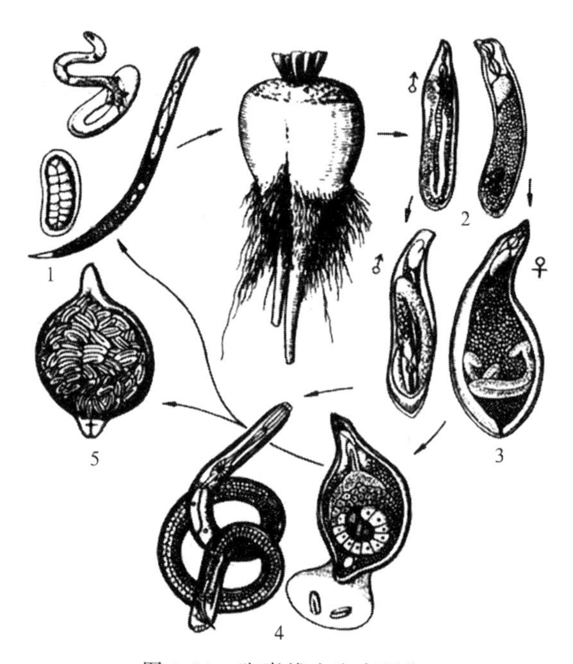

图 3-24 孢囊线虫发育周期

1—卵和 2 龄幼虫；2—寄主根部内发育；3—幼虫分化雌、雄虫；4—成熟的雌、雄虫；5—成熟的孢囊

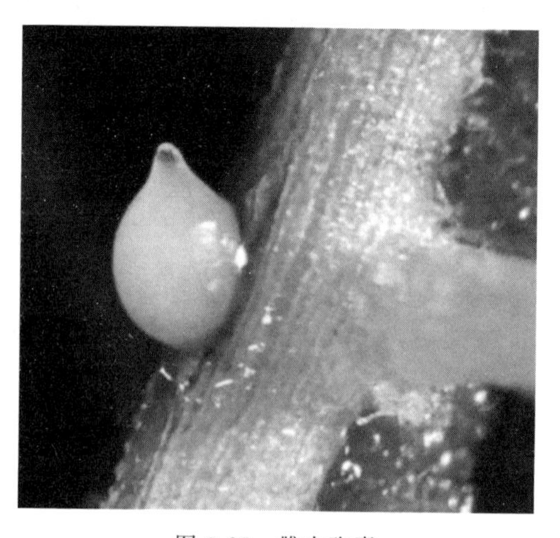

图 3-25 雌虫孢囊

受害的植株明显矮黄，幼虫侵入寄主主根，在其内发育，撑破根皮，使输导组织损伤，造成水分和营养损失，加上次生菌的危害，使全株萎蔫死亡。

孢囊线虫是一类在全球分布的重要的植物寄生线虫。它们造成许多重要作物减产，这些作物包括禾谷作物、水稻、马铃薯和大豆。孢囊线虫隶属于孢囊线虫属和球形孢囊线虫属。主要种类有：甜菜孢囊线虫、马铃薯孢囊线虫、大豆孢囊线虫、麦类巨孢囊线虫。

药用植物感染孢囊线虫则造成根部须根丛生、地下部不能正常生长、地上部生长停滞黄化，如地黄孢囊线虫病，病原为大豆孢囊线虫。线虫以孢囊、卵或幼虫等在土壤或种苗中越冬，主要靠种苗、土壤、肥料等传播。

(3) 松材线虫　松材线虫为重要的检疫性线虫，属滑刃目伞滑刃属。伞滑刃属有35个种，均与昆虫有关，其中，钝尾伞滑刃线虫（松材线虫）和尖尾伞滑刃线虫（拟松材线虫）两个种对松树的危害严重，蔓延很快，是现在所知的植物线虫中唯一以昆虫为媒介的移居性内寄生线虫，但主要以植物为寄主。二者之中，尤以钝尾伞滑刃线虫的危害性大。

雌雄成虫均为线形，长1000μm左右，口针细瘦，大多数有基部球，交合刺粗壮，常在末端融合。尾端被一个发育不全的抱片（交合伞）包围。松材线虫系菌食性线虫，以各种丝状菌为食料，但在树内生存的线虫则以薄壁细胞为食物来源。松材线虫从卵发育为成虫要经过四龄幼虫期，雌雄交配产卵，雌虫可保持30天的产卵期，产卵约100粒，在25℃下，卵产出后30h孵化。幼虫在卵内蜕皮2次，孵出的幼虫为2龄幼虫。在30℃以下3天可完成一个世代。

在自然条件下，7月中旬至8月中旬，松树逐渐表现松脂分泌停止、针叶黄化，死亡的苗木每克干重木材中所含线虫约1万条。线虫在寄主内快速增殖，在整株树木中形成巨大的种群。

主要传播媒介为松褐天牛，每头松褐天牛可携带线虫量平均为16312条，最多可达9万条以上。患病树上羽化的天牛几乎100%携带松材线虫。线虫通过天牛腹部气门进入体内，定居在虫体气管内。羽化飞出的松褐天牛，当在松树上补充营养3～6天后，线虫幼虫就经天牛取食造成的伤口进入树脂道。继而在松树内大量繁殖，在松树体内寄生大量的松材线虫，严重堵塞筛管和导管，使上下物质运输严重受阻。同时线虫在松树体内代谢产生大量有毒物质，如从感病的松树中分离出苯甲酸、儿茶酚、二氢松柏醇、10-羟基马鞭烯酮等。综合各种因素，一棵30m高的黑松大树感染后三个月就会枯死。线虫寄主范围有黄松、赤松、黑松、红松、云南松、湿地松、马尾松、冷杉、云杉等。

在药用植物中，松科植物大部分有药用价值，统计有8属48种。重要药用植物有马尾松和油松。在松科植物其他属中，如落叶松属、金钱松属、黄杉属、铁杉属、云杉属、冷杉属和银杉属等，都有不少供药用的植物。因此，松科植物线虫病防治关系到中药材的可持续发展。

除了以上三大类主要的植物线虫外，还存在许多对植物造成危害的植物寄生线虫，如小麦粒线虫、茎线虫（如水稻茎线虫、起绒草茎线虫、腐烂茎线虫）、半穿刺线虫、滑刃线虫的水稻干尖线虫，往往给水稻造成毁灭性的危害。椰子细杆滑刃线虫能为害椰子、油棕的茎秆，发生红环腐病，使叶片枯黄，全树枯死，在热带地区为毁灭性病害。

二、植物线虫的绿色防控

药用植物线虫病的防治与其他作物病虫害防治一样，必须遵循“预防为主，综合治理”的植保总方针，实施绿色防控的策略，采用多种防治手段，减少对化学杀线虫剂的依赖，保障药用植物安全生长以及中药材的质量和安全性。药用植物线虫病绿色防控的策略和具体防治措施如下：

1. 农业措施

① 合理轮作。根结线虫会在土壤中滋生繁殖，通过合理轮作可以减少根结线虫的数量。将寄主作物与非寄主作物交替种植，可以打断根结线虫的生命周期，减少其族群数量。

② 清除病源。及时清除感染根结线虫的植株和残体，防止病源扩散，减少根结线虫的传播。

③ 土壤消毒。采用常用的土壤杀毒或高温等方法对受根结线虫侵害的土壤进行消毒处理，彻底杀灭虫卵和虫体。

④ 选择抗性品种。选择抗根结线虫的作物品种进行种植，这些品种对根结线虫的侵害有一定的抵抗力，可以减轻病害的影响。

2. 生物防治

由于苯线磷、硫线磷、溴甲烷和涕灭威等化学杀线虫农药陆续被禁止或限制使用，线虫防治可选用的药剂越来越有限。因此生物防治是不可或缺的防治手段，如采用淡紫紫孢菌防治植物线虫，成为重要的防控方法。淡紫紫孢菌是植物线虫病生防真菌，可以寄生线虫卵，且其代谢产物能杀死线虫的幼虫和雌虫，田间施用该生防菌可显著减轻根结线虫、孢囊线虫和茎线虫等重要植物线虫病的危害。

目前，芽孢杆菌、放线菌、白僵菌和淡紫紫孢菌等微生物菌的制剂可有效防治根结线虫。如淡紫紫孢菌+枯草芽孢杆菌制剂的使用方法为：①灌根。用本制剂兑水稀释 4000～6000 倍，均匀淋透作物根系及周围土壤，根据植株的大小可适当调节用量。②蘸根。每升水用 60～70g 制剂，搅拌均匀后蘸根即可。③苗床混土或盆栽。每立方米用本品 5～10g，然后混匀即可。④拌土撒施。一亩地用 1500～2000g 兑过筛细土播种前土壤消毒，也可以拌细土进行沟施或穴施，或随复合肥等肥料一起使用。

3. 化学药剂防治

化学杀线虫剂主要是有机磷和氨基甲酸酯类，许多品种兼有杀虫作用。如克线磷、丰索磷、治线磷、除线磷等。氨基甲酸酯类杀线虫剂品种有杀线威等。其中部分因毒性和残留问题已相继被禁用。

目前推荐的杀线虫剂为阿维菌素和伊维菌素。阿维菌素是土壤阿佛曼链霉菌分泌物中分离出的一种十六元大环内酯类抗生素。伊维菌素与阿维菌素有一致的杀虫活性，但对高等动物的毒性较低。

田间杀线虫可在播种或定植前将 10％噻唑磷颗粒剂均匀撒施于土壤内。如果发现根结线虫为害，可以使用 20％噻唑磷水乳剂、3％或 5％阿维菌素乳油或水乳剂灌根防治。

4. 物理防治

采用物理植保技术可以有效预防植物全生育期病虫害，其中根结线虫病可采用土壤电消毒法或土壤电处理技术进行防治。根结线虫对电流和电压耐性弱，采用 3DT 系列土壤连作障碍电处理机在土壤中施加 DC 30～800V、电流密度超过 $50A/m^2$ 就可有效杀灭土壤中的根结线虫。

高温闷棚处理可杀死土壤内线虫。根结线虫多分布在 3～9cm 表层土中，利用线虫致死温度 55℃，夏季深翻土壤进行日光高温消毒灭线虫。

第四章 药用植物虫害及其绿色防控

药用植物包括草本、藤木、木本等各类植物，生长周期有一年生、几年生甚至几十年生，因此害虫种类繁多。由于各种药用植物本身含有特殊的化学成分，这也决定了某些特殊害虫喜食这些植物或趋向于在这些植物上产卵。因此药用植物上单食性和寡食性害虫相对较多。例如射干钻心虫、栝楼透翅蛾、白术籽虫、金银花尺蠖、山茱萸蛀果蛾、黄芪籽蜂等，它们只食一种或几种近缘植物，在药用植物上常常发现新的虫种。因此加强药用植物害虫种类的调查和防治技术的研究，是生产优质、高产药材的必然要求。

第一节　药用植物害虫的类型及发生规律

植物虫害的发生、发展与流行取决于寄主、虫源及环境因素三者之间的相互关系。由于药用植物本身的栽培技术、生物学特性和要求的生态条件有其特殊性，决定了药用植物虫害的发生与一般农作物相比有其自身特点，主要表现在以下几个方面：

一、药用植物害虫的主要类型

1. 刺吸式口器害虫

刺吸式口器是取食植物汁液的昆虫所具有的既能刺入寄主体内又能吸食寄主体液的口器，为同翅目、半翅目、蚤目及部分双翅目昆虫所特有，虱目昆虫的口器也基本上属于刺吸式。口器形成了针管形，用以吸食植物或动物体内的汁液。这种口器不能食固体食物，只能刺入组织中吸取汁液。刺吸式口器害虫有蚜虫、红蜘蛛、粉虱、介壳虫、叶蝉、椿象、蜡蝉、木虱等。防治该类害虫需用内吸性的杀虫剂。

蚜虫是节肢动物门昆虫纲半翅目蚜总科的统称。蚜虫是药用植物的重要害虫类群，危害十分普遍。据调查，桃蚜可危害数十种药用植物，如麦冬、山药、牛膝、当归、党参、丹参、人参、太子参、浙贝母、红花等。红花指管蚜还危害牛蒡等。萝藦蚜危害萝藦科药用植物，如牛角瓜、马利筋、鲫鱼藤、钉头果、鹅绒藤、匙羹藤、萝藦、牛奶菜、娃儿藤等。

介壳虫为同翅目盾蚧科昆虫的统称，因虫体上多被有蜡质分泌物即介壳，故名。介壳虫的口器形成了针管形，刺进植物的枝条或者叶片内吸食植物体内的汁液，会破坏植物组织，引起组织褪色、死亡。同时还能分泌一些特殊物质，使植物局部组织畸形或形成瘿瘤。当其大量出现，密密麻麻地附在大树上时，会严重影响植物的呼吸和光合作用；介壳虫有些种类还排泄“蜜露”，诱发黑霉病，对植物危害很大。

介壳虫主要危害一些南方生长的中草药，尤其是木本南药受害较重，如危害槟榔的椰圆盾蚧，危害多种药用植物如山茶、紫荆、紫藤、紫薇、夹竹桃的日本龟蜡蚧等。

螨类指的是节肢动物门蛛形纲害虫，一般称红蜘蛛。害螨类对药用植物危害较重，如危害地黄的棉叶螨、危害枸杞的瘿螨等。

刺吸式口器害虫害螨吸食药用植物的汁液，造成黄叶、皱缩，叶、花、果脱落，严重影响中草药生长和产量、质量。有些种类还是传播病毒病的媒介，造成病毒病蔓延。由于发生量大、世代多，用药水平较高，如何防止或减少农药污染，是个值得重视的问题。

2. 咀嚼式口器害虫

咀嚼式口器昆虫上颚极其坚硬，适于咀嚼，下颚和下唇各生有 2 条具有触觉和味觉作用的触须，如蝗虫、蟋蟀、天牛、蝼蛄、金龟子等均为咀嚼式口器。具有咀嚼式口器的昆虫危害特点是造成植物机械性损伤，严重时能将植株叶片吃光。一般的被害状为缺刻、孔洞、叶肉被潜食成弯曲的虫道或白斑，也有蛀食茎秆、果实或咬断根、茎基部的情况。这类害虫主要咀食药用植物叶、花、果等，造成孔洞或被食成光秆。如危害伞形科药用植物茴香、杭白芷、当归、明党参、防风、白花前胡、莳萝的黄凤蝶幼虫，危害枸杞的枸杞负泥虫，危害菘蓝的青菜虫等，危害都很严重。金银花受尺蠖危害，几天内可被吃成光秆，造成严重损失。

3. 钻蛀性害虫

钻蛀性害虫钻蛀树干、根部或枝桠，取食韧皮部及木质部，造成林木生理及工艺损害。幼虫口器为咀嚼式。代表性昆虫类群有天牛、小蠹、吉丁虫、象甲、木蠹蛾、透翅蛾、螟蛾及树蜂等，是药用植物的一类危害重、防治难度较大、造成经济损失较大的类群。

危害药用植物的钻蛀性害虫主要有：蛀茎性害虫，如咖啡虎天牛、菊天牛、肉桂木蛾等；蛀根茎类害虫，如北沙参钻心虫等；蛀花、果害虫，如槟榔红脉穗螟、枸杞实蝇等；蛀种子害虫，如黄芪种子小蜂，黄芪种子小蜂为5种广肩小蜂科的混合群体，其中内蒙古黄芪小蜂和黄芪种子小蜂分别为内蒙古和北京两地的优势种。

4. 地下害虫

地下害虫是一生或一生中某个阶段生活在土壤中，危害植物地下部分、种子、幼苗或近土表主茎的杂食性昆虫。种类很多，主要有蝼蛄、蛴螬、金针虫、地老虎、根蛆、根蝽、根蚜、拟地甲、蟋蟀、根蚧、根叶甲、根天牛、根象甲和白蚁等10多类。危害药用植物的主要包括蝼蛄、金针虫、地老虎、根蛆、根蚜、根蚧、白蚁等，其中前4种危害最普遍。因中草药中根部入药者居多，地下害虫直接危害药用部位，致使商品规格下降，影响产量和质量。危害药用植物的主要地下害虫有以下几种：

（1）蝼蛄　蝼蛄俗称土狗子，属直翅目，蟋蟀总科蝼蛄科昆虫的总称。主要危害麦冬、地黄、附子、人参、贝母、丹参、黄连、牡丹、天南星、穿心莲、杜仲、白果等。常见种类有华北蝼蛄和非洲蝼蛄两种（图4-1）。

(a) 华北蝼蛄

(b) 非洲蝼蛄

图4-1　蝼蛄

（2）蛴螬　蛴螬是金龟子幼虫的总称，俗称地蚕、白地蚕等。其种类多达2600余种，常见种类有东北大黑鳃金龟子（图4-2）、暗黑鳃金龟子、铜绿丽金龟子等，以其幼虫危害白芍、菊花、桔梗、贝母、丹参、玄参、紫菀等多种根及地下茎类药用植物。

（3）金针虫　金针虫俗称叩头虫（图4-3），鞘翅目叩甲科昆虫幼虫的统称。长期生活在土壤中，以土中播下的种子、块茎和萌发的幼芽、幼根为食。成虫危害多种药用植物叶片；幼虫危害桔梗、太子参、天麻、地黄、山药、麦冬等发芽种子根茎部，引起缺苗断垄、根茎腐烂、植株枯死等。世界已知种类达7000余种，常见种类有沟金针虫和细胸金针虫两种。

(a) 蛴螬

(b) 东北大黑鳃金龟子

图 4-2　金龟子

(a) 幼虫

(b) 成虫

图 4-3　金针虫

(4) 地老虎　地老虎俗称土蚕、切根虫、乌地蚕、截秆虫，为鳞翅目夜蛾科。以幼虫危害桔梗、元胡、白术、白芍、地黄、太子参、紫菀等多种药用植物幼苗。我国已知种类有 10 多种，常见种类有小地老虎、大地老虎和黄地老虎等(图 4-4)。

(5) 拟地甲　拟地甲俗称拟叩头甲（图 4-5)。以成虫或幼虫危害桔梗、地黄、菊花、板蓝根、白芷等多种药用植物。

二、道地药材害虫的特点

道地药材是由特定的气候、土壤等生态条件及人们的栽培习惯等综合因素所形成的，其药材的品种、栽培技术均比较成熟，药材的质量相对比较稳定。在这种情况下，由于长期自然选择的结果，适应于该地区环境条件及相应寄主植物的病原、虫源必然逐年累积，往往严重危害这些道地药材。如宁夏枸杞的蚜虫、负泥虫等。

(a) 小地老虎幼虫和成虫

(b) 大地老虎幼虫和成虫

(c) 黄地老虎幼虫和成虫

图 4-4　三种地老虎

(a) 幼虫

(b) 成虫

图 4-5　拟地甲

三、药用植物害虫种类特点及食性特点

各种药用植物本身含有特殊的化学成分，这也决定了某些特殊害虫喜食这些植物或趋向于在这些植物上产卵。因此药用植物上单食性和寡食性害虫相对较多。例如射干钻心虫、栝楼透翅蛾、枸杞红瘿蚊、白术术籽虫、金银花尺蠖、山茱萸蛀果蛾、黄芪籽蜂等，它们只食一种或几种近缘物种。在药用植物上常常发现新的虫种，因此，加强药用植物害虫种类的调查研究不仅是生产优质高产药材

的需要，而且将有助于我国昆虫区系研究更加趋于完善。

四、药用植物地下病虫危害

由于许多药用植物的块根、块茎和磷茎等地下部分既是药用植物营养成分积累的部位又是药用部位，这些地下部分极易遭受土壤中病原菌及害虫的危害，导致减产和药材品质下降。由于地下部病虫害防治难度很大，往往经济损失惨重，历来是植物病虫害防治中的老大难问题。如人参锈腐病、根腐虫和立枯病，贝母腐烂病、地黄线虫病等。地下害虫种类很多，如蝼蛄、金针虫等分布广泛，植物根部被害后造成伤口，导致病菌侵入，更加剧地下部病害的发生和蔓延。

五、无性繁殖材料是虫害初侵染的重要来源

用植物的营养器官（根、茎、叶）来繁殖新个体在药用植物栽培中占有很重要的地位。有的药用植物种子发芽困难，或用种子繁殖植株生长慢、年限长，故生产上习用无性繁殖，如贝母用鳞茎繁殖一年一收，如用种子繁殖需 5 年才能采收。采用无性繁殖能保持母体优良性状，如地黄常用块根繁殖，能使植株生长整齐，产量高，保持其纯系良种。对雌雄异株的植物，无性繁殖可以控制其雌雄株的比例，如栝楼。故无性繁殖在药用植物繁殖中应用甚广。由于这些繁殖材料基本都是药用植物的块根、块茎、鳞茎等地下部分，常携带病菌、虫卵，所以无性繁殖材料是病虫害初侵染的重要来源，也是病虫害传播的一个重要途径，而当今种子种苗频繁调运，更加速了病虫传播蔓延。因此，在生产中建立无病留种田，精选健壮种苗，适当的种子、种苗处理及严格区域间检疫工作是十分必要的。

第二节　药用植物虫害的绿色防控与安全用药

药用植物病虫害的防治应采取综合防治的策略。综合防治就是从生物与环境的整体观点出发，本着预防为主的指导思想和安全、有效、经济、简便的原则，因地制宜，合理运用农业的、生物的、化学的、物理的方法及其他有效的生态手段，把病虫害的危害控制在经济阈值以下，以达到提高经济效益、生态效益和社会效益的目的。

害虫绿色防控是在综合防治的基础上，强调采取生态控制、生物防治、物理

防治、科学用药等环境友好型措施来控制有害生物的危害，促进农作物安全生产，以减少化学农药使用量为目标。实施绿色防控是贯彻“公共植保、绿色植保”的重大举措，是发展现代农业，建设“资源节约，环境友好”两型农业，促进农业生产安全、农产品质量安全、农业生态安全和农业贸易安全的有效途径，也是药用植物虫害治理的总方针和行为指南。

一、绿色防控的内容与技术

生物防治就是用生物或生物代谢产物如抗生素、生物农药或天敌来治理有害生物。这些生物代谢产物或天敌一般对有害生物选择性强，毒性大；而对高等动物毒性小，对环境污染小，一般不造成公害。中药材虫害的生物防治是解决中药材免受农药污染的有效途径。

（一）生物防治

微生物杀虫剂是利用微生物的活体制成的。在自然界，存在着许多对害虫有致病作用的微生物，利用这种致病性来防治害虫是一种有效的生物防治方法。从这些病原微生物中筛选出施用方便、药效稳定、对人畜和环境安全的菌种，进行工业规模的生产开发，从而制成微生物杀虫剂。

1. 微生物控制危害

（1）白僵菌杀虫剂　白僵菌是一种子囊菌类的虫生真菌，推广应用的主要品种为球孢白僵菌和布氏白僵菌等，常通过无性繁殖生成分生孢子，菌丝有横隔有分枝。白僵菌的分布范围很广，从海拔几米至2000多米的高山均有过白僵菌的存在，白僵菌可以侵入6目15科200多种昆虫、螨类的虫体内大量繁殖，同时产生白僵菌素（非核糖体多肽类毒素）、卵孢霉素（苯醌类毒素）和草酸钙结晶，这些物质可引起昆虫中毒，打乱新陈代谢以致死亡。菌丝沿死虫气门间隙或节间膜伸出体外，产生分子孢子，呈白色绒毛状，分生孢子再蔓延传染其他害虫。一个侵染周期为7～10天，害虫感染白僵菌的症状见图4-6。

使用方法。防治松毛虫：针叶林，每次每亩10亿～12亿孢子，兑水喷雾，拾取发病死亡的虫体放至未施药的针叶林中，扩大染虫面。防治玉米螟：每亩50亿～70亿活芽孢/g白僵菌粉剂0.5kg粉剂＋5kg沙子拌成颗粒剂，散于玉米心叶处，每株2g。

（2）绿僵菌杀虫剂　绿僵菌在分类地位上与青霉属很相近，绿僵菌是广谱的昆虫病原菌。据统计，绿僵菌寄主昆虫达200种以上，能寄生金龟甲、象甲、金针虫、鳞翅目害虫幼虫和半翅目蝽象等。可诱发昆虫产生绿僵病，可在种群内形成重复侵染。在应用上，主要是利用金龟子绿僵菌来防治害虫。从防治规模看，绿僵菌发展成为仅次于白僵菌的真菌杀虫剂。绿僵菌对人畜无害，对天敌昆虫安全，不污染环境。绿僵菌感染害虫的症状见图 4-7。

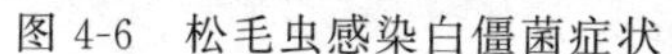

图 4-6　松毛虫感染白僵菌症状

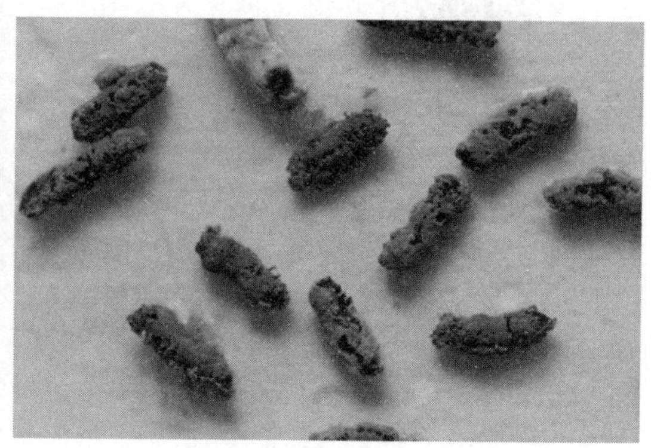

图 4-7　绿僵菌感染斜纹夜蛾幼虫的症状

绿僵菌以孢子发芽侵入害虫体内，并在体内繁殖和形成毒素，导致害虫死亡。死虫体内的病菌孢子散出后，可侵染其他健虫，在害虫种群内形成重复侵染，在一定时间内引起大量害虫死亡，故一次施药持效期较长，起到持续控制害虫的效果。

使用方法。23 亿～28 亿活芽孢/g 绿僵菌粉剂防治蛴螬，包括东北大黑鳃金龟、暗黑金龟子、铜绿金龟子等的幼虫。采用菌土法施药。每亩用菌剂 2kg，拌细土 50kg，中耕。

（3）苏云金芽孢杆菌杀虫剂　苏云金芽孢杆菌（Bt）是日本甲虫芽孢杆菌微生物杀虫剂中研究开发最成功的细菌杀虫剂，已广泛应用于农作物、森林以及药用植物和蚊蝇等害虫的防治。

该芽孢内含毒蛋白晶体，即 δ-内毒素，是杀虫的主要成分。作用机理：当孢子进入害虫消化道后，毒素被活化，使害虫麻痹瘫痪而死。当昆虫取食后，内毒素首先在昆虫中肠水解为具有活性的小分子肽，通过围食膜与中肠上皮细胞上的受体结合。毒素插入膜内并引起损伤或穿孔。这种穿孔破坏了钾离子梯度平衡，从而导致细胞表面突起膨胀、坏死，使昆虫中肠的完整性受到破坏，其中的内含物渗漏到体腔中。芽孢萌发可以使昆虫发生致命的“败血症”而死亡。Bt 杀虫剂杀虫作用机理见图 4-8。

关于安全性，一系列试验表明 Bt 杀虫剂对脊椎动物是安全的。Bt 已在鱼、鸡、鼠、猪、兔、猴、牛、鸟、鸭、鹅等动物甚至人体上进行了口服、饲喂、吸入、注射等一系列试验，均未发现中毒症状，故 WHO 和 FAO 极力推荐生产应用。但经毒理学检测，β-外毒素菌株对哺乳动物有害。因此，使用 Bt 制剂仍需慎重。

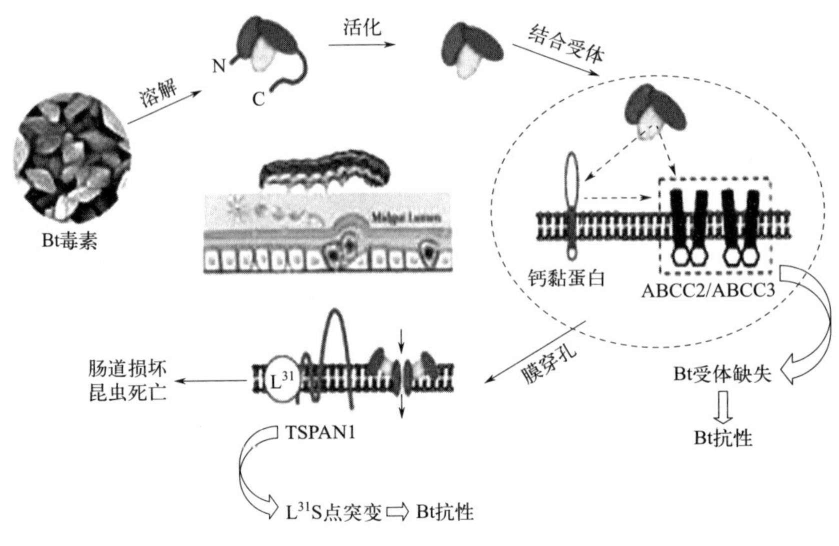

图 4-8 Bt 杀虫剂作用机理示意图

(4) 病毒杀虫剂 昆虫病毒经口侵入虫体后，通过在敏感细胞内大量复制子代病毒扰乱和破坏细胞正常代谢功能，使昆虫染病，直至死亡。利用昆虫病毒这一特性，结合适当的工艺生产方法研制成的杀虫剂称为昆虫病毒杀虫剂。寄生于农业害虫的病毒已发现约 200 种，有些已被开发作为病毒杀虫剂。其中大多数属于杆状病毒的核型多角体病毒，少数是颗粒体病毒（图 4-9）。

① 核型多角体病毒（NPV）。属杆状病毒科 A 亚属，病毒粒子为杆状，在寄主细胞核内进行增殖，其包涵体的形状不同，分别称为三角体、四角体、五角体、六角体等，大小在 1～15μm 之间。每个多角体内包埋的病毒粒子数量不等，呈单粒或束状随机散布在多角体的蛋白质晶体内，单个病毒粒子的平均长度为 300～400nm、宽度为 40～70nm。当 NPV 经口侵入昆虫体内后，多角体的蛋白质晶体结构被虫体中肠肠道的碱性消化液（pH＞9）和酶溶解，释放出大量病毒粒子，病毒粒子借囊膜与中肠细胞微绒毛融合，进入中肠细胞质内，核衣壳经核膜孔至细胞核内，在细胞核内合成自身的核酸和蛋白。此时细胞核明显膨大，并形成网状的病毒。子代病毒产生于基质之间，数量逐渐增加，但不形成多角体，一部分子代病毒再复制，另一部分则穿出中肠细胞进入血腔，在血腔中侵染脂肪体、气管皮膜、真皮、血细胞等敏感组织，继而在肌肉、神经节、生殖腺、丝腺等几乎所有的组织内增殖，并在其细胞核内形成多角体，当大量的多角体充塞于整个核内后，核膜破裂、细胞崩溃，多角体又被释放进血腔中。因此感染 4 天后的体液因充满了多角体而呈乳白色。病虫则出现食欲减退和行动不活泼等症状，移行到植物顶部而停止运动，因体内组织解体，失去握持力，仅以 1～2 个足附

着在植物上倒挂而死。从感染到死亡的时间，因感染剂量、虫龄大小及环境温度而异，一般3～5天。NPV的宿主特异性较高，只可在不同属间传染，很少在科或目间感染。被NPV感染的包括鳞翅目、膜翅目、双翅目、鞘翅目、直翅目、脉翅目和毛翅目的昆虫。

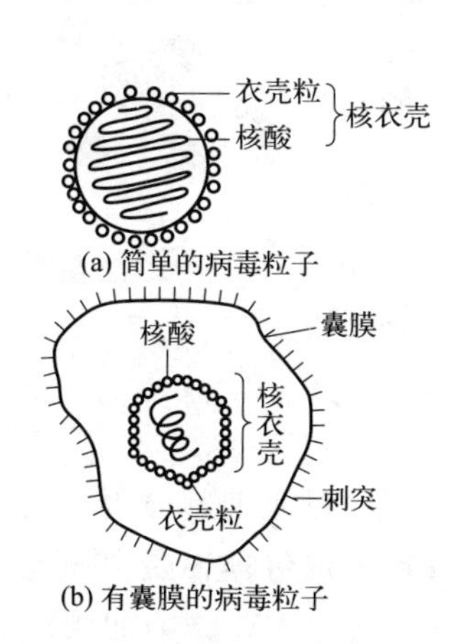

图4-9 病毒粒子结构模式图

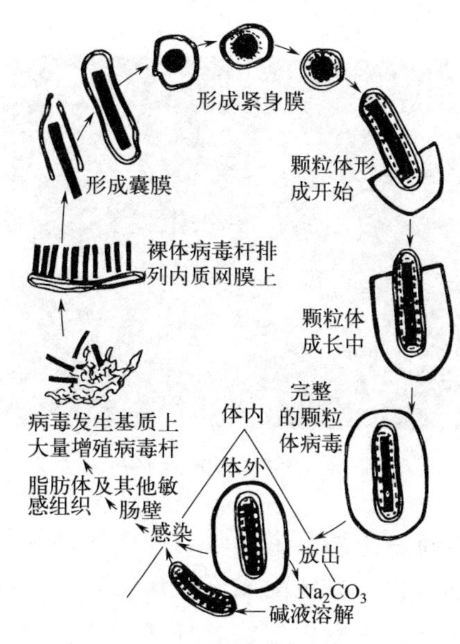

图4-10 颗粒体病毒发育过程

② 颗粒体病毒（GV）。属杆状病毒科B亚属，病毒粒子亦为杆状，在寄主细胞质和核内增殖。其包涵体呈颗粒状，故称为颗粒体（见图4-11）。大小约0.5μm。颗粒体内只包含1个或2个病毒粒子。GV的杀虫机制与NPV十分相似，当GV被昆虫吞食后，在中肠肠腔内被溶解并释放出大量病毒粒子，病毒粒子在中肠细胞核内不仅复制新的子代病毒，而且还能形成一部分颗粒体，新生病毒穿出中肠细胞进入血腔，在血腔内感染其他敏感组织。与NPV不同的是，GV可同时在细胞质内及核内复制病毒并大量增殖。GV的组织感染范围不如NPV广泛，仅包括脂肪、气管皮膜、血细胞及上皮等，偶尔还感染马氏管。濒危幼虫表现行动迟缓、体节肿胀、体色乳白等典型症状，感染后4～7天死亡，死后体表较坚硬，不像NPV那样易碎。它的寄主专化性比NPV强，交叉感染只发生在不同的种间，寄主范围也只限于鳞翅目昆虫内（图4-10）。

③ 质型多角体病毒（CPV）。属呼肠孤病毒科，在寄主细胞质内复制。包涵体的形状不一，以立方体和六面体居多，大小在1～4μm之间；呈20面体（近球形）的病毒粒子其大小为70nm，任意地散布在包涵体内。当多角体被摄入昆虫体内后，在中肠肠液的作用下溶解并释放出大量病毒粒子。

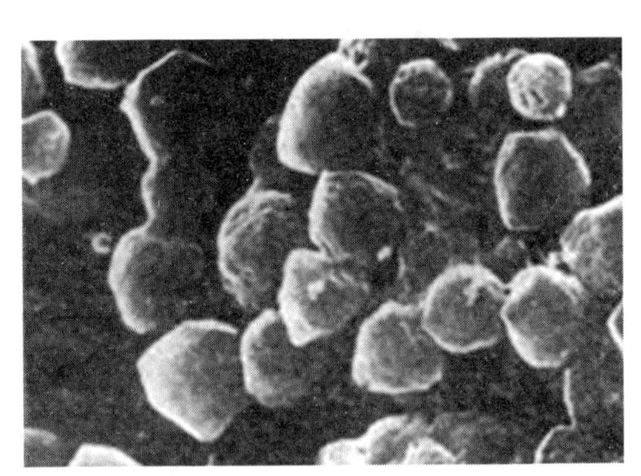

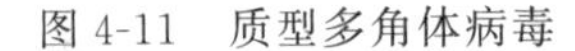

图 4-11　质型多角体病毒

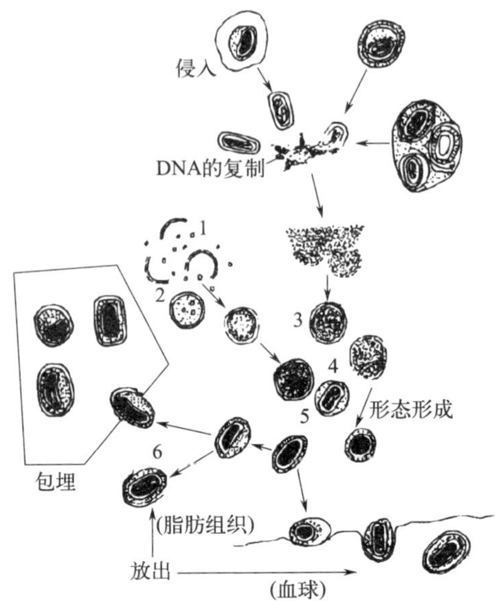

图 4-12　昆虫病毒发育过程

病毒粒子用其突起吸附在中肠细胞膜上，将核蛋白射入细胞质内，合成自身核酸和蛋白，并装配成子代病毒粒子，众多的病毒粒子被包埋在蛋白质晶体内形成多角体。中肠由柱状、杯状和再生细胞组成，它们被 CPV 感染的顺序是先柱状、后杯状，再生细胞偶尔也被感染。感染后期，由于这些细胞内充满白色的多角体，使中肠由正常绿色变为乳白色，中肠细胞的正常代谢机能完全被破坏，无法合成生长发育所需要的营养，此时幼虫出现食欲减退、行动呆滞、下泻、体型变小等典型症状，最后完全停止生长直至死亡。致死时间比 NPV 长，为 7～20 天，但它表现明显的后效作用。有些感病而未死的幼虫，仍能化蛹、羽化，并产生下代幼虫，因母体携带病毒，子代幼虫的自然发病率可达 20%左右。CPV 的寄主专化性不如 NPV 强，可以隔科感染。寄主范围也较广泛，包括鳞翅目、脉翅目、双翅目、膜翅目的昆虫。

昆虫病毒有高度的专一寄生性，通常一种病毒只侵染一种昆虫，而对其他种类昆虫和人畜无害，因此不干扰生态环境。但由于病毒只能用害虫活体培养增殖，大规模工业生产受到限制。已经小规模商品化的病毒杀虫剂多数用于防治鳞翅目害虫，例如棉铃虫、舞毒蛾、斜纹夜蛾、天幕毛虫、菜粉蝶等（图 4-12）。

2. 杀虫抗生素

抗生素是指由微生物（包括细菌、真菌、放线菌属）或高等动植物在生活过程中所产生的具有抗病原体或其他活性的一类次生代谢产物，能干扰其他生活细胞发育功能的化学物质。具有杀虫活性的抗生素主要有：浏阳霉素、阿维菌素、多杀菌素。

（1）浏阳霉素　由灰色链霉菌浏阳变种 RX-17 所产生的具有大环内酯结构的抗生素，为低毒、低残留、可防治多种作物的多种螨类的广谱杀螨剂，防治效果好。对多种作物的叶螨有良好的触杀作用。主要防治蛾类害虫和螨虫，对成螨和幼螨高效，但不杀卵。也可以用来防治小菜蛾、甜菜夜蛾、蚜虫等蔬菜害虫，对人畜较安全，对作物及多种害虫的天敌比较安全，对蜜蜂和蚕也较安全。

（2）阿维菌素　由链霉菌中灰色链霉菌发酵产生的一类具有杀虫、杀螨、杀线虫活性的十六元大环内酯化合物。

阿维菌素属大环内酯双糖化合物。对害虫和螨类以胃毒作用为主，兼有触杀作用，并有微弱的熏蒸作用，对叶片有很强的渗透作用。

作用靶标是昆虫外周神经系统内的 GABA（γ-氨基丁酸）受体，促进 GABA 从神经末梢释放。GABA 与受体结合，细胞膜超极化，导致神经信号传递受到抑制，引起螨类和昆虫神经麻痹，停止活动不取食。对鳞翅目、双翅目、同翅目、鞘翅目害虫及叶螨、锈螨高效，可杀小菜蛾、菜青虫、黏虫、跳甲等多种害虫，对其他农药产生抗性的害虫尤为有效。对线虫和螨虫均有触杀作用，也可用于治疗畜禽的线虫病、螨和寄生性害虫，但对蚕高毒。杀虫效果相对缓慢，持效期长，2～4 天死虫，虫持效期 10～15 天，螨持效期 30～45 天。对天敌相对安全。对作物无药害。

（3）多杀菌素　是从土壤放线菌刺糖多孢菌分离出的杀虫活性成分。因具有生物农药的安全性和化学合成农药速效性的特点，其低毒、低残留、对昆虫天敌安全、自然分解快。

多杀菌素对害虫有胃毒和触杀作用，杀虫作用迅速，通过刺激昆虫的神经系统导致非功能性的肌收缩、衰竭，并伴随颤抖和麻痹。作用于昆虫的中枢神经系统，可以持续激活靶标昆虫乙酰胆碱烟碱型受体，但其结合位点不同于烟碱和吡虫啉。

多杀菌素商业化的品种已在棉花、果蔬、茶叶、烟草、中草药、粮食等作物上广泛应用。

3. 保护天敌，以虫治虫

在农田生态系统中，害虫取食作物，同时害虫也有天敌，作物-害虫-天敌食物链构成了一个较为稳定的生态系统。害虫的天敌昆虫包括捕食性天敌昆虫和寄生性天敌昆虫两类。捕食性天敌昆虫包括瓢虫、蜘蛛、草蛉和食蚜蝇等，以直接捕食害虫为食。寄生性天敌昆虫有寄生蜂等，寄生于害虫体内或体表，以摄取寄主的营养物来维持生存。农田生态系统中，天敌昆虫对害虫具有良好的控制作用，单头七星瓢虫成虫平均每天可取食一百多头蚜虫，单头食蚜蝇高龄幼虫平均每天可取食几百甚至上千头蚜虫。为了预防农田害虫的暴发和控制害虫对农作物的危害，昆虫天敌的保护是维护农田生态平衡、实现农业可持续发展的保障。目前已广泛使用的天敌昆虫有赤眼蜂、蚜茧蜂等。

（1）赤眼蜂　属于膜翅目赤眼蜂科的一种寄生性昆虫。赤眼蜂的成虫体长0.5～1.0mm，黄色或黄褐色，大多数雌蜂和雄蜂的交配活动是在寄主体内完成的。靠触角上的嗅觉器官寻找寄主，先用触角点触寄主，徘徊片刻爬到其上，用腹部末端的产卵器向寄主体内探钻，把卵产在其中（图4-13）。虫在蛾类的卵中寄生，因此可用以进行生物防治。实验室繁育的微小赤眼蜂已成功地用来防治各种鳞翅目农业害虫。

（2）蚜茧蜂　膜翅目姬蜂总科蚜茧蜂科蚜茧蜂亚科的通称。全世界已知400余种，中国已知100余种。蚜茧蜂是蚜虫的体内寄生蜂，是一类重要的天敌昆虫，已应用于防治一些重要的蚜虫。中国是蚜茧蜂资源最丰富的国家，重要种类有：麦蚜茧蜂、高粱蚜茧蜂、甘蔗绵蚜茧蜂、桃瘤蚜茧蜂、少脉蚜茧蜂（图4-14）、烟蚜茧蜂、菜蚜茧蜂等。

图4-13　赤眼蜂产卵在松毛虫体内

图4-14　少脉蚜茧蜂

在需要进行田间蚜虫防治的时期，通过放蜂棚顶端的持续放蜂口进行放蜂。放蜂口能够使棚内的蚜茧蜂放飞到棚外，而蚜虫不能飞出。通过调查统计，一个田间放蜂棚放蜂量为500～1200头/667m^2，能够有效防治3.33～4hm^2地块。

4. 植物源杀虫剂

植物源杀虫剂是种类繁多的植物次生代谢产物，是潜在的具有农药活性的化学物质，构成了各具特色的化学防治剂，抵御了多数害虫的侵扰。据不完全统计，目前已发现的对昆虫生长有抑制、干扰作用的植物次生物质有1100余种，这些物质不同程度地对昆虫表现出拒食、驱避、抑制生长发育及直接毒杀作用。富含这些高生理活性次生物质的植物均有可能被加工成农药制剂。害虫一般难以对这类生物农药产生抗药性，这类农药也极易和其他生物措施协调，有利于综合治理措施的实施。很多中草药本身就含有杀虫抗菌的成分，如现在生产上已应用的有苦参碱制剂、青蒿素制剂、川楝素制剂等。总之，植物性农药是非常庞大的生物农药类群，其类型之多、性质之特殊，足以应付各类有害生物。因此，植物性农药将在植物病虫害防治中起到重要作用，是一个非常值得研究及开发的领域。

（1）印楝素　是从印楝植物中分离的杀虫活性成分。现已引种，并在中国南方地区种植成功。从印楝中分离并鉴定出100余种具有杀虫作用的活性物质，最重要的是印楝素，还有10多种柠檬素类物质具有昆虫生长发育调节作用。印楝素具有广谱、高效、选择性好、对非靶标生物安全、对人畜低毒、无药害、在环境中降解迅速、无残留，资源丰富、可再生等优点。

印楝素直接或间接地通过破坏昆虫口器的化学感受器产生拒食作用；通过对中肠消化酶的作用使得食物的营养转换不足，影响昆虫的生命力；高剂量直接杀死昆虫，低剂量则致使出现“永久性”幼虫，或畸形蛹、成虫，原因是扰乱了昆虫的内分泌激素的平衡，途径是抑制脑神经分泌细胞对促前胸腺激素的合成与释放，影响前胸腺对蜕皮甾酮类的合成和释放及咽侧体对保幼激素的合成和释放。昆虫血淋巴中保幼激素正常滴度水平被破坏同时使得昆虫卵成熟所需的卵黄原蛋白合成不足而导致绝育。因此，印楝素主要是通过干扰昆虫内分泌活动而影响昆虫的生长发育，昆虫表现出拒食、忌避和生长发育抑制活性。由于杀虫活性成分复杂，具有多种杀虫作用机制，害虫不易产生抗药性，与目前常规农药的杀虫作用机制完全不同，因此对抗性害虫具有较好的防治效果。

市场上印楝制剂有0.3%印楝素乳油、0.9%阿维·印楝素乳油等。

（2）鱼藤酮　是从亚洲热带及亚热带地区所产豆科鱼藤植物根中分离的一种有机物，分子式为$C_{23}H_{22}O_6$。

鱼藤酮广泛地存在于植物的根皮部（猪屎豆、豆薯、紫穗槐）和叶内（非洲山毛豆），对昆虫尤其是菜粉蝶幼虫、小菜蛾和蚜虫具有强烈的触杀和胃毒两种作用。作用机制主要是影响昆虫的呼吸作用，与NADH脱氢酶和辅酶Q之间的某一成分发生作用。鱼藤酮使害虫细胞的电子传递链受到抑制，从而降低生物体内的ATP水平，最终使害虫得不到能量供应，然后行动迟滞、麻痹而缓慢死亡。

鱼藤酮主要防治蚜虫、飞虱、黄条跳甲、蓟马、黄守瓜、猿叶虫、菜青虫、斜纹夜蛾、甜菜夜蛾、小菜蛾等。防治菜青虫和蚜虫，亩用4%鱼藤酮乳油80～120mL兑水30kg喷雾。防治小菜蛾，亩用4%鱼藤酮乳油80～160mL兑水30kg喷雾。防治斜纹夜蛾，亩用4%鱼藤酮乳油80～120mL兑水30kg喷雾。防治跳甲，亩用4%鱼藤酮乳油80～160mL兑水30kg喷雾。

（3）其他植物源杀虫剂　①除虫菊素。可以加工成除虫菊粉和除虫菊乳油，主要防治蚜虫、叶蝉、叶甲和椿象等害虫。②烟碱、硫酸烟碱。10%烟碱乳剂和40%～50%硫酸烟碱水剂，防治小菜蛾、凤蝶幼虫、椿象、跳甲、蚜虫、蓟马、飞虱和叶蝉等害虫。③苦参碱、氧化苦参烟碱。剂型有水剂、乳油、粉剂等。可以防治菜青虫、烟青虫、茶毛虫、小菜蛾、韭蛆、蚜虫和红蜘蛛等害虫。④闹羊花素。制剂为0.1%乳油，主要防治菜青虫。⑤苦皮藤素。制剂为1%乳油，主要防治菜青虫，有较强的胃毒、驱避、拒食和触杀作用。⑥藜芦碱。制剂为0.5%可溶性液剂，防治棉铃虫、棉蚜和菜青虫。

5. 昆虫信息素杀虫剂

利用昆虫信息素防治害虫已成为“无公害农药”的一个重要组成部分，昆虫信息素与常规化学杀虫剂不同，是通过影响或扰乱害虫的正常行为达到防治害虫目的的微量化学物质。昆虫信息素分为种内信息素和种间信息素。种内信息素是同种昆虫个体间的化学通信物质，散布于昆虫体外，以调节或诱发同种内其他个体的特殊行为，如雌、雄成虫的引诱，虫群的集结，标记踪迹，警告自卫。还可对个体发育过程产生特殊的影响，如性成熟的抑制剂和性别决定等。

目前在害虫防治方面，昆虫性信息素的应用较为普遍。从鳞翅目昆虫中分离的性信息素多数为长链不饱和醇、乙酸酯、醛或酮类，链长一般为10～18个碳原子，以12、14和16个碳原子居多，除双链外，多数在链的一端有一个功能团。如棉潜蛾为(*Z*)-9-十四碳-1醇硝酸酯和(*Z*)-8-十三碳-1醇硝酸酯，欧洲玉米螟为(*Z*)-11-十四碳烯-1-醇乙酸酯和(*E*)-11-十四碳烯-1-醇乙酸酯，家蚕为反-*N*,顺-12-十六碳二烯醇，舞毒蛾为(+)-顺-7,8-环氧-2-甲基十八烷。

这些天然性信息素经人工合成，已广泛用于大田的害虫防治。主要采用引诱法和迷向法等。①引诱法。田间放置一定数量的诱捕器，能大量诱杀成虫，降低成虫的自然交配率，从而减少次生幼虫的虫口密度，保护植物免遭危害。②迷向法。指在一定范围内释放大量的性信息素，使雄性成虫的触角一直处于高浓度的性信息素包围之中。或释放大量性信息素同系物和抑制剂，用来干扰雌雄成虫的正常化学通信，使之无法定向找到雌虫交尾，从而控制其交配繁殖。

（二）物理防治

小型害虫如螨类、蚜虫类、蓟马类、木虱类，因其体积小、繁殖代数多、系数高而成为目前生产中很难控制的害虫。多年依赖化学防治导致害虫抗药性增加，防治难度加大，也是造成药材农药残留超标的主要原因。物理防治技术是利用害虫对光、颜色的趋避性等特点，采用灯光诱集、黏着性物质黏附、阻隔害虫活动等技术防治害虫。常用的物理防治害虫的方法有以下几种：

1. 诱杀

（1）光诱杀　利用夜行昆虫的趋光性，设置光源进行诱捕。最常用的灯源有日光灯、黑光灯、高压汞灯、节能灯、变频灯、双波灯和太阳能灯等。这种做法虽然捕捉昆虫的种类和数量都相当大，价格也不高，无污染，操作简单，但是捕虫灯大多对于昆虫是无差别诱捕，对于无益无害昆虫也无差别进行诱捕，不利于生态环境的稳定。

（2）饵料诱杀　利用害虫取食的趋化性，用食物制作饵料，将某些害虫诱杀，最常见的是糖醋诱杀液。糖醋诱杀液可用糖、醋、黄酒、水［比例为 6∶1∶（2～3）∶10］，保持 3～5cm 深，每亩一盆，盆高出作物 30cm 以上，保持 15 天，能吸引卷叶蛾、斜纹夜蛾、小地老虎、梨小食心虫等取食，接触糖醋液后被粘连致死。还可以做成有毒饵料，诱杀害虫，比如香蕉皮、菠萝皮等搅成糊状拌敌百虫可诱杀果蝇，地老虎等幼虫和蝼蛄可用谷物或代用品炒香后制成饵料诱杀。

（3）偏好诱杀　利用害虫生活习性诱杀。如梨星毛虫、梨小食心虫、苹小食心虫等害虫有潜伏在粗树皮裂缝中越冬的习性，可在它们越冬前树干束草或包扎麻布片，诱集它们越冬，集中烧毁消灭。

（4）颜色诱杀　最常见的办法是挂黄板。黄色能吸引有翅蚜、温室白粉虱和潜叶蝇，因此，可用黄皿、黄板涂一层黏油，最常见的是黄油加机油，一般每 7～10 天重涂一次。

（5）作物诱杀　利用某些害虫取食的特别喜好，进行集中诱捕。玉米周围种蓖麻可诱杀金龟子，棉花地里种玉米可诱杀棉铃虫。

2. 阻隔分离

通过各种方法，将作物与害虫隔绝开来防治害虫，包括架防虫网、给果实套袋、树干涂胶或刷白。

3. 驱赶

蚜虫对银灰色具有负趋向性，用银灰膜避蚜虫，可以悬挂银灰色薄膜，或地表覆银灰色薄膜，或者悬挂银灰色防虫网。

4. 新技术的应用

（1）放射能的利用　应用 ^{60}Co 作为 γ 射线源杀虫，使用 322000R 的剂量，几乎可使米象、谷象、黑皮蠹、杂拟谷盗、烟草甲等害虫立即死亡。用低剂量 64400～128800R，少数虽未死亡，但生殖力受破坏，以致不能产卵或卵不能孵化。

（2）红外线杀虫　红外线是一种电磁波，能穿透不透明的物体而在其内部加热使害虫死亡。红外线辐射将贮藏物加热到 60℃，经 10min 所有仓虫可被杀死。

（3）高频电流和微波加热杀虫　高频波长一般为 2～300m，微波波长几厘米到几十厘米，利用其加热的电场温度升高，可造成害虫迅速死亡。常用于贮粮害虫、木材害虫的防治。用微波发射器照射土壤 2h，利用产生的热能可杀死线虫等地下害虫，杀虫效果能持续一年，且对环境无任何污染。

（4）激光杀虫　用波长 450～500nm 的激光可杀死螨类和蚊类等害虫。用功率较小的红宝石激光器可在数小时内消灭温室白粉虱、桃蚜、红蜘蛛等。

二、虫害的安全用药

使用化学农药防治药用植物虫害是当代必不可缺的重要手段之一。化学农药具有使用方便、价格便宜、防虫效果显著等优势，因此深受药农的青睐。但由于人们过度依赖化学农药，滥用或过量施用化学农药，造成了环境污染、人畜中毒和中药材农药残留等问题。为了减少农药的负面影响，除了科学家积极研究和开发低毒、高效的新农药品种，制定相关政策措施减少、逐步淘汰和停止使用高毒高残留农药外，还需药农掌握农药性质，采用科学的使用方法，减少或消除化学农药带来的负面影响。

1. 倡导和推广使用低毒安全的化学杀虫剂

目前市场上销售和使用化学杀虫剂毒性较高的类型主要有有机磷和氨基甲酸酯类，其中有机磷农药占 70%，这两类杀虫剂一些品种因高毒而逐渐被淘汰或禁止使用。推荐使用安全高效的杀虫剂类型与品种主要有以下几种：

(1) 新烟碱类杀虫剂　新烟碱类杀虫剂是人工合成烟碱的衍生物，对害虫具有较强的杀灭作用，是通过影响昆虫中枢神经系统的突触，阻止神经细胞间的传递而起作用。这类杀虫剂在农业领域广泛应用。主要品种有：

① 吡虫啉 (imidacloprid)。具有优良的内吸性、高效、杀虫谱广、持效期长、对哺乳动物毒性低等特点。而且还具有良好的根部内吸活性、胃毒和触杀作用。吡虫啉是内吸作用杀虫剂，用于防治刺吸式口器害虫，如蚜虫、叶蝉、飞虱、粉虱、蓟马等。可用于茎叶处理、种子处理和土壤处理。

② 啶虫脒 (acetamiprid)。具有内吸性强、用量少、速效、活性高、持效期长、杀虫谱广等特点。用于防治蔬菜、果树、马铃薯、烟草等作物上的同翅目、鳞翅目、鞘翅目害虫等。对甲虫目害虫也有明显的防效，并具有优良的杀卵、杀幼虫活性。既可用于茎叶处理，也可以进行土壤处理。

③ 噻虫嗪 (thiamethoxam)。具有触杀、胃毒、内吸活性，而且具有更高的活性、更好的安全性、更广的杀虫谱及作用速度快、持效期长等特点。对鞘翅目、双翅目、鳞翅目，尤其是同翅目害虫有高活性，可有效防治各种蚜虫、叶蝉、飞虱类、粉虱、马铃薯甲虫、跳甲、线虫等害虫及对多种类型化学农药产生抗性的害虫。既可用于茎叶处理、种子处理，也可以进行土壤处理。广泛应用于稻类作物、甜菜、油菜、马铃薯、棉花、菜豆、果树、花生、向日葵、大豆、烟草和柑橘等。

④ 烯啶虫胺 (nitenpyram)。具有低毒、高效、残效期长和卓越的内吸、渗透作用等特点。对各种蚜虫、粉虱、水稻叶蝉和蓟马有优异的防效，对用传统杀虫剂防治产生抗药性的害虫也有良好的活性。适宜的作物为水稻、蔬菜、果树和茶叶等。可用于茎叶处理、土壤处理。

⑤ 噻虫啉（thiacloprid）。具有内吸性强、用量少、速效、活性高、持效期长、杀虫谱广、与常规农药无交互抗性等特点。对鳞翅目害虫如苹果树上的潜叶蛾和苹果蠹蛾也有效。可用于茎叶处理、种子处理。

⑥ 噻虫胺（clothianidin）。具有杀虫谱广、触杀、胃毒和内吸性等特点。主要用于防治水稻、果树、棉花、茶叶、草皮和观赏植物等作物上的半翅目、鞘翅目和某些鳞翅目等害虫。可用于茎叶处理、土壤处理和种子处理。

⑦ 氟啶虫酰胺（flonicamid）。具有内吸性强、用量少、活性高、持效期长、杀虫谱广等特点。主要用于防治果树、棉花、蔬菜、土豆等作物上的刺吸式口器害虫如蚜虫、叶蝉、粉虱等。

（2）拟除虫菊酯类杀虫剂　拟除虫菊酯是一类具有高效、广谱、低毒和能生物降解等特性的重要的合成杀虫剂。其作用机理是扰乱昆虫神经的正常生理，使之由兴奋、痉挛到麻痹而死亡。拟除虫菊酯因用量小、使用浓度低，故对人畜较安全，对环境的污染很小。常见品种有：

① 溴氰菊酯（decamethrin）。具强触杀作用、胃毒作用与忌避活性，击倒快，无内吸活性及熏蒸作用。右旋顺式异构体活性最高，防治45种作物上的140种害虫，但易产生抗药性。对螨类、稻飞虱、螟虫效果差。

② 氯氰菊酯（cypermethrin）。高效、广谱的胃毒、触杀杀虫剂。防治鳞翅目、鞘翅目和双翅目害虫，对植食性半翅目害虫也有较好的防效。对土壤害虫有持久的防效；防治牲畜体外的寄生虫和蚊、蝇等传病媒介昆虫等。

③ 氰戊菊酯（fenvalerate）。高效、广谱、触杀性拟除虫菊酯类杀虫剂，有一定胃毒作用与忌避活性，无内吸活性及熏蒸作用。适用于棉花、果树、蔬菜和其他作物的害虫防治，对螨类效果差，害虫易产生耐药性。

④ 高效氯氟氰菊酯。又称三氟氯氰菊酯、功夫菊酯等。有强烈的触杀作用和胃毒作用，也有驱避作用，杀虫谱广，对鳞翅目幼虫及同翅目、直翅目、半翅目等害虫均有很好的防效，对螨类兼有抑制作用。适用于防治花卉、草坪、观赏植物上大多数害虫。对蜜蜂、家蚕、鱼类及水生生物有剧毒。

（3）昆虫生长调节剂类杀虫剂　昆虫生长发育调节剂（简称IGR）是一类特殊的影响昆虫正常生长发育的药剂，它通过破坏生长发育中生理过程而使昆虫表现出生长发育异常，并逐渐死亡。其靶标是昆虫所特有的蜕皮、变态发育过程。主要包括以下几种：

① 保幼激素及其类似物（JHA）。保幼激素的作用主要是抑制变态和抑制胚胎发育。当完全变态的昆虫在幼虫期，保幼激素使幼虫蜕皮时保持幼虫的形态；而处于末龄幼虫时，正常情况下幼虫体内保幼激素分泌减少甚至消失，蜕皮后变成蛹。如果在末龄幼虫时注入保幼激素则会产生超龄幼虫，其形态有可能为永久性幼虫或介于幼虫和蛹之间的畸形虫；如蛹期注入少量保幼激素，即羽化为半蛹半成虫状态，无法正常生活而导致死亡。刚产下的卵或产卵前的雌成虫接触药

剂，会抑制胚胎发育，导致不育。保幼激素类似物具有活性高、选择性强、对人畜无毒或低毒、来源丰富等优点，代表品种有：

a. 双氧威（fenoxycarb）。可用来防治鞘翅目、鳞翅目的仓储害虫及蚤、蟑螂和蚊幼虫等卫生害虫。以双氧威处理5龄欧洲玉米螟可使其呈永久性幼虫态或半虫半蛹态。

b. 吡丙醚（pyriproxyfen）。可用于蚊类、家蝇、介壳虫、粉虱、桃蚜等卫生害虫和同翅目害虫。以一定剂量的灭幼宝处理白粉虱2龄若虫，虽可使白粉虱的若虫正常发育到蛹，但成虫完全不能羽化。另外，灭幼宝在植物体内可以传导，以其处理棉花的上层叶片，则下部叶片上白粉虱的卵不能孵化。

② 抗保幼激素。抗保幼激素化合物的作用是抑制保幼激素的形成和释放，或破坏保幼激素到达靶标部位，或刺激保幼激素降解代谢及阻止其在靶标部位上起作用。由于保幼激素被抑制或减少，幼虫未能长大就蜕皮成为小的成虫，减弱了为害性。有时，也可因蜕皮不正常而死亡。

目前抗保幼激素类化合物主要为早熟素Ⅰ、早熟素Ⅱ、乙基-4,2-萜品烯-羧基-氧（ETB）、氟化甲羟戊酸（FMev）、乙基-3-甲基-月桂酸酯（EDM）等30多种。

③ 具蜕皮激素活性的杀虫剂。虫酰肼类化合物所引起的昆虫中毒症状均类似蜕皮酮过剩的症状，即强迫性蜕皮。通常鳞翅目幼虫取食虫酰肼后4～16 h开始停止取食，随后开始蜕皮；24 h后，中毒幼虫头壳早熟开裂，但蜕皮过程结束；同时，中毒幼虫会排出后肠，使血淋巴和蜕皮液流失，并导致幼虫脱水和死亡；还可引起中毒幼虫表皮细胞退化，阻碍新的原表皮或内表皮皮层的合成，产生发育不完全的新表皮，这些新表皮鞣化和黑化也不完全。作用机理是诱导其产生更多的蜕皮激素；抑制了血淋巴和表皮中的羽化激素释放而使蜕皮无法进行下去；二芳酰肼具有与蜕皮甾酮（20E）相似的活性。

代表品种有：

a. 抑食肼（RH-5849）。抑食肼为中等毒性，对鳞翅目、鞘翅目、双翅目昆虫幼虫具抑制取食、加速蜕皮和减少产卵作用。以胃毒为主，药后2～3天才有效，持效期长，适用于蔬菜菜青虫、斜纹夜蛾及小菜蛾、稻纵卷叶螟、黏虫的防治。

b. 虫酰肼（tebufenozide）。干扰昆虫的正常生长发育，导致昆虫产生过早的致命蜕皮。对鳞翅目害虫有特效，可用于防治甜菜夜蛾、水稻螟虫、玉米螟、苹果卷叶蛾、梨食心虫、菜青虫等害虫。

c. 甲氧虫酰肼（methoxyfenozide）。能够模拟鳞翅目幼虫蜕皮激素功能，促进其提前蜕皮。该药剂对鳞翅目以外的昆虫几乎无效。对烟芽夜蛾、棉花害虫、小菜蛾等害虫的活性更高，适用于果树、蔬菜、玉米、葡萄等作物。

d. 环虫酰肼（chromafenozide）。环虫酰肼经昆虫摄取后在几小时内抑制昆虫进食，同时引起昆虫提前蜕皮导致死亡。对夜蛾和其他毛虫，不论在哪个时期，环虫酰肼都有很强的杀虫活性。主要剂型为5%环虫酰肼悬浮剂、5%环虫酰肼乳油和0.3%环虫酰肼粉剂。适用于防治蔬菜、茶树、果树、观赏植物及水稻等作物上的鳞翅目害虫幼虫。防治洋葱草地夜蛾，用5%环虫酰肼悬浮剂1000倍液喷雾。防治甜菜夜蛾，用5%环虫酰肼悬浮剂1000～2000倍液喷雾。

e. 呋喃虫酰肼（fufenozide）。对甜菜夜蛾、斜纹夜蛾、稻纵卷叶螟、二化螟、大螟、豆荚螟、玉米螟、甘蔗二点螟、棉铃虫、桃小食心虫、小菜蛾、潜叶蛾、茶卷叶蛾等全部鳞翅目害虫效果很好，对鞘翅目和双翅目害虫也有效。呋喃虫酰肼属于昆虫生长调节剂，与大范围内的虫酰肼相比速效性和持效期大大提高和延长。与氯虫苯甲酰胺相比速效性和抗药性提高，持效期相当，对大龄虫的效果更好。呋喃虫酰肼可用于防治已对氯虫苯甲酰胺产生抗性的害虫。

④ 几丁质合成抑制剂。几丁质是由*N*-乙酰葡萄糖胺通过α-1,4-糖苷键联结起来的线性多糖，是许多生物的结构性组分，如在真菌、线虫、软体动物的表皮、昆虫的外骨骼和围食膜、甲壳动物的外壳和一些藻类的细胞壁中均含有几丁质。

作用于几丁质的形成，造成昆虫表皮形成受阻的药剂即为几丁质合成抑制剂。这类药剂中毒幼虫的症状主要为活动减少，取食也减少，发育迟缓，蜕皮及变态受阻。此类杀虫剂有苯甲酰基脲类（BPUs）、噻嗪酮（buprofezin）及一些植物源物质。苯甲酰基脲类主要有除虫脲（diflubenzuron）、定虫隆（chlorfluazuron）、伏虫隆（teflubenzuron）、氟铃脲（hexaflumuron）和氟虫脲（flufenoxuron）等。主要用于防治鞘翅目、鳞翅目、双翅目和膜翅目的一些害虫。

作用机理：主要是抑制几丁质合成酶（CS）。该酶是催化几丁质合成的最后步骤，使*N*-乙酰基氨基葡萄糖（GlcNAc）聚合为几丁质。除虫脲抑制几丁质合成酶而阻断几丁质合成，但不能抑制离体细胞的昆虫几丁质合成酶，因此推测苯甲酰基脲类干扰昆虫的内分泌体系。除虫脲抑制β-蜕皮激素降解酶，从而导致β-蜕皮激素的积累。而这种积累又可导致几丁质酶、多功能氧化酶和多元酚氧化酶活性增强，进而影响几丁质的合成与沉积。还可影响神经分泌细胞，干扰蛋白质合成，影响核酸的合成和代谢等。有人认为灭幼脲会引起神经分泌的改变（干扰激素平衡），而后抑制DNA合成，再抑制或刺激酶的活性（包括与几丁质合成有关的酶系）产生异常的生理现象（妨碍变态），最终死亡。

噻嗪酮类：噻嗪酮（buprofezin）是第一个防治刺吸式口器害虫如白粉虱和介壳虫的几丁质合成抑制剂。

作用机理：蜕皮激素调节蜕皮的过程，首先20E水平升高，使得昆虫的真皮和表皮分离，在真皮和表皮之间充满了蜕皮液和解离旧表皮的酶的前体，在较高水平的20E的作用下，真皮细胞增殖生成新的表皮，然后20E水平下降，激活蜕皮液中酶的活性，分解旧表皮。噻嗪酮正是抑制了 20E 水平的下降，使昆虫不能进行正常蜕皮。

2. 安全使用杀虫剂

（1）对症下药　每种农药都有其防治范围和防治对象，所以确定防治对象后就要选用合适的农药，才能得到理想的防治效果，做到对症下药。

（2）在虫体最薄弱的环节用药　虫害要求在 3 龄前防治，这时虫子小，虫子食量也小，集中，抗药力弱，危害又小，这时施药可获得很好的防治效果。

（3）把控用药时间、浓度和用量　大多数农药适宜的施用温度为 20～30℃。温度过低，影响农药扩散，不利于药效的充分发挥；温度过高，药液蒸发过快，药效分解，失效快，使用效果变差，特别是挥发性较强的溴氰菊酯等农药，更不能在高温下使用。一般春秋季施药时间在上午 9～11 时、下午 3～4 时；夏季施药时间在上午 7～10 时和傍晚 16～19 时进行。应严格按农药说明书的用药浓度和用药量使用农药，不要盲目加大药剂浓度和药量。避免定期普遍施药，配药时不称不量、随手倒药的不合理做法。

（4）靶向施药　在田间施药时，要做到均匀、细致、周到，使用质量好的喷雾机械，精准用药。并根据病虫在作物上危害的部位，把农药施在昆虫为害处。不同的农药剂型，应采用不同的施药方法。一般乳剂、可湿性粉剂、水剂等以喷雾为主；颗粒剂以撒施或深层施药为主；粉剂以撒毒为主；内吸性强的药剂可采用喷雾、泼浇、撒毒法等；触杀性药剂以喷雾为主。为害上部叶片的病虫，以喷雾为主；钻蛀性或为害作物基部的害虫，以撒毒法或泼浇为主。凡夜出为害的害虫，以傍晚施药效果较好，并做到达标防治。

（5）合理轮换和混用农药　某一种虫害长期使用某一种农药防治，就会产生抗药性；而如果轮换使用性能相似而不同品种的农药，就会增强农药的防治效果。农药的合理混用不但可以提高防效，而且还可以扩大防治对象范围，延缓病虫产生抗药性。但不能盲目混用，否则不仅造成浪费，还会降低药效，甚至引起人畜中毒等不良后果。

混用时，必须注意：

① 遇碱性物质分解、失效的农药，不能与碱性农药、肥料或碱性物质混用，一旦混用就会使这类农药很快分解失效。

② 混合后会产生化学反应，以致引起植物药害的农药或肥料，不能相互混用。

③ 混合后出现乳剂破坏现象的农药剂型或肥料，不能相互混用。

第五章 药用植物草害及其绿色防控

药用植物种植过程中，常常因为杂草的生长而影响药材的产量和质量，人工除草则费力费时，而且难以保证除草质量。真正能用于药用植物除草的化学除草剂并不多，大部分仍处于试验阶段。由于没有科学的方法指导，除草效果差，还会造成环境污染、中药材农药残留，甚至对药用植物产生药害。

第一节 杂草生物学与生态学基础

植物可分为野生植物、栽培植物和杂草三大类，其中部分药用植物由野生经人类驯化而成为栽培植物，部分药用植物仍处于野生状态。大多数杂草属野生范畴，野生植物很多又为药用植物。杂草又常与栽培植物相伴而行，相比较而言，杂草具有更强大的生长优势，在争夺营养、水分、光照等方面比栽培植物更胜一筹。为了有效控制杂草，保障栽培植物生长，了解不同种类杂草的生物学和生态学特性是防控杂草的重要武器，帮助解决如何控制田间杂草种群的数量、如何降低和阻断杂草生理生化代谢速率等难题。

一、杂草生物学多样性

杂草具有强大的生命力和适应力，最重要的因素是它丰富的生物多样性，表现如下：

1. 形态结构的多样性

植株的高度：有的种类高可达 2m 以上，如假高粱、芦苇；中等的有约 1m，如梵天花；矮的仅有几厘米，如地锦。

根、茎、叶的形态变化大：阳光充足地带，茎秆粗壮，叶片厚实，根系发达，具有较强的耐干旱耐热能力；阴湿地带，茎秆细弱，叶片宽薄，根系不发达，当条件生境互换时后者的适应性明显下降。

组织结构随生态习性变化：水湿环境中，通常组织发达，而机械组织薄弱；陆地湿度低的地段，通常组织不发达，而机械组织、薄壁组织都很发达。

2. 生活史的多样性

根据生活史，杂草可分为一年生、二年生和多年生类型。

一年生类型：在一年中完成从种子萌发到产生种子直至死亡的生活史全过程，可分为春季型一年生和夏季型一年生。大多数草本杂草为一年生，如稗草。

二年生（越年生）类型：生活史在跨年中完成，主要分布于温带，其莲座叶丛期对除草剂敏感，易于防除。如飞廉、黄花蒿。

多年生类型：可存活两年以上，这类杂草不但能结子传代，而且能通过地下变态器官生存繁衍。一般在春夏发芽，夏秋开花结实，秋冬地上部分枯死，但地下部分不死。翌年春可重新抽芽生长。又可分为简单多年生杂草和匍匐多年生杂草。防止多年生杂草入侵农田是一项控制杂草繁衍和危害的重要有效措施。

3. 营养方式的多样性

绝大多数属自养类，具光合作用；部分为寄生类，其中分为全寄生和半寄生。

全寄生杂草地上部器官无叶绿素，不能进行光合作用。如列当为根寄生的典型代表，它寄生于向日葵等寄主根部吸收养分；菟丝子为茎寄生，靠它的吸器从大豆等寄主茎内吸收养分；百蕊草为半寄生杂草，具有根和吸器，有寄生和自生两种生活方式，当没有寄主存在时也能独立生活。

4. 适应环境能力强

适应环境能力强表现在：①抗逆性强。对盐碱、人工干扰、旱涝、极端高低温都有很强的忍耐能力。②可塑性大。在不同的生境条件下，对自身个体大小、种群数量和生长量都具有强自我调节能力。③生长势强。杂草的光能利用率高，能充分利用光能、CO_2 和水进行有机物生产。④杂合性和拟态性。杂合性是生物种群（等位基因）的异质性决定的，而拟态性是杂草能模拟另一种生物或周围环境，借以保护自己。如稗草、野燕麦、狗尾草、看麦娘等，这类杂草又称为伴生杂草。

5. 繁殖能力强

绝大多数杂草具有惊人的多实性，如一株繁缕具有 20000 粒种子，藜单株结实 20 万粒，微甘菊就无法统计了。种子寿命长，有的杂草种子深埋土中达 10 多年仍能萌发。种子成熟度与萌发时期参差不齐。繁殖方式多样，子实具有适应广泛传播的结构和途径，传播途径有：①弹射，如酢浆草；②借果皮开裂而脱落，如荠菜；③借风力传播，如蒲公英；④附着它物而传播，如苍耳；⑤随水流传播，如独行菜；⑥随动物取食而传播，如稗草，人为因素是其危害最严重的传播方式。

二、杂草个体与种群生态

杂草生态学是研究杂草与其环境之间关系的科学，用于揭示杂草的种群消长，杂草与杂草、杂草与作物以及其他环境因子之间相互作用的规律及其机理。

1. 杂草个体生态

（1）种子休眠的生理生态　休眠是有活力的子实及地下营养体、繁殖器官暂时处于停止萌动和生长的状态。

种子休眠的原因：①内因。腋芽或不定芽中含有生长抑制剂；果皮或种皮不透水、不透气或机械强度很高，称为原生休眠，是主要的休眠原因。②外因。不良环境条件引起的休眠。如遇高温、低温、旱、除草剂等因子，称为诱导休眠或强迫休眠。

（2）杂草种子萌发的生理生态　杂草种子萌发即为杂草种子的胚由休眠状态转变为生理生化活跃，胚状体增大突出于种皮长成幼苗的过程。

萌发的条件有：①内在条件。完整胚、丰富的胚乳，在赤霉素、脱落酸和细胞分裂素激素的作用下，诱导种子萌发。②外在条件。氧气、水分和温度。

因此，在室内进行杂草生物学和生物活性测定研究时，为了加速种子萌发，对处理休眠的种子需模拟野外低温处理（4℃）一段时间，以便加速胚的后熟过程。并在催芽浸种前采用物理方法，去掉外表抑制物质，也可使用适当浓度的赤霉素处理。放置在控温、控湿和通气条件下，可促使种子萌发。

2. 杂草种群生态

（1）杂草种子库（繁殖体库）　在任何时候，田间土壤中都包含有产生于过去生长季节的杂草种子或营养繁殖器官，这些存留于土壤中的杂草种子或营养繁殖体称杂草种子库。种子库是一个动态变化的过程。

种子库的影响因子：种植制度影响库的构成和大小；杂草防治水平、耕作方式、耕作机械则影响种子的垂直分布。

种子库的动态：①输入。成熟杂草结实，属外方的输入。②输出。萌发、传播、动物觅食或死亡。

（2）杂草种群动态　理论上应该是以几何级数增长，但实际上不可能无限扩张和灭绝。这是因为大田生产中受人为因素的影响很大，除草是最重要的因素，杂草种群应该是不确定的。

（3）杂草与作物之间的竞争　杂草与作物之间的竞争实质上是为了争夺有限的生活空间和资源。在资源充足的条件下植物间不存在竞争，竞争只发生在资源有限的条件下。资源越有限，竞争越激烈。另外，植物间发生竞争的另一个前提是二者应占有相似的生境，即它们利用同一生境中的资源。如两种植物的种子不在同一土层，它们之间不存在水和营养的竞争。

杂草与作物间的资源竞争分为：①地上竞争。空间的竞争是枝叶的发展，主要是光和二氧化碳的竞争，竞争能力主要取决于它们对地上部分优先占有的能力，包括株高、叶面积及叶的着生方式。②地下竞争。与根系的发达程度有关，竞争的资源是水分和矿物质营养元素。体现在吸收能力的竞争。这种竞争能力受它们的根长、密度、分布、吸收水肥能力的影响。

（4）不同资源竞争的互作　竞争地上资源必然影响到地下资源的竞争。一般来说，竞争一种资源会加剧对另一种资源的竞争，对一种资源竞争占优势，将导致对另一种资源的竞争占优势。对于弱竞争者来说，与强竞争者竞争两种资源产量损失远大于分开竞争这两种资源产量损失之和。杂草与作物竞争如果没有人为干涉，杂草必胜。杂草对作物的影响主要是导致作物产量和品质下降。

杂草密度和作物产量损失之间大多不是直线关系，而是S型曲线或双曲线关系。至于是S型曲线还是双曲线关系，由杂草和作物的种类而定。当作物的竞争比杂草强时，杂草密度和作物产量损失的关系为S型曲线，反之则为双曲线。杂草密度和作物产量损失之间的直线关系是一种特例，即在杂草密度很小时才呈直线关系。然而，杂草生物量和作物产量损失呈直线关系。

（5）影响杂草与作物间竞争的因子

① 杂草种类和密度。不同种类杂草植株高度及生长习性的差异较大，竞争能力各不相同。如玉米田反枝苋植株高大，而马齿苋较矮小，前者的竞争力比后者大得多。

② 作物种类、品种和密度。不同作物间的竞争差异较大，同一作物不同品种之间也存在很大差异。合理密植是一种经济有效的杂草防除措施之一，提高作物播种或种植密度可提高对杂草的抑制作用。

③ 相对出苗时间。杂草与作物的相对出苗时间影响杂草与作物的竞争力。早出苗的竞争者可提前占据空间，竞争力提高。晚出苗者则在竞争中处于弱势。所以出苗时间越晚，竞争力就越差。在农业生产中，保证作物早苗壮苗，可使作物与杂草竞争时处于优势地位。

（6）水肥管理　一般来说，在有杂草的农田施用肥料，特别是施用底肥，会加重杂草的危害。因为杂草吸收肥料的能力比作物强。施肥后，促进杂草迅速生长而加重危害。但当杂草在竞争中处于劣势时，增施肥料可抑制杂草的生长。水稻田合理管水可有效地抑制杂草的发生和生长。如移栽后，保持水层可有效地降低稗草出苗率，抑制水层下的稗草生长。

（7）环境条件　环境条件如温度、光照、土壤含水量等因子会影响杂草与作物生长与发育，必然会影响它们的竞争力。通过选择适合的播种期、种植制度、栽培措施，创造有利于作物生长而不利于杂草生长的环境条件，可降低杂草竞争力，减少杂草危害。

（8）杂草竞争临界期与经济阈值

① 竞争临界期。初期的杂草幼苗还不足以对作物构成竞争，造成危害。随着杂草幼苗的生长，竞争逐渐产生。起初这种竞争是微弱的，是不造成作物产量明显损失的草、苗共存期。这期间，作物可以耐受杂草通过竞争对作物造成的影响。但随着时间的推移，这种竞争作用逐渐增强，对作物产量的影响就越来越明显。杂草生长存留对作物产量造成的损失和无草状态下作物产量增加量相等时的天数即为杂草竞争临界期，是指作物对杂草竞争敏感的时期。

在临界期，杂草对作物产量损失的影响将非常显著。一般情况下，杂草竞争临界期在作物出苗后1～2周到作物封行期间，这一期限约占作物全生育期的1/4，即40天左右。但不同的作物其期限长短有所差异。因此，竞争临界期是进行杂草防除的关键时期。只有在此期限内除草，才是最经济有效的。过早除草可能会做无用功，而过迟则对作物产量的影响已无法挽回。

② 杂草危害经济阈值与杂草防除阈值。随着杂草密度或重量的增加，作物产量损失增加，除草是必要的。但实际上，不是在任何杂草密度条件下都需除草，一方面杂草密度较小时，作物可以忍耐其存在；另一方面，当杂草危害造成的损失较低时，这时除草效益将不抵除草的费用。那么在杂草何种状态下需要防除，就有了杂草危害经济阈值和杂草防除阈值的概念，前者是指作物增收效益与防除费用相等时的草害情况，后者是指杂草造成的损失等于其产生的价值时所处于的草害水平。

③ 杂草生态经济阈值与杂草生态经济除草阈值。杂草造成的净损失等于预防这种损失所耗费成本时杂草种群的大小（杂草密度一般用每平方米的杂草数量表示），即为杂草生态经济阈值。杂草造成的净损失等于防除这种损失所耗费成本时杂草的生长量，一般用每平方米干重表示，即为杂草生态经济除草阈值。为了使草害防治产生良好的经济效益，防治费用应小于或等于杂草防除获得的效益，防治指标制定是需要的。杂草防除措施的经济效益取决于作物增产的幅度和防除的成本。认识和了解“经济阈值”，对指导农业生产有着非常重要的意义。

三、杂草群落生态

杂草在一定环境因素综合影响下形成了不同杂草种群的有机组合，这种在特定环境条件下重复出现的杂草组合就是杂草群落，复杂的杂草防控变得更加复杂。

1. 杂草群落与环境因子间的关系

杂草群落的形成、结构、组成、分布受环境因子的制约和影响，其内在的关系是杂草群落生态的研究内容，也可为杂草生态防治提供理论依据。

（1）影响杂草群落的主要因子

① 土壤类型。亚热带地区的水稻土，常是稗草发生的主要土壤。与水稻土相对应的旱地土壤如黄泥土、马肝土则以猪殃殃和野燕麦为优势种。灰潮土以卷耳、波斯婆婆纳为优势种。

② 土壤肥力。土壤氮含量高时，马齿苋、刺苋和藜等含氮杂草生长旺盛；土壤缺磷时，反枝苋则从群落中消失。

③ 轮作和种植制度。稻麦连作时，麦田多以看麦娘为优势种，野燕麦等不能存在或生存能力有限。棉麦连作麦田则多以波斯婆婆纳为主。

④ 土壤水分。土壤水分是影响杂草群落结构的最基本要素之一，上述很多因素也是直接或间接通过影响水分含量而作用于杂草种群的。

⑤ 土壤酸碱度。pH 值高的碱性土中多有藜、小藜、眼子菜、硬草发生和危害。蓼等需要 pH 值较低的土壤。北方旱茬麦田多有以野燕麦为优势种的顶级杂草群落。

⑥ 土壤耕作。不同杂草对土壤耕作的反应和忍耐不同，深耕可使问荆、刺儿草和苣荬菜等多年生杂草大幅度减少。

（2）季节气候和海拔　季节不同，气候条件都不同，因而显著影响杂草群落的发生。气候和海拔通过温度、日照和降水量影响农田杂草群落结构。

气温升高对杂草的分布将产生重要影响，主要表现在分布北限将向北延伸。草本植物的分布范围既可能受到低温的限制（越冬），也可能受到有效积温的限制（发生世代数）。随着全球变暖，适于草本杂草的区域将扩大，主要表现在向北延伸和向高海拔延伸。我国农田杂草中具有 C_4 光合途径的杂草占绝大部分，如麦田的香附子、玉米田的狗牙根、水稻田的稗草、棉田的藜等，这类杂草具有更强的繁殖能力和定植能力，加上生殖期一般比较早，因而具有更强的适应和进化潜能，可能比作物更早地利用新的生境，扩张其分布范围，致使新环境的作物面临新的杂草危害。

（3）作物　作物与杂草相互竞争，随着杂草群落的发展，作物生长量减少；作物与杂草又相互依存，不同的作物有伴生杂草。这是因为某些杂草与某类作物的形态、生长习性和环境需求都十分相似，因而水稻种中常混有稗草种子，导致稗草伴生水稻。

2. 杂草群落演替及顶极杂草群落

杂草群落演替是指杂草群落在农业措施和环境条件变化的作用下，一个杂草群落为另一个杂草群落取代的过程。在自然界，植物群落演替是非常缓慢的过程，但是农田杂草群落的演替，由于农业耕作活动的频繁（除草剂的影响）而较为迅速。

杂草群落演替的结果总是达到一种可以适应某种农业措施作用总和的动态稳定状态，也即顶极杂草群落。水稻田的顶极杂草群落均以稗草为优势种，稻茬麦田的顶极杂草群落以看麦娘为优势种，秋熟旱作物田的顶级杂草群落大多数以马唐为优势种。

第二节　植物化感作用

一、化感作用及其化感物来源

定义：植物向环境中释放出特有的化学物质，影响周围其他植物生长发育的现象。具有化感作用的化合物称为化感作用物，杂草会因为化感作用影响其他植物的生长。

化感作用物及其来源：化感作用物多是植物次生代谢产物，如水溶性有机酸类、酚类、单宁、生物碱类、类萜类、醌类、苷类等。

二、化感作用物进入环境的主要途径

（1）挥发　多在干燥条件下发生，如蒿属、桉属等植物含释放性类萜物质，被周围的植物吸收或经露水浓缩后被吸收或进入土壤中被根吸收。

（2）淋溶　降雨、灌溉、雾及露水能够淋溶出化感作用物，使之进入土壤中。

（3）根分泌　根系主动分泌化感作用物于土壤中，如牛鞭草的根分泌物中鉴定有苯甲酸、肉桂酸和酚类化合物等 16 种化感作用物。

三、化感作用的机理

化感作用物主要影响植物的生长发育和生理生化代谢过程，这种影响通常情况下是一种抑制过程，但有时也有促进作用。

机理包括：

（1）抑制种子萌发和幼苗生长　酚类化合物及水解单宁等能阻碍赤霉素的生理作用，阿魏酸抑制吲哚乙酸氧化酶的活性。

（2）抑制蛋白质合成及细胞分裂　香豆素和阿魏酸抑制苯丙氨酸合成蛋白质分子的过程。肉桂酸抑制蛋白质合成，从而影响细胞分裂。

（3）抑制光合作用和呼吸作用　莨菪亭引起气孔关闭，使光合作用速率下降；酚酸降低大豆叶绿素含量和光合速率；胡桃醌、醛、酚、类黄酮、香豆素以及芳族酚能使氧化磷酸化解偶联。

（4）抑制酶活性　绿原酸、咖啡酸、儿茶酚抑制马铃薯中磷酸化酶活性，单宁抑制过氧化物酶、过氧化氢酶和淀粉酶活性等。

（5）影响水分代谢和营养的吸收　香豆素、酚衍生物、绿原酸、咖啡酸、阿魏酸等使叶片水势下降、水分失衡，其他的酚酸使植物对养分吸收降低。

第三节　杂草的分类及其对药用植物生长的影响

一、杂草的分类

1. 形态学分类

根据杂草的形态特征，生产中常将杂草分为三大类。许多除草剂的选择性就是从杂草的形态获得的。

（1）禾草类　主要包括禾本科杂草，其主要形态特征有：茎圆形或略扁，具节，节间中空；叶鞘不开张，常有叶舌；叶片狭窄而长，平行叶脉，叶无柄；胚具有 1 片子叶。

（2）莎草类　主要包括莎草科杂草。茎三棱形或扁三棱形，无节，茎常实心。叶鞘不开张，无叶舌。叶片狭窄而长，平行叶脉，叶无柄。胚具有 1 片子叶。

禾本科和莎草科杂草也称为单子叶杂草。

（3）阔叶草类　包括所有的双子叶植物杂草。茎圆形或四棱形，叶片宽阔，具网状叶脉，叶有柄。胚具有 2 片子叶。

2. 按生物学特性分类

（1）一年生杂草　一年生杂草是农田的主要杂草类群，如稗、马唐、萹蓄、藜、狗尾草、碎米莎草、异型莎草等，种类非常多，一般在春、夏季发芽出苗，到夏、秋季开花，结实后死亡，整个生命周期在当年内完成。这类杂草都以种子繁殖，幼苗、根、茎不能越冬。

（2）二年生杂草　二年生杂草又称越年生杂草，一般在夏、秋季发芽，以幼苗和根越冬，次年夏、秋季开花，结实后死亡，整个生命周期需要跨越两个年度。如野胡萝卜、看麦娘、波斯婆婆纳。

（3）多年生杂草　多年生杂草一生中能多次开花、结实，通常多危害夏熟作物田。第一年只生长不结实，第二年起结实。多年生杂草除能以种子繁殖外，还可利用地下营养器官进行营养繁殖。如车前草、蒲公英、狗牙根、田旋花、水莎草、扁秆藨草等，可连续生存 3 年以上。

（4）寄生杂草　寄生杂草如菟丝子、列当等是不能进行或不能独立进行光合作用合成养分的杂草，即必须寄生在别的植物上靠特殊的吸收器官吸取寄主的养分而生存的杂草。半寄生杂草含有叶绿素，能进行光合作用，但仍需从寄主植物上吸收水分、必需营养元素，如桑寄生和独脚金。

3. 按生态学特性分类

环境不同，可将杂草分为旱田杂草和水田杂草两大类。

据杂草对水分适应性的差异，又可分为如下 6 类：

（1）旱生型　旱生型杂草如马唐、狗尾草、反枝苋、藜等，多生于旱作物田中及田埂上，不能在长期积水的环境中生长。

（2）湿生型　湿生型杂草如稗草、鳢肠等，喜生长于水分饱和的土壤，能生长于旱田，不能长期生存在积水环境。若田中长期淹积水，幼苗死亡。

（3）沼生型　沼生型杂草如鸭舌草、节节菜、萤蔺等，根及植物体的下部浸泡在水层，植物体的上部挺出水面。若缺乏水，植株生长不良甚至死亡。

（4）沉水型　沉水型杂草如小茨藻、金鱼藻等，植物体全部浸没在水中，根生于水底土中或仅有不定根生长于水中。

（5）浮水型　浮水型杂草如眼子菜、浮萍等，植物体或叶漂浮于水面或部分沉没于水中，根不入土或入土。

（6）藻类型　藻类型如水绵等低等绿色植物，全体生于水中。

二、杂草对农作物危害及药用植物草害问题

1. 杂草对农作物生长影响

农田杂草严重影响农作物的产量和品质，在世界范围内农田杂草曾经对农作物的产量影响巨大。农田杂草对农作物的危害主要表现在以下几个方面：

（1）吸收大量水分　据研究得知，生长 1kg 小麦干物质需水 256.5kg，而藜和猪殃殃形成 1kg 干物质分别需水 320kg 和 406kg。杂草之所以能吸收大量的水分，是由于其具有庞大的根系，如燕麦根长可达 2m，田蓟 3 年之内根深可达 72m。

（2）杂草根系吸肥力很强　据调查，若每平方米有杂草 100～200 株，收获作物时每亩可减产 50～100kg，即杂草每亩可吸走氮 4～9kg、磷 1.25～2kg、钾 6.5～9kg。

（3）干扰作物生长　杂草生长不仅占据地上空间，而且占据地下空间，严重地阻碍了作物根系的下扎和扩张。杂草由于长期适应的结果，地上部分非常茂

密，和作物争日光，同时严重影响了通风、透光性，使地表温度降低，抑制了作物的生长。

（4）增加了病害的繁殖和传播　田间许多杂草都是作物病虫害的中间寄主，主要寄生在苣荬菜、旋花、苍耳、荠、毛地黄上，主要危害棉花、大豆、苜蓿、瓜类等作物。稻苞虫主要寄生在芦苇、酸模上，主要危害水稻。黏虫主要寄生在狗尾草、稗、马唐上，主要危害禾谷类作物。潜叶蝇主要寄生在稗草、三棱草、蒲草上，主要危害水稻。

（5）增加管理用工和生产成本　据统计，目前我国农村除草用工约占田间劳动的1/3～1/2。如草多的稻田和棉花田，每亩用于除草往往超过10个工。

（6）降低产量和质量　据实验证明，每穴水稻夹有1株稗草时可减产35.5%，2株稗草可减产62%，3株稗草可减产88%。一般杂草造成减产为10%～15%。同时，作物的品质也有所下降，如使春小麦籽粒蛋白含量降低0.9%～2.3%，向日葵籽粒脂肪含量降低1%～2%。

2. 杂草对药用植物生长的影响

（1）杂草对药用植物的危害　杂草是农业生态系统中的重要组成部分，严重影响药用植物的产量和品质。在药用植物生产中，每年因杂草引起减产的比例在5%～10%，严重的可达30%以上。但采用不恰当的除草方式、过度使用除草剂或长期施用单一类型除草剂可能引发药用植物药害问题和杂草抗性问题，将使田间杂草种群结构改变，恶性杂草出现，加大杂草防除难度。如利用大于25%灭草松水剂进行黄芪苗期除草会对黄芪苗产生药害等。

杂草主要通过改变药用植物生长的生物和非生物环境直接或间接对中药材产量和品质产生有利或不利的影响。一般认为杂草对药用植物产生不利影响的主要原因是：①部分杂草竞争能力很强，会与药用植物争夺地上和地下空间的生长资源；②部分杂草会释放化感物质抑制药用植物的生长发育；③部分杂草可能成为病虫害的中间寄主，为药用植物的病和虫提供栖息场所，提高药用植物遭受病虫侵害风险；④妨碍收获作业，增加生产成本。

（2）杂草对药用植物的有利影响

① 调节种间互作关系。生物环境的改变主要涉及杂草与作物种间互作关系的变化。杂草与作物的种间互作关系主要包括竞争、互利共生、寄生、化感作用等。当杂草与作物间是种间促进作用时，一般对作物产量和品质的提高有直接的促进作用。如麦田主要杂草麦仙翁能通过根系向土壤中分泌释放赤霉素、麦仙翁素和尿囊素，促进小麦的生长发育、增加产量和改善品质。当杂草与作物间是种间竞争时，可能激发作物因竞争胁迫产生次生代谢产物的应激反应。这对于以次生代谢产物为有效成分的药用植物来说，可以直接起到提高药材品质的作用；而对于次生代谢产物能引发对杂草的化感作用的药用植物来说，可以起到抑制杂草

生长、增强药用植物自身与各类杂草种间竞争能力的作用，从而间接促进药用植物的生长发育。已有研究报道青蒿和龙须草对紫茎泽兰幼苗的化感抑制作用，有利于二者在紫茎泽兰入侵群落中伴生生存。部分杂草还可以减轻某些作物的自毒作用，缓解作物的连作障碍，但有关杂草减缓药用植物连作障碍方面的研究还尚少。另外，增加杂草群落的多样性（物种数量和物种组成）相当于增加了一系列具有不同物候和资源需求的杂草，降低了与作物发生生态位重叠的可能性，一定程度上减弱了杂草对作物的竞争作用，从而减少了作物产量损失。如 Storker 和 Neve 研究发现，将麦田杂草的物种丰富度从 7 种增加到 20 种，可使得由杂草引起的小麦产量损失量从 60%下降到 30%。

② 调节土壤微生态环境。杂草通常具有发达的根系，可以在一定程度上缓和大风、暴雨等对地面的侵蚀和冲刷，减少水土流失，尤其对荒沙地和坡地用地起到防风固土的作用。杂草对土壤的遮盖则可以防止土壤水分过度蒸发，有利于土壤持水，同时调节土壤温度。杂草还能在土壤中形成孔隙，改良土壤结构；吸附和保存可能会从土壤流失的营养，改善土壤理化性质，如增加速效磷和速效钾储量。通过杂草还田或者豆科类杂草固氮，还能增加土壤有机质含量，提高土壤肥力。此外，保留杂草多样性还可以提高土壤益生菌数量，降低病原菌数量。如姜莉莉等研究表明，在苹果园行间种植长柔毛野豌豆，可促进土壤亚硝化螺菌和绿僵菌等有益菌的增殖，在一定程度上提高土壤有机质及养分含量，改善土壤微生态环境，从而促进苹果产量和品质的提升。

③ 调节地上光环境。杂草不仅能为地表遮阴，也能为作物遮阴。这样可以避免作物因过度的叶面水分蒸腾和高温炙烤而失水死亡，更重要的是可以调节作物生长所需的光环境。杂草可以改变药用植物接受的光照强度、光质和光照时间等，从而影响药用植物生长发育、生理生化特性（如光合特性、酶活性等）以及次生代谢产物的积累。如遮阴处理可以使凉粉草、水田七以及牛耳枫的茎秆变细、茎变长；光照强度增强会使毛瓣金花茶叶中的叶绿素总含量、类胡萝卜素含量以及叶片抗氧化酶活性降低；红蓝混合光和蓝光照射条件下更有利于姜黄次生代谢产物的合成；采用 4 周 16/8h 光周期处理时水飞蓟的总酚含量最高。

④ 调节有害生物自然控制作用。杂草通过光合作用将太阳能和空气中的二氧化碳转化为植物所需的能量和营养，能为许多昆虫、动物和微生物提供食物，创造有利的栖息、繁衍场所，促进其种群的发展。保留一定数量的杂草，一方面可以帮助转移病虫的攻击目标，帮助分流药田中的有害生物，缓解对作物的伤害；另一方面可以吸引和为更多有益生物提供生存环境，增加有益生物的数量、多样性和控害效能，降低害虫的数量和危害程度，实现有害生物的自然控制，进而促进植物的生长发育、繁殖和品质提升。通过分析全球 2900 余组多种与单/纯种植物种植的比较试验数据发现，在农业生态系统中，只需要在主栽作物田块通

过种植诱集植物、间套作、果园生草等措施添加 1 种植物，便可明显增加主栽作物上天敌的数量和多样性；在陆地生态系统，增加植物物种多样性有促成植食性昆虫、天敌和植物三营养级联动的倾向，尤其在多样化种植的农业系统，营养级功能群之间的联动效应更加明显。另外，部分杂草自身能分泌或分解产生化感物质（包括原生和次生代谢产物），可以有效防控病虫草害。这种情况下，科学保留和配置杂草避免或减少了化学农药和除草剂的施用，有助于减少中药材的农残问题，提升中药材产量和品质。

⑤ 其他作用。部分杂草（如葎草、灰绿藜、艾蒿、苣荬菜等）对有害气体或者有害金属具有较强的吸附能力，可帮助净化空气、土壤及水体，消除环境污染。在综合考虑杂草的其他影响上，适当保留这部分杂草有助于净化药材生长环境，减少有害物质在中药材上的积累和残留。

第四节　杂草绿色防控与化学除草剂

对药用植物而言，杂草是一把双刃剑，利弊共存。从种间相互关系、土壤微生态环境、光环境、有害生物自然控制等方面分析，杂草对中药材生产除产生有害的影响外，还产生可能有利影响的机制。因此，在药用植物生产过程中，可采用“药草平衡，总体最优”“保益除害，增益控害”，即采用生态平衡理论绿色防控技术，包括免耕控草、秸秆覆盖治草、轮作治草、以草治草、利用作物竞争性治草、化感作用治草等。

一、药用植物杂草绿色防控原则和技术

1. 药用植物杂草绿色防控原则

（1）“药草平衡，总体最优”原则　杂草是药田生态系统不可或缺的重要组成部分，除草决策时要以“药草平衡，总体最优”为原则，既不任草滋长，也不可见草就除，低密度的杂草是可以容忍的。如经过试验研究发现除草对作物产量无显著影响，便可以不开展除草实践。杂草对栽培植物的竞争一般是随着杂草幼苗的生长从无到有、从弱到强逐渐发展的。当杂草感染度达到竞争临界期即杂草发生密度足以抑制药用植物生长发育，影响收割或造成减产、低质时，才是进行杂草防除的必要和关键时期。过早除草可能会做无用功，甚至反过来影响栽培药用植物生长发育，而过迟除草则对栽培药用植物产量的影响无法挽回。有研究发现除草处理反而显著抑制了暗紫贝母第 1 个月的生长高度，但对第 2～3 个月的生长高度无显著影响。

（2）“预防为主，综合防治”原则　除草实践中应坚持“预防为主，综合防治”的原则。首先，做好预防措施，如可以通过建立杂草检疫制度、清除田地边和路旁杂草、施用腐熟的有机肥、清选种子等措施防止生态系统以外的杂草种子进入药田。其次，当杂草构成田间危害时，需要充分认识到任何单一的方法都不可能完全有效地控制杂草，应在充分考虑杂草种类、栽培药用植物种类以及不同地区自然条件、经济和文化习俗等的差异对除草实践的重要影响的基础上，将多种杂草防治方法有机结合起来，开展可行性分析和综合效益评估，制定“适地适草适药”的综合控草体系，并在实践中检验，逐步优化和完善。

（3）“保益除害，增益控害”原则　除草实践中应尽量保护益草、杀除害草，充分利用中药生态系统与环境优势，最大限度发挥自然天敌的控害作用。同时，积极利用有益的农业技术措施（如轮作、复合种植等）改变杂草与药用植物间的干扰平衡，提高药用植物的相对干扰力，使干扰向有利于药用植物的方向移动。

2. 几种常见的杂草生态防治技术

生态防治是指在充分研究认识杂草的生物学特性、杂草群落的组成和动态以及“作物-杂草”生态系统特性与作用的基础上，利用生物、耕作、栽培技术或措施等限制杂草的发生、生长和危害，维护和促进作物生长和高产。目前常用于药田杂草的生态防治方法主要包括免耕控草、秸秆覆盖治草、轮作治草、以草治草、利用作物竞争性治草、化感作用治草等。

（1）免耕控草　不同的土壤耕作方式会影响杂草种子在土壤中的垂直分布，使种子所处的条件如埋藏深度、水分、光照等发生改变，从而间接影响杂草种子的休眠萌发状况，进而影响到农田杂草的发生。相比犁耕和耙耕，免耕是对土壤干扰程度最轻的一种耕作方式。免耕使分布在土壤表层的杂草种子比例提高，即杂草种子库密度增大。对于那些种子在土壤表层更易于生存、萌发或出苗的杂草种类来说，免耕会大大增加其种群密度，但这类杂草往往发生早且萌发整齐，采用免耕结合秸秆覆盖等方式可有效控制其生长。

（2）秸秆覆盖治草　秸秆覆盖又称秸秆还田，可用于还田的秸秆主要包括麦秸秆、稻草、玉米秆和苇草等。秸秆覆盖能控制杂草的主要原因有两点：一是能遮光降温，形成物理屏障作用，控制杂草种子萌发需要的必要条件，二是能分泌对杂草种子发芽和幼苗生长起抑制效果的化感物质如葡萄糖苷、酚类、萜类、生物碱、异羟肟酸等次生代谢产物。另外，秸秆覆盖不仅能有效控草，还能衍生许多附加功能，如保持水土、调节土壤温度、增加土壤有机质含量，改善土壤结构，增强土壤保墒抗旱能力、提高土壤肥力、保护天敌等，营造优质高产的生态环境。秸秆覆盖在中药材种植中应用较为广泛。如浙江磐安县地区 1300 多公顷的元胡和贝母基地种植过程都采用了秸秆覆盖技术，其杂草防除以及增产增收效果显著；秸秆还田可改善附子生长发育及产量，但对其品质无明显作用；覆盖玉米秆或者稻草有助于半夏生长后期琥珀酸的累积。

除了常见的小麦、玉米、稻草等秸秆覆盖物，药用植物种植中也可采用一些木本植物叶子作覆盖物控制杂草。有人利用落叶松针覆盖抑制重楼、三七、黄精、黄芪等药材种植中杂草生长的方法，其做法如下：先按常规方法将滇重楼等药用植物的种子均匀地撒播在预处理好的种植地块中并撒上一层细土，或按常规方法在预处理好的种植地块种植药用植物的种苗；然后将落叶松针均匀覆盖在种植地块表面，使地块表面无明显的显露，再按常规育苗方法进行水肥管理；种子出苗后，再按常规方法移栽和水肥管理，并在地块表面均匀覆盖落叶松针，保证药用植物正常生长透气和透光；通过覆盖落叶松针，抑制药用植物周围杂草的生长。

（3）轮作治草　轮作治草是利用不同作物间交替或轮番种植的种植方式防止或减少伴生性杂草，尤其是寄生性杂草的危害。有研究表明，轮作对杂草的影响主要体现在对杂草群落和杂草种子库的影响上，它可以通过多种因素的作用降低地上杂草群落杂草密度和土壤杂草种子库种子数量，并且可以借助由轮作引起的诸多条件的差异维持较高的杂草生物多样性。轮作对杂草群落的影响主要表现为：①进行多种具有不同生活周期的作物轮作可以有效减少大多数杂草的优势度，而使某种或者某些杂草不会成为杂草群落的主要优势种。②不同物候作物的长期轮作可以减少杂草种子的产生和种子库中一年生阔叶杂草物种的丰富度，进一步降低杂草群落往单一杂草种群发展的可能性。轮作治草的效果受到轮作作物多样性、轮作作物的选择和作物栽培的顺序、种植制度、轮作年限等多种因素的影响，并从作物属性、田间环境、耕作方式、植物间化感作用、土壤营养水平、土壤酶含量和活性、土壤微生物和动物种群与数量等条件的差异方面，阐述轮作对杂草群落和种子库影响的机制。合理的作物轮作可以维持杂草群落和杂草种子库的生物多样性与稳定性，兼顾杂草控制和杂草生物多样性保护的平衡，实现农田经济效益和生态效益的有机统一。泽泻与水稻或者莲轮作均能减少田间杂草的发生，并且泽泻与莲轮作模式获得的经济效益和生态效益要高于泽泻与水稻的轮作模式；泽泻与莲轮作比与水稻轮作增收近 2 倍，且种植泽泻能克服莲的化感作用，减少莲瘟和莲腐病的发生，既能防止莲群衰退，又可以提高莲藕的产量。

（4）以草治草　以草治草主要有三种模式：一是在作物种植前或在作物田间混种、间（套）种可以利用的草本植物（替代植物）；二是改裸地栽培为草地栽培或地被栽培（在有植被分布的农田种植某种作物的方式），确保在作物生长的前期到中期田间不出现大片空白裸地或被杂草侵占，大大提高单位面积上可利用植物的聚集度和太阳能的利用率，减轻杂草的危害；三是用价值较大的植物替代被有害杂草侵占的生境。如在金银花行间套种紫花苜蓿可有效减少金银花行间杂草和病虫的危害，减少除草剂和农药的使用，既能提高金银花产量，又能在紫花苜蓿增收的同时减少金银花行间的水土流失，具有良好的生态效益。在茶园或果园行间种植绿肥作物的研究与应用报道更多，不仅能较好地控制杂草，还有培肥地力的效果。在紫茎泽兰入侵早期，利用紫穗槐和黄花蒿作生物替代，可有效防控紫茎泽兰入侵蔓延。

（5）利用作物竞争性治草　利用作物竞争性治草主要是为了提高单一或多个作物的个体和群体的竞争能力，使作物能够充分利用光、水、肥、气和土壤空间，减少或削弱杂草对相关资源的竞争和利用，达到控制或抑制杂草生长的目的。构建作物对资源的竞争优势主要有两种途径：一是通过选用优良品种，早播早管，培育壮苗，促进早发、早建作物群体；二是混种或间（套）作具有不同生长发育特性的作物，利用作物间的互补优势。我国北方的春大豆或江淮流域的夏大豆在种植过程中就很重视优良种子选择在杂草防控中的应用。利用多种作物资源互补的竞争优势控草则更为常见。如将三桠苦与千里香套作，二者可以分处高低两层，不仅可以充分利用空间资源，三叉苦还可以为千里香遮阴，其叶片和修剪后的侧枝腐烂后还田还能肥田并阻止杂草发育，为千里香创造了更适宜的生长环境，促进了其产量的提高；芜根为二年生植物，种植当年10月即可采收，其生长速度快，能快速占据唐古特大黄的中间空地，防治杂草蔓延，将唐古特大黄和芜根套种可有效降低唐古特大黄药材田间除草成本，还能实现双收。值得注意的是，作物对杂草的控制受作物品种、种植密度、种植行距和行向、土壤耕作和水肥管理等因素的影响，因此，在利用作物竞争性治草实践时需要对其中的关键技术进行深入研究论证。

（6）化感作用治草　化感作用治草是指利用某些植物及其产生的有毒分泌物质有效抑制或防治杂草的方法。化感物质对杂草的作用机理主要有三点：①抑制植物根尖生长点的细胞分裂；②破坏植物正常的能量代谢，阻碍三磷酸腺苷的形成，抑制呼吸作用；③阻碍蛋白质的合成，破坏酶反应。化感作用治草的主要途径有两种：一是利用化感植物间合理间（套）轮作或配置，趋利避害，直接利用作物或秸秆分泌、淋溶化感（克生）物质抑制杂草；二是利用化感物质人工模拟全天然除草剂治理杂草。如通过向阳花和燕麦的轮作可以有效控制田间阔叶杂草的生长。很多药用植物本身对杂草就有化感作用，如薰衣草、薄荷和罗勒属植物提取物可以抑制麦田杂草的种子萌发；艾的挥发油可以显著抑制稗草、三叶鬼针草和青葙等3种杂草幼苗的生长；角茴香根和地上部分水浸液可以抑制反枝苋种子的萌发和幼苗根的生长。这些药用植物的化感物质具有作为除草剂的先导化合物而进行开发利用的可能性。利用化感物质开发除草剂具有结构新、靶标新、对环境安全、选择性强的特点，在杂草治理中具有很重大的应用前景。当然，杂草与作物之间的化感作用是双向的，在利用化感作用进行杂草科学管理时需注意采取一定措施控制杂草对作物的抑制作用，利用作物对杂草的抑制作用，如可通过栽培管理措施（合理轮作、合理的种植密度、适当覆盖、免耕等）提高作物对杂草的抑制作用，进行抗杂草基因的转移和物种选育，培育抗杂草作物品种，开发生物除草剂等。

(7) 杂草生物防治　杂草生物防治的种类主要包括以虫治草、以菌治草、利用禽和鱼除草。

① 以虫治草。香附子是农田中常见的杂草，有人研究发现，取食香附子的尖翅小卷蛾，其初孵幼虫可沿香附子叶背行至叶心，吐丝并蛀入嫩心，使叶心失绿萎蔫而死，继而蛀入鳞茎，咬断输导组织，致使香附子整株死亡。以虫治草的昆虫必须满足以下条件：寄主专一性强，只伤害靶标杂草；生态适应性强；繁殖力强；对杂草防治效果好。

稗草螟属鳞翅目螟蛾科拟卷螟亚科，是主要为害稗草的一种益虫。它专一性取食稗草，成虫常趋集于稗草植株上产卵，幼虫喜群集于稗草植株上取食。应该注意保护和人工规模扩繁，用于药园防治稗草。

在生长空心莲子草水域释放莲草直胸跳甲成虫。每公顷水域释放 1000～3000 头虫，可控制其蔓延，但对陆生型空心莲子草防效不佳。除莲草直胸跳甲外，还有阿根廷跳甲、虾钳菜披龟甲等。这些跳甲类的幼虫和成虫取食叶片，幼虫还啃食嫩茎秆，大龄幼虫蛀孔茎秆内化蛹。该虫食性专一，食光叶片后，成虫迁飞转移。应用时应加强对莲草直胸跳甲虫源保护，避免人为铲除，需提供繁衍栖地，不断扩散并建立优势种群。

② 以菌治草。有的菌类对杂草具有良好的防治效果。具有寄生性的锈病和白粉病，能抑制难以根除的苣荬菜、红矢车菊、田旋花等顽固性杂草。锈病能使大蓟的茎、叶变形直至停止生长，可致使 80%的大蓟死亡。

利用马唐黑粉菌及弯孢霉生防菌，还有从感病叶片上厚垣孢镰刀菌分离的分生孢子液对马唐都有很好的防效，鲜重防效达 90.2%。还有报道有色杆菌属、小单孢子属真菌以及拉宾黑粉菌、马唐炭疽菌等，对马唐均有一定的防效，将在马唐绿色防控中发挥重要作用。

空心莲子草致病的真菌有半知菌亚门丝孢纲和腔孢纲，已鉴定有镰孢菌属、假隔链格孢属、链格孢属、柱隔孢属、炭疽菌属、丝核菌属、尾孢属等，这些真菌菌株对空心莲子草有强的致病性，环境安全，是具有潜在开发应用价值的生防真菌。

③ 利用禽、鱼除草。利用禽、鱼既可除去杂草，又可将杂草转化成禽、鱼的有机饲料，如在水生药用植物田放鸭（鹅）除草。待水生植物成株后，将鸭赶入水田中可吃掉部分杂草。此外，在水体中开展养鱼除草，也能收到良好效果。如草鱼对杂草的食量很大，对茭白田 15 科 20 余种杂草都有抑制作用。在高秆旱地作物田中，将鸭赶进田中取食杂草，也能收到良好的除草效果。

二、化学除草剂的安全使用

人们除利用生物、生态、物理、机械等方法防除杂草外，利用除草剂防除杂草已成为最为普遍的除草方式。使用化学除草剂大幅度提高了劳动生产率，是实现农业现代化必不可少的先进技术，成为农业和中药材高产、稳产的重要保障。随着农业生产水平的提高，人们越来越认识到除草剂的重要作用。目前，几乎所有农作物已普遍使用化学除草剂，而且药用植物的种植过程也离不开化学除草剂防治杂草。

1. 化学除草剂安全使用基本原则

（1）根据化学除草剂的选择性，选择使用除草剂　必须注意化学除草剂的选择性、专一性和时间性，不可误用、乱用除草剂，防止杀死幼苗。在防治禾本科药用植物田的阔叶杂草时，采用苯氧羧酸类除草剂，可防治大部分阔叶杂草，如知母田可用氯氟吡氧乙酸、二甲四氯等进行对阔叶杂草的防治，而对知母无伤害。防治阔叶（双子叶）药用植物田的禾本科杂草，可选择芳氧苯氧基丙酸酯类除草剂。但安全也是相对的，比如高效氟吡甲禾灵对牡丹苗和蒲公英有药害，部分精喹禾灵对蒲公英也不安全，这需要种植户在使用过程中进行观察总结。

（2）严格掌握限用剂量　除草剂使用应综合具体土质，考虑农田小气候，严格按药品说明规定的剂量范围、用药浓度和用药量使用。如磺酰脲类除草剂，此类除草剂属超高效类，用量极低，亩用量有效成分在 0.5～2.5g 之间，如按常用除草剂的浓度施用，必将产生植物药害，并需休田 2～3 年。一般贫瘠沙性土壤除草剂渗透性很大，药材易受药害，用药量要小，甚至忌药；多雨季节土壤墒情好，应低剂量用药；杂草出芽整齐、密度低，剂量应小些；地膜覆盖因温湿度条件好，用药量也应减少。

（3）合理混用药剂　两种以上除草剂混合使用时，要严格掌握配合比例和施药时间及喷药技术，并要考虑彼此间有无拮抗作用或其他副作用。可先取少量进行可混性试验，若出现沉淀、絮结、分层、漂浮、变质，说明其安全性已发生改变，不能混用。此外，还要注意混合剂增效功能，如杀草丹和敌稗混合剂的除草功效比各单剂除草功效的总和要大，使用时要降低混合剂药量（一般在各单剂药量的 1/2 以内），以免发生药害，保证药材安全。

（4）掌握使用技术　掌握好施除草剂的最佳时间和技术操作要领，妥善保存好药剂，防止错用，并做好喷药器具的清洗，以免误用，对其他作物产生药害。

（5）注意环境条件对除草剂的影响　温度、水分、光照、土壤类型、有机质含量、土壤耕作和整地水平等因素，都会直接或间接影响除草剂的除草效果。一些需光除草剂，如二苯醚类除草剂，在使用时需考虑当天的天气，如遇阴雨天就会失效，需在晴天施药，才能发挥药效。

（6）灵活用药　在药用植物基部采用土法施药除草时，要在无露水条件下进行，以免茎叶接触药液受害；对作物幼苗胚芽敏感的药剂，土壤处理应在播种前施药，并尽量提高播种质量，适当增加播种量；一些移栽药材因其苗大，而杂草幼小，可采取苗带（幼苗附近20～30cm宽）集中施药；对选择性差或触杀性除草剂实行保护性施药，即将药液直接喷雾或泼浇于土表，尽量不接触药材幼苗，且不能拖延至苗体旺盛、绿叶面积大时施用；若茬口允许，可在药材播栽前采取旱地浇灌、水田湿润、盖膜诱发等措施，使杂草提前萌发，再以药剂杀灭。

（7）其他　目前，市场上还没有专门用于药材的除草剂，多借用家种作物，如蔬菜、果树等的除草剂，因此，必须在有实践经验的专家或技术人员指导下购买除草剂和实施除草作业，以免造成经济损失和不良后果。

2. 药用植物常用化学除草剂的使用方法

除草剂的种类较多，在使用时需要根据具体情况选择适合的除草剂，并注意药剂的稀释剂量和使用方法。

（1）苗前除草剂　分为种前除草剂和种后苗前除草剂，都是用于封地。

种前除草剂：氟乐灵。可有效防除马唐、狗尾草、牛筋草、马齿苋、藜等，对一般双子叶和单子叶杂草都有很强的除草效果。氟乐灵为苗前除草剂，一般喷药过几天后再播种，以免伤害到植物的芽胚。氟乐灵容易挥发和分解，喷药后应及时混土。氟乐灵对出土的杂草无效，对多年生宿根植物的根无效，严禁在鱼塘周围喷洒。一般的中药材品种都可用，但地黄等品种不可使用。旱半夏和天南星可以灌地用。

种后苗前除草剂：二甲戊灵。在播种之后就可喷施，不用混土，封闭效果好。可用于药用植物品种白术、木香、山药、甘草、沙参、白芷、防风、射干、板蓝根、黄芪、知母、黄芩、牛膝、半夏、桔梗、远志、柴胡、蒲公英、鸡冠花、丹参等。二甲戊灵是选择性芽前除草剂，具有内吸传导性，药剂通过幼芽幼茎和根吸收，抑制幼芽和次生根分生组织细胞分裂，从而阻止杂草幼苗生长而导致其死亡，能有效防除一年生禾本科杂草和部分阔叶杂草。

注意，苗前除草剂每季作物只使用一次。

（2）苗后除草剂　选择性苗后除草剂：精喹禾灵。主要对阔叶药用植物田的禾本科杂草有很好的防效，一般的中药材品种都可以在长出真叶后使用。杂草吸收后在其体内从上向下双向传导，使杂草坏死。防效高达98%，持效期长达30天，低残留，在土壤中降解速度快，对后茬作物无残留药害。施药后24h，药液就会传遍杂草全株，2～3天内变黄，5～7天整株枯萎死亡。防除的杂草有马唐、狗尾草、野燕麦、雀麦、白茅等一年生禾本科杂草。

3. 药用植物常用除草剂

① 豆科药用植物。豆科药用植物，如黄芪、甘草、草木樨、决明子、葛根、

苦参、沙苑子等豆科中草药。氟磺胺草醚是用于豆科作物田的主要除草剂，防治苘麻、铁苋菜、三叶鬼针草、藜、鸭跖草、曼陀罗、龙葵、裂叶牵牛、粟米草、萹蓄、蓼、马齿苋、刺黄花稔、野苋、地锦草、猪殃殃、水棘针、酸浆、田菁、苦苣菜、蒺藜、车轴草、荨麻、苍耳等阔叶杂草。克服了其他苗后除草剂只杀禾本科杂草不杀阔叶草的缺点，特别适合对种植密度大、人工除草困难的豆科中草药基地除草，省工省力。由于黄芪、沙苑子等豆科植物发芽较早，苗后除草需等杂草基本出齐，在杂草生长旺期即 2～4 叶期喷施效果最好。

② 伞形科药用植物。伞形科药用植物包括白芷、柴胡、防风、川芎、当归、羌活、茴香、北沙参等。由于白芷、北沙参等伞形科植物发芽较早，苗后除草需等杂草基本出齐，在杂草生长旺期即 2～4 叶期喷施效果最好。

伞形科作物常用除草剂有以下两类：

a. 草甘膦（glyphosate）。草甘膦是一种广谱、灭生性除草剂，可以有效地控制多种杂草。它的作用机理是抑制植物体内的酶活性，从而导致植物死亡。草甘膦对伞形科植物的影响较小，因此可以安全地使用。

b. 非草甘膦类除草剂。非草甘膦类除草剂的种类较多，包括喹草酮、草铵膦、氟乐灵等。这些除草剂的作用机理各不相同，但都能有效地控制杂草。这些除草剂对伞形科植物的影响较大，因此需要谨慎使用。

③ 唇形科药用植物。唇形科药用植物包括黄芩、荆芥、藿香、丹参、薰衣草、香紫苏、夏枯草、半枝莲等。

唇形科药用植物常用的除草剂包括草甘膦、氟乐灵、二甲戊灵等。这些除草剂对杂草有很好的控制作用，但需要选择合适的药剂浓度和使用方法，以免损伤唇形科植物。

第六章

药用植物鼠害及其绿色防控

第一节　药用植物鼠害的特点

鼠害发生遍布世界各地，对于药用植物而言鼠害也是造成药用植物生长发育受阻、病害传播的重要因子。危害严重的主要是仓鼠科、鼠科、沙鼠科、松鼠科和兔科的一些种类。根据危害植物部位的差异，将害鼠分为根部害鼠、茎叶害鼠和种实害鼠。

1. 根部害鼠

根部害鼠是指主要取食植物根部的害鼠，是适于地下生活的鼠类。其中鼢鼠最为常见。鼢鼠属仓鼠科鼢鼠亚科，主要分布于我国华北、西北、东北地区，栖息于各种类型的草原、农田和幼林中。鼢鼠亚科共有 1 属 2 亚属 7 种，主要种类有中华鼢鼠、甘肃鼢鼠和高原鼢鼠。

鼢鼠是一种终年营地下生活的鼠类，取食、繁殖等一切活动都在洞道内进行，具有独特的生活习性，寿命为 3～5 年。鼢鼠以植物的地下根系为食物，食性很杂，适应性很强。在其栖息地几乎不受作物品种的限制，碰到什么吃什么。除紫苏和蓖麻外，粮食作物、蔬菜、杂草、果树及林木的幼苗、幼树等均受其害。

2. 茎叶害鼠

茎叶害鼠是指主要取食植物地上部分和嫩枝、嫩皮的害鼠。种类繁多，危害症状复杂。其中对药用植物危害严重的是田鼠亚科的一些种类，主要分布在古北界，特别是温带地区，也有的分布在新北界。全世界有 18～20 属 110～128 种，我国分布有 10 属 45 种。主要种类有棕背䶄、布氏田鼠和东方田鼠等。

3. 种实害鼠

种实害鼠是指主要取食植物种子和果实的一类鼠，主要包括鼠科和仓鼠亚科、松鼠亚科的种类。对药用植物危害严重的有鼠科的褐家鼠、小家鼠、黑线姬鼠和仓鼠科的黑线仓鼠等。

第二节　鼠害的绿色防控措施

一、农业措施

农业措施主要有：恶化害鼠生存环境，农田精耕细作，深耕除草，铲除田埂杂草，开挖鼠洞。同时及时收获成熟农作物并予以妥善贮藏，减少和破坏鼠类的滋生和繁殖场所。

二、生物防治

鼠的天敌种类很多，如食肉动物中的鼬类（黄鼬、艾鼬、伶鼬、虎鼬等）及獾、豹猫、狐狸和家猫等，猛禽类的雕、鹰、枭等，有些蛇类也是捕鼠能手。利用这些天敌可抑制害鼠种群增长，维护生态平衡。为了保护天敌，在使用化学杀鼠剂时，注意不能滥用剧毒杀鼠剂，避免天敌二次中毒。制定有效的法律法规，禁止乱捕乱杀鼠的天敌，提倡群众养猫，保护天敌栖息地，增强繁殖力。

三、物理防治

物理防治措施有：利用鼠夹、鼠笼、吊扣等工具进行抓捕及挖捕灭鼠、翻堆灭鼠，利用粘鼠板灭鼠是目前常用的灭鼠方法。粘鼠板上面有高强度的黏性物质，将其放在老鼠的必经之路上，然后放一些食物在上面引诱老鼠前来觅食，当老鼠经过粘鼠板时，就会被黏性物质粘住，再也无法从里面挣脱。

四、化学防治

依据化学灭鼠药物进入鼠体的途径，可将其分为两类：一类是经口腔进入胃肠，使鼠中毒致死；另一类是经呼吸道吸入鼠体内，使鼠中毒致死。

化学杀鼠剂具有高效和使用方便的特点，深受广大使用者的青睐。但由于部分杀鼠剂属高毒或剧毒，加之不合理使用，极易造成环境污染、人畜中毒，极易杀伤天敌。长期使用，引起害鼠的抗药性、农药残留和害鼠猖獗。因此，掌握化学杀鼠剂的特性，科学合理使用化学杀鼠剂，是提高防治鼠害效力最重要的环节。

第三节 化学杀鼠剂的安全使用

一、杀鼠剂的主要类型

根据杀鼠剂作用机理，可分为神经毒剂、呼吸毒剂和抗凝血剂。

1. 神经毒剂

神经毒剂主要是一批急性杀鼠剂，在化学结构上属于有机磷酸酯类和氨基甲酸酯类以及其他杂环化合物类，这类杀鼠剂对害鼠的毒杀作用快速，大面积使用时只需一次性投药，就可达到控制的目的。主要有除鼠磷-206 等。

2. 呼吸毒剂

作为呼吸毒剂的杀鼠剂主要有 3 种类型：呼吸酶的抑制剂，呼吸链的抑制剂，呼吸器官的破坏化合物。受药后使害鼠呼吸代谢受阻，能量供应不足而死亡。主要有亚砷酸和氟乙酰胺。氟乙酰胺由于对人畜的毒性，从 1982 年 6 月 5 日起禁止使用含氟乙酰胺的农药和杀鼠剂，并停止其登记。

氰化钙主要用于草原和田野熏杀洞内的害鼠，是剧毒药物，会引起人畜中毒，使用时应严格遵守操作规则。具有相同作用的杀鼠剂还有氰化钠等。

3. 抗凝血剂

抗凝血剂包括第一代抗凝血杀鼠剂：杀鼠灵、鼠完、克灭鼠、杀鼠醚、敌鼠和氯鼠酮。第二代抗凝血杀鼠剂：鼠得克、溴鼠隆、溴敌隆等。

抗凝血剂的作用机理为，其抑制维生素 K 环氧化物还原酶和二硫苏糖醇（DTT）依赖的醌还原酶，切断维生素 K 的再生利用，从而抑制了与之关联的羧化反应，使肝微粒体的前体蛋白不能转为具有生物活性的凝血酶原和其他凝血因子，干扰血液凝固作用。

二、杀鼠剂的安全使用

1. 安全措施

大面积使用毒饵灭鼠，需要有严密组织和技术措施作保证，毒饵的投放应由受过训练的投药员按规定要求分片负责，亲自布放毒饵。具体措施如下：

① 拿到鼠药时要先看包装袋上的说明书，再进行投放。

② 鼠药若被人或动物误食均会中毒，务必严格管理。

③ 投放毒饵注意人畜安全。皮肤接触后应及时用肥皂水洗净。

④ 投放药剂后要防止家禽进入，要避免牲畜、有益动物及鸟类误食。

⑤ 要避免小孩触摸到药剂，如误服中毒，应立即送医院抢救。

⑥ 处理药剂后必须立即洗手及清洗暴露的皮肤。

⑦ 要及时检查是否有死鼠，发现后及时清理，死鼠应烧掉或深埋，防止污染环境。

⑧ 储藏时不可与食物或食具混放，干燥保存，防止霉变。

⑨ 灭鼠毒饵应严格管理，如剩余毒饵及鼠药包装物，避免造成人畜中毒。

⑩ 农舍投放毒饵前应将家禽、家畜圈养起来，等到灭鼠结束后再放出。

⑪ 田间投放毒饵的区域应有标志，在此区域内应禁止放养家禽、家畜。取水地方及周围不得投放毒饵。

⑫ 专业投饵人员在投放毒饵时应戴上手套，不得赤手抓毒饵，尚未投放完的毒饵要集中保管，不得随意摆放。

⑬ 装过毒饵的容器要集中处理，不得再作他用。

2. 严格执行杀鼠剂安全使用的法律法规

严格按照国家规定，不使用禁用或限用的鼠药。目前国家已禁止使用的急性灭鼠药物有氟乙酸钠、氟乙酰胺、毒鼠强、毒鼠硅、甘氟等；限制使用的急性灭鼠药类有溴代毒鼠磷等。

抗凝血杀鼠剂属慢性杀鼠药剂，鼠中毒慢，反应较轻，不会引起拒食，即便吃到致死的毒饵，老鼠仍然连续取食，二次中毒少，且有特效解毒剂维生素 K_1，能较好地降低杀鼠剂毒性区的鼠害并坚固灭鼠结果，目前是我国普遍采用的灭鼠药物。

第七章

药用植物农药及其他有害物残留毒性与控制

中药材是人们用以防病、治病的特殊商品，应对人体无毒害作用。中药材一旦被农药和重金属污染，将可能对人体产生潜在的威胁，尤其是患病者，往往解毒功能较差，造成的危害比常人更大，这样不但不能治病，反而加重和延误患者的治疗。

药用植物的引种栽培是中药资源扩大和再生的主要方式。在引种栽培过程中，一些农田以往使用的农药在土壤、水体和大气的残留，以及为了提高产量、防治植物病虫草害不得不施用农药，不可避免地造成中药材农药和重金属的残留和污染。有报道表明，对常用的300余种中药材检测后发现，大部分样品中有可导致人体肝大、肝细胞变性、中枢神经和骨髓损伤的有机氯农药残留。有些生药的重金属含量超过世界卫生组织和国际粮农组织规定的限量值，这样可能会给人体的免疫系统、神经系统、生殖系统等造成损伤，甚至使人体体内有害元素随外界环境中浓度的增加而增大，形成蓄积中毒。

由于环境（如水体、土壤和空气）中残留农药，或农药施用不当，如乱混滥配、过量使用和错用农药，除污染环境外，也会对农田正在生长的作物或药用植物产生影响，即产生药害反应，导致植物中毒甚至死亡，从而对药用植物的产量及品质造成严重影响。

近年来，世界中药市场年销售额高达400亿美元，并以年10%的速度递增。但我国作为植物药生产的大国，受中药中农药、重金属残留等的影响，中药总出口额目前仅占世界植物药销售量的1%左右。因此，防止中药材农药和重金属污染已成为当前药材生产中亟待解决的重要问题。

第一节　药用植物有害物质残留主要类型

一、农药残留概念及其危害

农药残留是指农药使用后一个时期内没有被分解而残留于生物体、收获物、土壤、水体、大气中的微量农药原体、有毒代谢物、降解物和杂质的总称。施用于作物上的农药，其中一部分附着于作物上，一部分散落在土壤、大气和水体等环境中，环境残留的农药中的一部分又会被植物吸收。残留农药直接通过植物果实或水、大气到达人、畜体内，或通过环境、食物链最终传递给人类。

药用植物农药残留一般是指遗留在中药材和环境中的农药及其降解代谢产物、杂质，还包括环境中存在的持久性农药的残留物再次在中药材中形成的残留。一般来说农药残留量是指农药本身及其代谢物残留量的总和。通常情况下，农药的残留量是指药材中农药残留的数量。人吃了有残留农药的药材后而引起的毒性反应，叫作农药残留毒性。近年引起中毒的农药品种主要是有机磷农药和氨基甲酸酯农药。除了农产品农药残留会引起人畜中毒外，环境农药残留同样会引起药用植物不正常生长，即所谓药害。药害与农药环境残留有密切关系。

常见的农药残留物有：

(1) 有机氯类农药　包括六六六、DDT、毒杀芬、氯丹、狄氏剂、艾氏剂等。有机氯农药为高残留农药，已被停止生产和使用；由于部分有机氯农药结构稳定，在环境中不易降解，虽已停止生产和使用，但环境（土壤和水体）中仍残留有六六六、DDT 等农药。

(2) 有机磷类农药　广泛使用的有数十个品种，最常见的是对硫磷（parathion）、马拉硫磷（malathion）、乐果（dimethoate）、敌百虫（trichlorfon）等。这类农药在食物中停留时间较短，其残留量与使用量有关。目前，部分剧毒、高毒、高残留有机磷杀虫剂被停止或限制使用，如对硫磷、三唑磷、甲基异柳磷、敌百虫、杀扑磷（methidathion）、丙溴磷（profenofos）、甲基对硫磷、甲胺磷（methamidophos）、乙酰甲胺磷（acephate）、马拉硫磷等。

(3) 其他类农药　①有机汞类，如氯化乙基汞、乙酸苯汞等，因残留期很长，我国已停止生产和使用。②氨基甲酸酯类，如甲萘威（carbaryl），属低残留农药，但在土壤中可残留 1～2 年，瓜果、蔬菜中也有残留。③除草剂中的磺酰脲类、苯氧羧酸类、三氮苯类等长效除草剂，它们的结构相当稳定，在环境中不易降解，残留在土壤中，极易对后茬敏感作物造成药害。

已有报道，中药材中以有机氯类和有机磷类农药残留的检出率最高，并在根茎类药材中超标最为严重。人参、西洋参和黄芪被发现多批药材中有机氯含量严重超标，并且在含有挥发油的多年生三七和西洋参中更易富集。根茎类中药材的农药登记中没有有机磷类农药，然而其在三七、莪术、太子参、人参、黄连、白芷等根茎类中药材中超标都较为严重，表明有机磷类农药在根茎类药材中被不规范使用。鉴于有机氯类和有机磷类农药均具有较强的蓄积毒性，因此要重视发展相应的检测技术来保证用药安全。中药材检出农药残留的农药种类和品种见表 7-1。

表 7-1 中药材检出农药残留的农药种类和品种

农药种类	农药品种	特点	检出的中药
有机氯类	DDT、六六六、七氯、百菌清、艾氏剂等	脂溶性，化学结构稳定，环境中不易降解，可通过食物链富集到人和畜	丹参、当归、天麻、黄芪、甘草、玉竹、百合、金银花、山银花、菊花、绵萆薢、桔梗、人参、西洋参、三七等
新烟碱类	吡虫啉、啶虫啉、噻虫啉	低毒性，害虫不易产生抗性	白芍、金银花、白花蛇舌草等
有机磷类	毒死蜱、敌百虫、乐果、辛硫磷	毒性强，广谱高效，环境中容易降解	薄荷、荆芥、连翘、黄芪、紫胡、浙贝母、三七、莪术、人参、太子参、黄连等
拟除虫菊酯类	联苯菊酯、氯菊酯、氰戊菊酯、氟氰戊菊酯等	强效性，灭虫快，在机体内易代谢	金银花、甘草、黄芪、当归等
氨基甲酸酯类	灭多威、涕灭威等	广谱性，作用时间长，具选择性	党参、干姜、丹参、白芍、大枣等

二、重金属概念及其危害

重金属是指密度大于 4.5g/cm^3 的金属，包括金、银、铜、铁、汞、铅、镉等。在环境污染方面，重金属主要是指汞（水银）、镉、铅、铬以及类金属砷等生物毒性显著的重金属元素。

重金属非常难以被生物降解，相反却能在食物链的生物放大作用下成千百倍地富集，最后进入人体。重金属在人体内能和蛋白质及酶等发生强烈的相互作用，使蛋白质及酶变性并失去活性，也可能在人体的某些器官中累积，造成慢性中毒。

中药材中重金属一般包括铅（Pb）、镉（Cd）、砷（As）、汞（Hg）、铜（Cu）5 种有害元素，其中一些虽然是人体必需的微量元素如铜、铁、锌，也有些相对低毒性的如镍和铬，但是它们在人体内蓄积一定量或价态改变仍具有很强的毒性。砷虽不属于重金属，但因其来源以及危害都与重金属相似，从毒理学角度考虑，通常列入重金属范畴。

中药材重金属污染主要来源：一是与其生长的环境条件有关，如土壤、大气、水、化肥、农药的施用，以及工业“三废”对中药材的直接污染和间接污染；二是与植物本身的遗传特性、主动吸收功能和对重金属元素的富集能力有关。另外，中药材在采集、运输、加工成饮片以及制剂过程中的污染也是重金属污染的一个重要途径。储藏中为防治霉变、虫害和鼠害，使用含重金属元素的仓储熏蒸剂、辅料，或容器含有重金属元素，也可能造成污染。

另外，中药有些矿物药中含有这些元素，例如铅粉、铅丹中含有铅，朱砂中含有汞，雄黄中含有砷，入药后易引起重金属含量超标。

三、黄曲霉毒素和其他真菌毒素

黄曲霉毒素（AFT）是黄曲霉和寄生曲霉等某些菌株产生的双呋喃环类毒素。其衍生物有约20种，分别命名为黄曲霉毒素 B_1、B_2、G_1、G_2、M_1、M_2、GM、P_1、Q_1，黄曲霉毒醇等。其中以 B_1 的毒性最大，致癌性最强。黄曲霉毒素主要污染粮油及其制品，各种植物性与动物性食品也能被污染。产毒素的黄曲霉菌很容易在水分含量较高（水分含量低于12%则不能繁殖）的禾谷类作物、油料作物籽实及其加工副产品中寄生繁殖和产生毒素，使其发霉变质，人们通过误食这些食品或其加工副产品，又经消化道吸收毒素进入人体而中毒。

《中华人民共和国药典》必检黄曲霉毒素的药材要求黄曲霉毒素 B_1 不得超 $5\mu g/kg$；黄曲霉毒素 B_1、黄曲霉毒素 G_2、黄曲霉毒素 G_1、黄曲霉毒素 B_2 总量不得超 $10\mu g/kg$。企业可以采取加强种植管理、使用生物竞争抑制、控制药材及原料药的水分含量等措施来防范黄曲霉毒素污染药材。

在药品监督管理部门抽检中，时常发现中药材（酸枣仁、柏子仁、远志等）在黄曲霉毒素含量测定中不合格的情况特别多，常被列入不合格率较高的中药材及饮片。2020年版《中华人民共和国药典》中规定检测黄曲霉毒素的品种有：①根及根茎类，如远志、延胡索等；②果实种子类，如大枣、肉豆蔻、决明子、麦芽、陈皮、使君子、柏子仁、胖大海、莲子、桃仁、槟榔、酸枣仁、薏苡仁、马钱子等。中药材中主要黄曲霉毒素类型及它们的化学结构见图7-1。

中药材在储存、加工和运输等过程中，一旦有适合真菌生长的温度、湿度、光照、酸碱度和渗透压等环境条件就有可能产生真菌毒素，危及人体健康和带来经济损失。目前中药中受到关注的真菌毒素除黄曲霉毒素外，还有赭曲霉毒素、玉米赤霉烯酮和伏马菌素。

赭曲霉毒素（ochratoxins）是由多种曲霉和青霉菌产生的一类化合物，依其

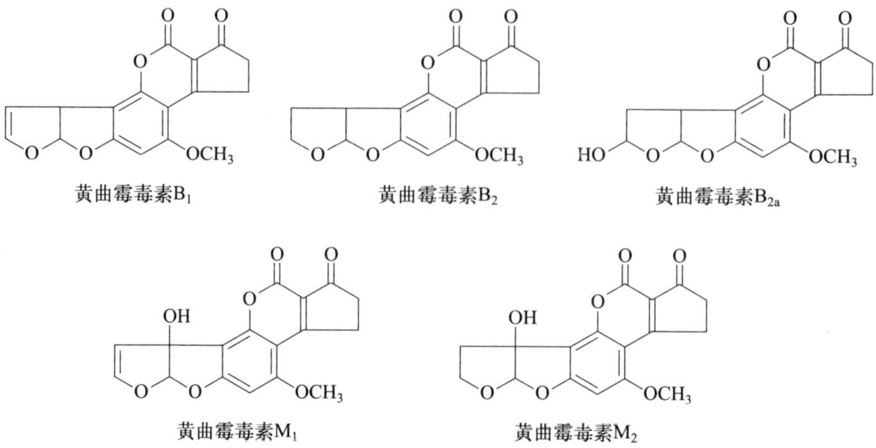

黄曲霉毒素B_1　　黄曲霉毒素B_2　　黄曲霉毒素B_{2a}

黄曲霉毒素M_1　　黄曲霉毒素M_2

图 7-1　中药材中主要黄曲霉毒素类型及化学结构式

发现顺序分别称为赭曲霉毒素 A（OTA）、赭曲霉毒素 B（OTB）和赭曲霉毒素 C（OTC）。

玉米赤霉烯酮：主要由禾谷镰刀菌产生，粉红镰刀菌、串珠镰刀菌、三线镰刀菌等多种镰刀菌也能产生这种毒素。玉米赤霉烯酮有多种衍生物，例如 7-脱氢玉米赤霉烯酮、玉米赤霉烯酸、8-羟基玉米赤霉烯酮等。

伏马菌素是由串珠镰刀菌产生的水溶性代谢产物，是一类由不同的多氢醇和丙三羧酸组成的结构类似的双酯化合物。

真菌毒素具有致癌、诱变、免疫抑制、肾毒性和致畸性等毒性特点。黄曲霉毒素是世界上毒性最强的真菌毒素之一，其研究和监测广受重视。Zhao 等研究发现含脂肪油的中药材最容易受到黄曲霉毒素的污染，其次是含多糖和蛋白质的中药材，挥发油含量高的中药材不容易被污染。测定 21 种中药饮片中的几种真菌毒素的含量，结果柏子仁和薏苡仁中全检出黄曲霉毒素，且 75%的柏子仁中黄曲霉毒素含量超出了法定标准限量，不合格率较高。赭曲霉毒素也是一种毒性较强的真菌毒素。研究者检测来自不同产区的 57 种中药材，其中 44%的样品检出赭曲霉毒素，同时研究还表明了中药材受赭曲霉毒素污染的程度与发霉程度并不成正相关。因此，为了保证安全，不能靠外观断定药材是否有赭曲霉毒素的污染。此外在人参、姜黄、连翘、葛根、麦芽等中药材中也检出赭曲霉毒素。同时其他真菌毒素也在中药材中频繁检出，比如地龙、薄荷、三七等药材中检出伏马菌素，薏苡仁、瓜蒌皮中检出玉米赤霉烯酮。真菌毒素在中药材中普遍存在，故要加强防护措施，并且有针对性地进行风险评估。

四、二氧化硫危害

中药材收获后，人们常用硫黄熏蒸中药材。硫黄燃烧后产生二氧化硫，可以直接杀死药材内部的害虫（成虫、卵、幼虫和蛹），抑制细菌和真菌繁殖；二氧化硫与药材的水分结合生成亚硫酸，具有脱水漂白作用；二氧化硫能破坏药材表皮细胞，促进药材干燥，同时破坏酶的氧化系统，使其中的单宁物质不会被氧化变褐色。

有些药材本身就含有微量的二氧化硫，一般中药材二氧化硫的生理残留量在0～10mg/kg。

药农和药商为了药相好看，同时防虫、防霉，过量使用硫黄熏蒸，造成大量的二氧化硫残留，甚至产生毒性。二氧化硫残留超标，一是污染空气；二是对人体健康有害，尤其是肝肾功能不全者，损害更为严重，常会导致服用者发生哮喘、咽喉疼痛、胃部不适等不良反应；三是熏制药材所用硫黄多为天然品，含一定量的二硫化砷，燃烧后与空气发生氧化反应，生成三氧化二砷（剧毒成分砒霜）；四是对药材的品质及药效也有所影响，如当归气弱，党参、山药、玉竹、沙参变酸等。自2005年版《中华人民共和国药典》开始，取消所有药材加工中硫黄熏制方法，并对二氧化硫限量做了具体要求。2010年版《中华人民共和国药典》第二增补本规定除山药、牛膝、粉葛、天冬、天麻、天花粉、白及、白芍、白术、党参等10味药材及其饮片二氧化硫残留量不得超过400mg/kg，其余中药材及饮片中二氧化硫残留限量值均不得超过150mg/kg。

第二节　药用植物残留有害物质毒性

一、农药残留毒性

1. 有机磷类农药

有机磷类农药（OPs）是应用最广的杀虫剂，其结构通式见图7-2。

OPs的毒性取决于其结构中心P原子的电正性，4个位点的取代基种类和构型对其毒性均有显著影响。一般来说，组成、结构相似的OPs，分子长度越长、分支越多、环和杂原子类型及数目越复杂，其毒性就越强。《中华人民共和国药典》2020年版禁用的33种农药涉及OPs 19种，包括甲胺磷、甲基对硫磷、久效磷等。

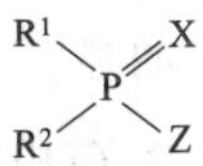

R^1, R^2, P, X, Z

图7-2　有机磷类农药结构通式

OPs是我国使用量最大且中毒发生率最高的一类有机农药。目前，相关报道证实禁用的OPs能够引起神经毒性、内分泌与生殖毒性、免疫系统毒性和肝脏毒性。

（1）神经毒性　OPs的神经毒性主要通过抑制体内胆碱酯酶水解乙酰胆碱的能力，进而导致胆碱能在神经突触中蓄积乙酰胆碱，引起毒蕈碱样、烟碱样和中枢神经系统症状。此外，长期暴露于低剂量的OPs，会降低人体血液中胆碱酯酶的活性。据文献报道可知，上述禁用的OPs均具有神经毒性。其中，甲胺磷作为最典型的代表，中毒后会引发迟发性神经毒性，诱导患者出现肢端感觉异常、无力、四肢运动障碍、肌肉萎缩等症状。据郑容远报道，甲胺磷中毒病人头痛、头晕等急性症状消失后，经过10～30天潜伏期，少数病人仍可引起迟发性神经病变。此外，甲胺磷引起的迟发性神经病变还可破坏神经细胞膜内外离子梯度调节机制，导致神经纤维结节间水肿、变性，神经轴突退行性病变。

（2）内分泌与生殖毒性　OPs作为环境内分泌干扰物主要通过干扰激素的生物合成、代谢或生物作用对内分泌系统产生不利影响。研究推测，OPs主要通过介导下丘脑-垂体-性腺轴来影响性激素的合成与分泌，从而发挥内分泌干扰作用，引起生殖毒性。OPs对生殖系统和内分泌系统的毒性研究主要源于最初流行病学中发现OPs与不孕症之间的关联。根据文献调研，禁用的甲胺磷急性中毒的男性往往表现为精子畸变增多、精子活动能力降低且数目减少、性功能减退等症状，表明甲胺磷具有较强的生殖毒性。有研究发现0.3mg/kg的水胺硫磷可导致大鼠睾丸组织发生病理改变、精子活动率降低和精子畸形率增加。据报道久效磷可以导致怀孕小鼠及其胚胎细胞的染色体畸变，血浆的蛋白含量、肝脏的DNA与RNA含量和胆碱酯酶含量下降，谷氨酰转移酶活性升高。

（3）免疫系统毒性　OPs可诱导癌基因和抑癌基因的表达，诱导巨噬细胞释放α-肿瘤坏死因子，增加人类患癌概率。巨噬细胞广泛分布在体内，在先天性和适应性免疫中起着不可或缺的作用，能够参与各种免疫反应，例如吞噬作用、酶的释放、自由基的产生、抗原的呈递以及作为炎症过程的介质等。彭广军等通过分析急性甲胺磷农药中毒者早期血液，证明血液中甲胺磷含量越高，细胞免疫受损越明显。

2. 有机氯类农药

有机氯类农药（organo-chlorine pesticides，OCPs）主要分为以苯为原料和以环戊二烯为原料的两大类，《中华人民共和国药典》2020年版禁用的33种农药涉及的有机氯农药中以前者为原料的包括六六六、DDT和三氯杀螨醇，以后者为原料的包括艾氏剂、狄氏剂和硫丹。有机氯类禁用农药的毒性研究证实，OCPs容易随食物链富集，在人的肝、肾、心等组织中蓄积，给人体健康带来较高的风险。目前，相关报道证实禁用的OCPs能够引起神经毒性、生殖毒性以及会致畸、致癌和致突变。

（1）神经毒性　OCPs 的主要作用部位为大脑运动中枢及小脑，可使其兴奋性增高，同时伴有大脑皮质及自主神经功能紊乱，引起神经退行性疾病。帕金森病作为最常见的神经退行性疾病之一，已影响全球 2%的 60 岁以上人口。国内外很多研究证实，狄氏剂很可能是帕金森病的环境病因之一。有关学者通过检测狄氏剂对多巴胺能神经元的作用发现其可通过诱导氧化应激导致多巴胺能神经元功能障碍，从而引发帕金森病。研究发现，硫丹能诱导多巴胺能神经细胞自噬，从而导致神经退行性疾病的发生。此外，对一起硫丹急性中毒事件的调查统计得知，部分病人暴露于硫丹环境中 2.5h 后感受器官功能减弱，部分病人则出现了癫痫症状。这说明硫丹会对神经系统产生伤害，尤其是急性中毒后会产生很严重的影响。

（2）生殖毒性　禁用的 OCPs 生殖毒性的作用器官主要为睾丸，通过干扰雄激素水平，诱发雄性动物生殖器官畸形。研究人员在检测非职业性接触 DDT 年轻男子的精液时发现，暴露于高水平 DDT 的男子精子数量减少、活动度降低且精子畸形率增多。研究了常年处于硫丹气雾喷射地区的 117 名少年和青春期男性的生殖发育情况，发现暴露组血清中硫丹水平（包括 α-硫丹、β-硫丹和硫丹硫酸酯）要远远高于对照组，此外暴露组血清促黄体生成素水平显著升高，而血清睾酮的水平显著下降。发现男性性成熟度评分与年龄成正相关，而与硫丹水平成负相关，这说明硫丹具有雄性生殖毒性。

（3）致畸、致癌和致突变　OCPs 可以通过胎盘屏障进入胎儿体内，部分品种及其代谢产物有一定致畸性，使用此类农药较多地区的畸胎率和死胎率比使用此类农药较少地区高 10 倍左右。某些 OCPs 可损伤 DNA，引起基因突变。对日本 101 名 10 个月大的婴儿进行调查发现，孕妇产前暴露于 DDT 等农药会影响婴儿的免疫系统，导致基因突变。农药作为潜在的化学致癌物质可能参与癌症的发生。流行病学调查发现，多种癌症的发生可能同接触 OCPs 密切相关，日常食用含有 p,p'-DDT、p,p'-DDE 的食物会导致胰腺癌的发生；一项病例对照研究表明，乳腺癌患者脂肪组织中 p,p'-DDT、o,p'-DDT 的水平比普通妇女高，表明 OCPs 与乳腺癌的发生呈正相关关系。

3. 氨基甲酸酯类农药

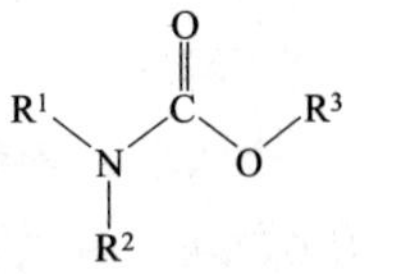

氨基甲酸酯类农药是结构中含有氨基甲酸基团的酯类化合物，属于尿素的衍生物。它的结构通式见图 7-3。

图 7-3　氨基甲酸酯类农药分子结构通式

其中 R^1、R^2 代表甲基、氢、酰基或烃硫基；R^3 代表肟基、芳香基、取代芳香基或烯醇结构的杂环。氨基甲酸酯杀虫剂可根据 R^1、R^2 和 R^3 取代基团结构的不同分为 N-甲基氨基甲酸酯类、N,N'-二甲基氨基甲酸酯类和硫代氨基甲酸酯类等化合物。《中华人民共和国药典》2020 年版禁用的 33 种农药中氨基甲酸酯类农药包括克百威和涕灭威。其中，克百威是 R^3 为芳香基取代的 N-甲基氨基甲酸酯类农药，涕灭威是 R^3 为肟基取代的 N-甲基氨基甲酸酯类农药。氨基甲酸酯类禁用农药的“致畸、致癌、致突变”问题也受到国际社会的日益关注，此类农药可以导致很多动物畸形并会引起免疫失调。研究发现直接免疫毒性、内分泌干扰和抑制酯酶活性是氨基甲酸酯类农药引起免疫失调的主要机制，并认为这可能是引起过敏性鼻炎和支气管伴随哮喘疾病的原因。最新研究表明，此类杀虫剂具有潜在的肝脏毒性，可诱导氧化应激，损害肝功能。

4. 其他类农药

（1）脒类农药　脒类农药是一种广谱杀虫和杀螨剂。《中华人民共和国药典》2020 年版禁用脒类农药包括杀虫脒。脒类农药作为一种神经性毒物，急性中毒可以导致心血管系统的损伤，慢性中毒可以导致白细胞增加、血红蛋白和血细胞数下降等症状。长期职业接触脒类农药的工人多数会出现咽喉不适、多痰等慢性中毒的症状，并伴有头晕、乏力、失眠等症状。同时，脒类农药还可以导致癌症的发生和 DNA 的损伤。研究发现小鼠皮敷杀虫脒一段时间后，其皮肤出现了表皮增生、乳头状瘤、鳞状细胞癌等一系列病变，其发生率与杀虫脒剂量成正相关，研究结果证实杀虫脒及其代谢产物（4-氯邻甲苯胺）有致癌作用。我国农药毒理研究所用杀虫脒进行的 Ames 诱变试验和 DNA 修复合成试验均获得阳性结果，说明杀虫脒及其代谢产物（4-氯邻甲苯胺）对 DNA 有损伤和致突变作用。

（2）磺酰脲类农药　《中华人民共和国药典》2020 年版磺酰脲类禁用农药包括甲磺隆、氯磺隆和胺苯磺隆。磺酰脲类除草剂分子结构由芳环、磺酰脲桥和杂环 3 个部分组成，作用机制为通过抑制乙酰乳酸合成酶而发挥除草作用。磺酰脲类除草剂具有高效、广谱、低毒、高选择性等特点，但因在土壤中残留时间较长，微量残留即可对后茬作物造成危害。

（3）苯基吡唑类农药　《中华人民共和国药典》2020 年版禁用苯基吡唑类农药包括氟虫腈。相关研究证明，氟虫腈对动物及人类具有亚致死作用。经皮肤和呼吸道吸收后能够引起中毒，产生结膜炎、情绪躁动、癫痫和精神异常等现象。除此之外，氟虫腈还可被降解成毒性更大的代谢物，其中氟虫腈砜对虹鳟的毒性是其母体的 6.3 倍；对于淡水无脊椎动物，氟虫腈亚砜的毒性是其母体的 1.9 倍；氟甲腈性质非常稳定，与氟虫腈相比对动物的毒性更大。

（4）醚类农药　禁用农药中除草醚属于二苯醚类除草剂，由于对水生动物低毒，自 20 世纪 60 年代迅速取代五氯酚钠用于稻田除草，在我国稻田除草中曾起过重要作用。但随着动物试验的深入，现已明确除草醚对哺乳动物具有致癌、致畸、致突变作用，且经皮吸收远比经口吸收作用更强烈，而经皮吸收是人体接触除草醚最可能的途径，危险性较大。禁用农药的毒性主要包括神经毒性、生殖毒性、免疫系统毒性及致畸、致癌、致突变等作用，对人和动物的健康危害较大。在中药的种植和储存过程中，应按照要求禁止这些农药的使用。因此，建立适用于中药材中禁用农药残留样品前处理和分析检测方法变得尤为重要。

二、重金属毒性

重金属毒性特点主要是刺激性、靶器官毒性、致癌性、免疫毒性等。

1. 刺激性

很多重金属都可以引起皮肤的炎症、灼伤、溃疡。如砷可以引起皮炎，晚期可造成溃疡；还可以刺激呼吸系统，比如汞可以刺激呼吸道。

2. 靶器官毒性

靶器官毒性是最重要的，很多重金属都有神经毒性，可以引起脑病。汞主要的蓄积部位就是大脑，可引起中毒性脑病，还可以引起周围神经的改变。汞可以引起口腔牙龈炎、胃肠炎。重金属可对血液系统造成损害，如铅可以引起贫血等。

3. 致癌性

砷可以致癌，可引起皮肤癌和肺癌。

4. 免疫毒性

重金属中毒可引起过敏，比如很多人戴的不是纯金、纯银的饰品，可以引起过敏、间质性肾炎等。

毒理机制为，重金属进入人体以后，会与人体内的 DNA、RNA 以及蛋白质结合，可以使蛋白质结构发生不可逆的改变。人体内的大部分酶都是由蛋白质构成，而这些酶与重金属结合就会使得酶活性消失或者减弱，人体内的酶促反应就会出现异常，细胞无法获得营养、排出废物，也无法产生能量，致使免疫功能紊乱。

凡具活性的蛋白质和酶，都具备精致的空间结构。维系空间结构的一种重要因子是蛋白质和酶半胱氨酸残基侧链上的—SH 基，即巯基，形成—S—S—键。重金属离子可以与巯基结合，使蛋白质空间结构被破坏，蛋白质变性，

第三节　药用植物有害物质残留控制

一、农药残留控制

1. 农药使用控制措施

农药由于种类多、使用面广、奏效快，在保护作物上有积极作用。现在提议全面禁用农药是不现实的，特别是我国进入 WTO 以后，如何控制农药残留面临新的挑战，只有面对残留问题出现的可能，积极研究发生残留的成因与其规律，寻找出有效的防止措施，才是正确的态度。国外已不乏实例说明通过对农药残留、代谢动态深入研究制订出一些合理、安全的用药措施，使农药在残留问题上基本得以控制。

有关防止农药残留的论述已很多，简要概括起来有以下几个方面：

（1）农药的合理使用　即如何根据现已掌握的农药性质、病虫杂草发生发展规律的知识，辩证地加以合理使用，以最少的用量获得最大的防治效果，既能降低用药成本，又能减少对环境的污染。合理用药的主要措施为对症下药，精准施药。有的放矢使用农药，做到“对症下药”，不但要用得准，而且要正确掌握用药的关键时刻与最有效的施药方法。

① 注意用药浓度，掌握正确的施药量。

② 提高药效，降低用量，改进药械效能。

③ 合理混用农药。在充分了解农药性质的基础上，将农药与农药、农药与肥料等合理混合施用，可大大增强防治效果，从而降低农药用量和残留。

④ 合理调配农药。农药经营部门应在植保部门的正确指导下，根据各地病虫草鼠的发生情况，科学地调配农药，这样也能避免乱用，减少污染。

⑤ 搞好技术培训，做好病虫、农药知识的普及推广工作，指导广大农民正确使用农药。定期开展农药生产、销售和使用人员的农药科普培训工作，全方位提高农药科学合理使用水平。

（2）农药的安全使用　制订一系列安全用药的法律法规和规章制度，是防止农药残毒发生的重要措施。

（3）严格执行农药安全间隔期规定　最后一次用药期和收获期之间相隔的时间，称为安全间隔期或安全等待期。安全间隔期的长短，与药剂的种类、作物种类、地区条件、季节、施药次数、施药方法等因素有关。根据我国制定的《农药安全使用规定》，在蔬菜上，几种常用农药的安全间隔期为：溴氰菊酯 2 天，来福灵 3 天，速灭杀丁 5～12 天，灭扫利 3 天，乐果 7 天，辛硫磷 6 天，百菌清 7 天，扑海因 3 天，多菌灵 5 天，甲霜灵 1 天，瑞毒霉锰锌 1 天，杀毒矾锰锌 3 天。这些农药的安全间隔期可作为药用植物施药的参考。

（4）进行去污处理　如果农药仅仅污染药用植物表面，用清水或溶剂漂洗或用蒸汽洗涤可收到一定效果。近年来国内外研究用微生物去除掉水、土中的农药残留，具有一定可行性。

（5）采用避毒措施　即在遭受农药污染的地区，在一定期限内不栽种易吸收的作物，或者改变栽培制度，减少农药的污染。

（6）使用高效低毒、低残留的农药　目前，此类农药品种主要有苦参碱、印楝素、烟碱、鱼藤酮、阿维菌素、多杀霉素、氟氯氰菊酯、溴氰菊酯、氯氰菊酯、硫双威、异丙威（MIPC）、速灭威（MTMC）、毒死蜱（又名乐斯本）、倍硫磷、氟啶脲等。这些农药的共同特点是高效，而且在环境中较易降解，对人畜毒性较低，基本上表现慢性毒性，毒性较低。

（7）大力提倡使用生物防治　生物防治就是根据生物之间的相互关系，人为地增加有益生物的种群数量，从而达到控制有害生物的效果。生物防治的途径主要包括保护有益生物、引进有益生物、人工繁殖与释放有益生物，使之达到控制有害生物的目的。不断提高生物防治的力度和普及密度，将成为减少农药使用量、减轻环境压力、有效控制农药残留的最重要的措施。

因此，在农药残留控制措施中，农药的合理使用与安全使用是预防农药污染及积累的积极主动的措施；采用去污与避毒处理是在污染情况下减轻农药污染程度，是消极被动的补救措施；而发展无污染农药与生物防治则是未来植保科技的发展方向，也是防止污染、控制残毒的最可靠的途径。

2. 加强农药残留检测

中药材农药残留一直备受关注，为了保障人民用药安全和中药材产业的可持续发展，加强中药材农药残留检测是实现中医药现代化的必然要求。目前，中药材农药残留检测可采用多种手段，实现对中药材进行快速、高效、精准的检测。

随着分析化学、生物化学以及免疫学的发展，现有的农药残留检测技术可以达到农药残留的微量或痕量分析，常规检测的分析方法有色谱法、酶抑制法等。

（1）高效液相色谱法　高效液相色谱法（HPLC）是以液体为流动相，利用被分离组分在固定相和流动相之间分配系数的差异实现分离，是在液相色谱柱层析的基础上引入气相色谱理论并加以改进而发展起来的色谱分析方法，是农药残留定量分析普遍采用的方法。

（2）气相色谱法　气相色谱法（GC）是在柱色谱基础上发展起来的一种新型仪器方法，是色谱发展中最为成熟的技术。它以惰性气体为流动相，利用经提取、纯化、浓缩后的有机磷农药（OPs）注入气相色谱柱，升温气化后，不同的OPs在固定相中分离，经不同的检测器检测扫描绘出气相色谱图，通过保留时间来定性，通过峰或峰面积与标准曲线对照来定量，是既定性又定量、准确、灵敏度高，并且一次可以测定多种成分的柱色谱分离技术。

（3）气相色谱-质谱联用技术　气相色谱-质谱联用（GC-MS）技术是农药残留研究强有力的工具。气相色谱-质谱联用是将气相色谱仪和质谱仪串联起来作为一个整体的检测技术。样本中的残留农药通过气相色谱分离后，对它们进行质谱的从低质量数到高质量数的全谱扫描，根据特征离子的质荷比和质量色谱图的保留时间进行定性分析，根据峰高或峰面积进行定量，不但可将目标化合物与干扰杂质分开，而且可区分色谱柱无法分离或无法完全分离的样品。

（4）酶抑制法　酶抑制法是根据有机磷和氨基甲酸酯类农药能抑制昆虫中枢和周围神经系统中乙酰胆碱酯酶的活性，造成神经传导介质乙酰胆碱的积累，影响正常神经传导，使昆虫中毒致死这一昆虫毒理学原理进行检测的。根据这一原理，将特异性抑制胆碱酯酶（ChE）与样品提取液反应，若ChE受到抑制，就表明样品提取液中含有有机磷类或氨基甲酸酯类农药。

（5）快速检测技术　农药残留的快速检测技术，常见的有化学速测法、免疫分析法、酶抑制法和活体检测法等。

① 化学速测法。主要根据氧化还原反应，水解产物与检测液作用变色，用于有机磷农药的快速检测，但是灵敏度低，使用局限，且易受还原性物质干扰。

② 免疫分析法。主要有放射免疫分析和酶免疫分析。最常用的是酶联免疫分析（ELISA），基于抗原和抗体的特异性识别和结合反应。小分子量农药需要制备人工抗原才能进行免疫分析。

③ 酶抑制法。主要根据有机磷类和氨基甲酸酯类农药对乙酰胆碱酶的特异性抑制反应。

④ 活体检测法。主要利用活体生物对农药残留的敏感反应，例如给家蝇喂食样品，观察死亡率来判定农药残留量。该方法操作简单，但定性粗糙、准确度低，对农药的适用范围窄。

3. 建立药材农药残留溯源制度

国家药品监督管理局为了不断提升和完善中药材质量相关的政策，2022年和2023年相继发布和实施《中药材生产质量管理规范》和《关于进一步加强中药科学监管促进中药传承创新发展若干措施》，其中就有明确规定：企业需明确中药材生产批次，保证每批中药材质量的一致性和可溯源。提出强化中药饮片监管，规范中药饮片生产和质量溯源。探索建立中药饮片生产流通溯源体系，逐步实现重点品种来源可查、去向可追和溯源信息互通互享。中药饮片质量包含的农药和其他有害物质含量，也是可溯源的范畴。

伴随着信息新技术的飞速发展，云计算、大数据、物联网、可视化、区块链等“互联网+”技术在中药溯源系统建设上已有广泛应用。依托这些技术手段，建立中药材生产质量溯源体系，保证从生地环境、种子种苗或其他繁殖材料、种植养殖、采收和产地加工、质量检测、包装、储运到发运全过程关键环节可溯源，是当前中药材溯源实施的重点，也是解决和有效控制中药材农药残留问题行之有效的方法。

二、重金属残留控制

中药材重金属污染解决的主要方法有以下几方面：

1. 选择基地进行安全性评估

测评工作应对中药材种植地进行环境评价，避免在基地环境质量差的地方建立药材生产基地。

应建立一整套绿色中药材基地环境质量监测及其评价方法、评价标准和绿色中药材的质量标准。中药材基地的环境质量监测和评价应包括水质监测与评价标准，可参照《绿色食品产地环境质量现状评价纲要》和《地面水环境质量标准》（GB 3838—2002）的二级和三级标准；大气质量监测与评价标准参照《绿色食品产地环境质量现状评价纲要》；土壤环境质量监测与评价标准也可参照《绿色食品产地环境质量现状评价纲要》。

2. 修复与整治土壤

重金属多来自土壤母质，所以改善土壤环境显得尤为重要。目前，采用种植超量富集植物，这类植物能超量富集重金属并将其转移到地上部。利用此类植物治理污染土壤已取得一些进展，如通过种植十字花科圆叶遏蓝菜可富集 Ni、Zn，种植山龙眼科澳洲坚果可富集 Mn，然后再在处理后的土壤种植药用植物。此外，已有发现，铅在天然水中以 Pb^{2+} 状态存在，其含量和活性状态受到碳酸根离子、硫酸根离子、氯离子等含量的影响，镉及其化合物除硫化镉外都可以被水溶出，因此建议利用排水面使其迁移。另外，一些重金属元素在中性或者弱碱性环境中成为难溶状态，这样可利用调整土壤酸碱性使部分重金属成为难溶态，从而不被植物吸收。超量富集植物还有蜈蚣草、东南景天、商陆等。

3. 施用有机肥，筛选低重金属含量的化学肥料

开展以有机物为主的专用复合肥的研究，降低重金属污染。已有研究表明，黄连规范化种植中，配制以酒糟、茶枯为主的有机复合肥，既取得了增产增收，又有效降低了重金属含量。对目前生产过程中广泛使用的化肥，需进行重金属测定，选择低重金属含量的品种使用。

4. 选择先进的栽培技术，加快药材生长速度

对一些育苗移栽的药材，可采用客土育苗的方法，在种植前期减少重金属的

吸收，如在黄连的育苗期，有目的地选择育苗地，采用异地集中育苗的方式，减少植株对重金属的吸收；充分利用植物生长调节剂的技术，加快药材的生长，缩短其生长期，从而减少其对重金属的吸收。

5. 选育抗重金属的药材株系和变异品种

在同一地块中生长出的药材，其重金属含量在植株间有明显差异，表明小环境的差异或者植株遗传上的个体差异可能改变药材重金属含量，从而可从中选育抗御对重金属吸收的药材株系，培育抗重金属的优良品种。

6. 在加工、运输等环节，及早监测、严格控制重金属含量

在药材加工过程中，采用清洗后加工比直接加工重金属含量有大幅度降低，如在三七加工过程已显示清洗降低重金属含量的效果。在炮制过程中要减少不良辅料的带入。

总之，中药材中农药、重金属残留污染的控制是一个环环相扣的系统工程，牵涉面广，需要政府、药农和有关部门的组织引导、监督、协调和参与，要加大对这两方面的基础研究的投入，严格按国家制定的中药材生产质量管理规范（GAP）生产，提高和稳定药材质量，使药材真正达到“安全、有效、稳定、可控”，让中药走向世界，为人类健康服务。

第八章

现代农业和生物技术在药用植物生产中的应用

现代农业是广泛地运用现代科学技术，由顺应自然变为自觉地利用自然和改造自然，由凭借传统经验变为依靠科学，成为科学化的农业，使其建立在植物学、动物学、化学、物理学等科学高度发展的基础上；把工业部门生产的大量物质和能量投入到农业生产中，以换取大量农产品，成为工业化的农业；农业生产走上了区域化、专业化的道路，由自然经济变为高度发达的商品经济，成为商品化、社会化的农业。现代农业技术包括现代农业装备、农业信息技术等，将传统农业技术与现代科学相结合，从而实现农业机械化、电气化、科学化。常见的现代农业技术有无公害无土栽培技术、智能温室养殖技术、无人机喷洒农药技术等。现代农业技术将中药材的生产由野外采集转到人工驯化栽培，迈入工业化生产阶段，将大大推进中药材产业依靠科技创新力量的进程，引领中药材产业走向绿色化发展道路。

目前，现代生物技术为药用植物的研究和中药现代化发展提供了重要机遇。现代生物技术在药用植物生产上的应用包括组织培养、细胞培养、生物发酵、毛状根培养、酶工程和基因工程等。生物技术将在拯救珍稀濒危药用植物、优质品种快速繁殖、调节植物次生代谢和工业规模生产药用成分等方面彰显其重要作用。

第一节　药用植物无公害与有机栽培技术

一、药用植物无公害与有机生产概况

1. 药用植物无公害与有机生产的概念和意义

所谓“无公害”是指农产品中有毒有害物质控制在安全允许范围内，符合国

标。无公害中药材是指产地环境、生产过程和药材质量符合国家有关标准和规范要求，并经有资格的认证机构认证合格获得认证证书的未加工或者初加工的中药材产品。

有机中药材是指来自有机农业生产体系，根据国际有机农业生产要求和相应的标准生产加工的，并通过独立的有机认证机构认证的中药材。有机中药材生产是一种可持续农业生产方式，它采用有机肥料、生物防治和有机的种植技术来生产中药材。这种生产方式不仅能够提高土地和水资源的利用效率，减少污染，还能提高中药材的质量和产量。

(1) 药用植物无公害和有机栽培的意义　药用植物无公害栽培采用栽培手段调节药用植物与产地环境关系，生产无公害的优质中药材。无公害栽培的意义在于：传统种植模式生产的中药材，受农药、重金属残留等的影响，成为中药走向世界的“瓶颈”。因此，如何有效地克服有害物质污染，开发无公害优质生产技术，保证中药材的质量和安全性，已成为一项十分紧迫的重大课题。

中药材生产和流通过程中外源性有害物质污染的来源主要有：①药用植物生境的污染，包括土壤、地质背景和水源有害重金属、农药残留和放射性物质及大气有害气体污染等；②药用植物栽培和中药材仓储过程中的农药或驱虫剂的残留；③中药材加工炮制过程中辅料的污染；④中药材包装材料的有害物质污染。因此，为了中药材生产优质、高产、高效和无公害化、绿色化，应从生产基地布局、生产技术等各个环节对可能产生的有害物质污染加以防范和控制。研究并实施以生物防治为主的无公害优质药材栽培技术，开发植物性农药，采用基因工程技术和新的育种技术，培育抗病虫害的优良品种，将是无公害药材生产、研究与开发的重要内容。

(2) 国内外药用植物无公害和有机种植状况分析　随着人类回归大自然的需求，传统的中药材治病在世界上重新得到了重视，但在其生产和质量控制方面，各国目前尚没有一套统一的、完整的标准体系，基本上尚处在研究和完善过程。药用植物栽培种类多、规模小，生产者缺乏按质量标准要求进行生产的主动性，随意性强；市场流通中，大多数中药材散装上市，既无包装，也无标识，更无商标，一旦出现用药安全问题，很难跟踪溯源，追究生产者和经营者的责任；管理方面，涉及中药材用药安全的法规内容不完整，执法主体不明确，更缺少对中药材安全监管方面的法规。

美国 FDA 为了对天然药物生产制剂和原料进行控制，特别强调原产地的概念。1998 年，欧共体出台了《芳香和天然植物药材生产管理规范》草案，从天然药物生产的源头抓起，以此保证药材质量的稳定。为保证常用生药的质量和种苗的稳定供给，自 20 世纪 80 年代开始，由日本特殊农产品作物协会对常用的药用植物如蛔蒿、当归、乌头、地黄等进行种苗特性调查，同时对三岛柴胡、芍药、番红花等进行药用作物产地的生态调查。1988 年开始进行了以提高药用植物栽培品质为目的的“药用植物栽培与品质评价指标的制定”课题。目前已公布了黄连、地黄、大黄、当归、三岛柴胡、桔梗、红花、决明子、钩藤、荆芥、芍药、番红花、苍术、白术、人参、牡丹皮等药用植物的栽培与品质评价指标。1992年开始，日本各公立大学联合进行了“汉药资源的品质评价与优良品种的开发研究”，研究的成果不断应用于药用植物栽培。同年，日本厚生省药物局编撰了《药用植物栽培和品质评价》，被视为日本官方关于各种药材生产的指导性原则，相当于药用植物GAP中的操作规程。

目前，有机中药材生产在国内外都受到高度重视和广泛发展。在国外，有机中药材生产已形成了完整的产业链，从种植到加工、销售都形成了一套完整的体系。在国内，随着人们对健康和环保的重视，对有机中药材的需求也越来越大，有机中药材生产也得到了广泛的应用。未来，有机中药材生产将面临更多的机遇和挑战。因此，需要加强技术研发和管理，提高有机中药材生产的效率和质量，以满足市场需求。

2. 药用植物有机生产核心要求

有机中药材生产过程的核心要求有：①有机中药材要求在生长过程中不使用合成农药或化学肥料。②有机中药材不应含有任何化学添加剂，如人工合成的色素。③有机中药材的生产应遵循生态平衡的原则，保护生物多样性，杜绝对土壤的污染。④有机中药材的种植和采集应考虑资源的可持续利用。⑤有机中药材应由权威的认证机构进行认证。

二、药用植物无公害与有机栽培对生态环境的要求

中药材是我国药学的宝贵财富，其栽培地的环境质量比一般食品的质量更为重要。因此，加强对药用植物栽培地的环境质量监测及其所产中药材有害物质的检测、建立一整套绿色中药材基地的环境质量和有害物质评价标准，是生产绿色中药材所必需的。我国的绿色食品生产已经建立了相关机构及其产地环境质量评价体系，但国内外尚未见有绿色药用植物栽培及其环境评价的报道，暂可借鉴绿色食品的有关评价。药用植物栽培过程中，一些农田存在农药的残留问题和栽培地的空气、灌溉水质量问题，以及为了提高产量不得不施用化肥等，这些都不可避免地造成了中药材的农药、重金属残留和污染，严重影响了中药材用药的安全性，限制了中药产业的发展。因此，进行药用植物无公害栽培，栽培地的自然环境条件首先要符合要求，其中影响较大的因素主要是土壤、空气和农田灌溉水等。

药用植物有机栽培对生态环境的要求包括以下几点：

① 基地土地完整。药用植物有机栽培首先需要选择适合有机药用植物生长的生态环境，尽量做到种植地远离城区、交通区等人多的地方。基地的土地应是完整的地块，其间不能夹有进行常规生产的地块，但允许存在有机转换地块。

有机药用植物生产基地与常规地块交界处必须有明显标记，如河流、山丘、人为设置的隔离带等。

② 必须有转换期。由常规生产系统向有机生产转换通常需要2年时间，其后播种的药用植物收获后，才可作为有机产品；多年生药用植物在收获之前需要经过3年转换时间才能成为有机药用植物。转换期的开始时间从向认证机构申请认证之日起计算，生产者在转换期间必须完全按有机生产要求操作。经1年有机转换后的田块中生长的药用植物，可以作为有机转换药用植物销售。

③ 建立缓冲带。一些动物的栖息地与农业有机药用植物种植区之间要有缓冲带。如果有机药用植物生产基地中有的地块有可能受到邻近常规地块污染的影响，则必须在有机地块和常规地块之间设置缓冲带或物理障碍物，保证有机地块不受污染。

三、药用植物无公害与有机栽培管理技术

（一）无公害栽培管理

1. 无公害中药材生产的施肥技术

（1）无公害中药材生产的施肥原则　施肥原则应是：以有机肥为主，辅以其他肥料；以多元复合肥为主，单元素肥料为辅；以施基肥为主，追肥为辅。

（2）无公害中药材生产的施肥技术　无公害中药材生产的施肥技术主要包括以下几个方面：①注重施肥方式。应以底肥为主，增加底肥比重。一方面有利于培育壮苗，另一方面可通过减少追肥（氮肥为主）数量，减轻因追肥过迟，临近成熟的植物对吸收的营养不能充分同化所造成的污染，还可提高中药材的无公害程度。生产中宜将有机肥料全部底施，如有机氮与无机氮比例偏低，辅以一定量无机氮肥，使底肥氮与追肥氮比达6∶4，施用的磷、钾肥及各种微肥均采用底施方式。②注重肥料种类的选择。应以有机肥为主，宜使用的优质有机肥种类有堆肥、厩肥、腐熟人畜粪便、沼气肥、绿肥、腐植酸类肥料以及腐熟的作物秸秆和饼肥等，通过增施优质有机肥料，培肥地力。农家肥以及人畜粪便应腐熟达到无害化标准的原则。禁止使用未经处理的城市垃圾和污泥，以减少硝酸盐的积累和污染。允许限量使用的化肥及微肥有尿素、碳酸氢铵、硫酸铵、磷肥（磷酸二铵、过磷酸钙、钙镁磷肥等）、钾肥（氯化钾、硅酸钾等）、铜肥（硫酸铜）、铁肥（氯化铁）、锌肥（硫酸锌）、锰肥（硫酸锰）、硼肥（硼砂）等，掌握有机氮与无机氮之比为（6∶4）～（7∶3），不低于1∶1。③平衡配方施肥。为降低污染，充分发挥肥效，应实施配方施肥，即根据药用植物营养生理特点、吸肥规律、土壤供肥性能及肥料效应，确定有机肥、N、P、K及微量元素肥料的适宜用量和比例以及相应的施肥技术，做到对症配方。具体应包括肥料的品种和用

量，基肥、追肥比例，追肥次数和时期，以及根据肥料特征采用的施肥方式。配方施肥是无公害中药材生产的基本施肥技术，应尽量限制化肥的施用，如确实需要，可以有限度有选择地施用部分化肥。按照生产基地农田土壤的养分输入、输出相平衡的原则，做到氮肥、磷肥、钾肥以及微肥的均衡供应。

采用平衡配方施肥，首先应分析某种药用植物生长所在地的土壤养分供应情况，同时测出该药用植物生长过程中的养分需求情况，在此基础上，根据生产目的确定适宜的施肥量。某种肥料需要量的估测，可用下式计算：

肥料需要量＝(一季作物的总吸收量－土壤养分供应量)/

(肥料中该养分含量×肥料当季利用率)

一季作物的总吸收量＝目标产量×每千克产量养分的需要量

(3) 充分提高无机氮肥的有效利用率　N 是作物吸收的大量元素之一，生产中需施用氮肥补充土壤供应的不足。但大量施用氮肥对环境、中药材及人类健康具有潜在的不良影响，这是由于无机氮肥在土壤中易转化为 NO_3^--N 和 NO_2^--N，其中 NO_3^--N 易被淋溶而污染地下水。NO_2^--N 除影响作物生长外，还可经反硝化途径形成氮氧化物释放至大气中，对环境造成不利影响。因此，无公害中药材生产中应减少无机氮肥的施用量，尤其注意避免使用硝态氮肥。对于必须补充的无机氮肥，提倡使用长效氮肥，以减少氮素因淋溶或反硝化作用而造成的损失，提高氮素利用率，减轻环境污染。因此，在常规氮肥的使用中，应配合施用氮肥增效剂，抑制土壤微生物的硝化作用或脲酶的活性，达到减少氮素硝化或氮挥发损失的目的。

2. 无公害中药材生产病虫害防治技术

生产无公害的绿色中药材应立足于药用植物自身的保健，提高栽培管理水平，注意调节植物体内营养。这些措施不仅能提高中药材的产量和质量，而且有助于增强其抗病虫的能力，减少化学农药的施用次数和用量，在关键时期选择施用高效、低毒、低残留的化学农药。根据试验结果，氮素形态对西洋参黑斑病有明显的影响，以 NO_3^--N 为氮源的西洋参黑斑病发病轻，而以 NH_4^+-N 为氮源的发病重，因此西洋参黑斑病发生严重的地区施用 NO_3^--N 为宜。高脂膜是一种单层高分子膜，喷于植物体后，表面形成很薄的膜层，这层膜能抑制芒果蚜部分越冬卵孵化，而且灭杀低龄蚜效果明显，卵孵化盛期是施用适期，浓度以稀释 100 倍为佳。应用高脂膜防治微型昆虫是一种值得探讨的新方法。

中药材的质量主要取决于其活性成分的含量，有些药用植物如人参、西洋参、金银花、枸杞等的病虫害发生频繁，过量施用农药，致使中药材中农药残留超过 FDA、WHO 或我国规定的允许标准，直接损害人体健康；而且研究表明，某些药用植物施用农药不当，其活性成分含量降低。因此，进行中药材无污染新技术的研究，生产无公害、优质的绿色中药材，是提高中药材产量和质量的重要环节。

无公害中药材生产的病虫害防治应本着预防为主的指导思想和安全、有效、经济、简便的原则，采取综合防治的策略。即运用农业的、生物的、化学的、物理的方法及其他有效的生态手段，把病虫害的危害控制在经济阈值以下。特别是其中以生物防治为基本手段的无污染新技术应用前景十分广阔，也取得了丰硕成果，许多成果可以有目的地引入、应用到药用植物病虫害的防治中，并根据药用植物自身的特点开展生物防治研究，从管理及具体措施等方面有所创新、有所发展，促使我国中药材优质高产，以满足人类健康的需要。生物防治技术在药用植物病虫害防治中的应用研究是一个年轻的新领域，由于生物防治技术涉及的学科众多、药用植物病虫种类繁杂且其生物学特性各异，有许多工作有待今后深入开展研究。

（二）有机栽培管理

1. 品种选择

应使用有机药用植物种子和种苗，在得不到已获认证的有机药用植物种子和种苗的情况下可使用未经禁用物质处理的常规种子。应选择适应当地土壤和气候特点且对病虫害有抗性的药用植物种类及品种，在品种的选择中要充分考虑保护作物遗传的多样性，禁止使用任何转基因种子。

2. 轮作换茬和清洁田园有机基地

应采用包括豆科作物或绿肥在内的至少 3 种作物进行轮作；在 1 年只能生长 1 茬药用植物的地区，允许采用包括豆科作物在内的 2 种作物轮作。前茬药用植物收获后，彻底打扫清洁基地，将病残体全部运出基地外销毁或深埋，以减少病害基数。

3. 配套栽培技术

通过培育壮苗、嫁接换根、起垄栽培、地膜覆盖、合理密植、植株调整等技术，充分利用光、热、气等条件，创造一个有利于药用植物生长的环境，以达到高产高效的目的。这些技术的一个共同特点是在农业有机药用植物种植周期内，可充分利用农业有机药用植物种植基地的水、气、光、热等资源，可使有机药用植物适应生长环境，以提高产量。

4. 施肥要求

（1）只允许采用有机肥和种植绿肥　一般采用自制的腐熟有机肥或采用通过认证、允许在有机药用植物生产上使用的一些肥料厂家生产的纯有机肥料，如以鸡粪、猪粪为原料的有机肥。在使用自己沤制或堆制的有机肥料时，必须充分腐熟。有机肥养分含量低，用量要充足，以保证有足够的养分供给。针对有机肥前期有效养分释放缓慢的缺点，可以利用允许使用的某些微生物，如具有固氮、解磷、解钾作用的根瘤菌、芽孢杆菌、光合细菌和溶磷菌等，经过这些有益菌的活动来加速养分释放、养分积累，促进有机药用植物对养分的有效利用。

（2）培肥技术　绿肥具有固氮作用，种植绿肥可获得较丰富的氮素来源，并可提高土壤有机质含量。一般每亩绿肥的产量为2000kg，按含氮0.3%～0.4%，固定的氮素为6～8kg。常种的绿肥有紫云英、苕子、苜蓿、箭筈豌豆、白花草木樨等50多个品种。

（3）允许使用的肥料种类　有机肥料，包括动物的粪便及残体、植物沤制肥、绿肥、草木灰、饼肥等；矿物质，包括钾矿粉、磷矿粉、氯化钙等物质；另外还包括有机认证机构认证的有机专用肥和部分微生物肥料。

（4）肥料的无害化处理　有机肥在施前2个月需进行无害化处理，将肥料泼水拌湿、堆积、覆盖塑料膜，使其充分发酵腐熟。发酵期堆内温度高达60℃以上，可有效地杀灭农家肥中带有的病虫草害，且处理后的肥料易被药用植物吸收利用。

（5）肥料的使用方法

① 施肥量。应做到种植与培肥地力同步进行。使用动物肥和植物肥的比例掌握在1∶1为好。一般每亩施有机肥3000～4000kg，追施有机专用肥100kg。

② 施足底肥。将施肥总量的80%用作底肥，结合耕地将肥料均匀地混入耕作层内，以利于根系吸收。

③ 巧施追肥。对种植密度大、根系浅的药用植物可采用铺肥追肥方式，当药用植物长至3～4片叶时，将经过晾干制细的肥料均匀撒到种植地内，并及时浇水。对于种植行距较大、根系较集中的药用植物，可开沟条施追肥，开沟时不要伤断根系，用土盖好后及时浇水。

5. 有机药用植物的病虫草害防治

（1）病虫害防治

① 应采用有机药用植物的抗性品种，或采用非化学药剂，如生物农药包括微生物农药、天敌等来处理种子和种苗。

② 合理轮作。通常药用植物连作，病虫害发生会加剧，所以推行水旱轮作，打乱和改变病虫发生的环境以及气候，从而有效减少病虫害的发生。

③ 科学管理。采用秋季翻土、中耕除草、清洁田园等措施，实施科学化管理。

④ 在有机药用植物种植区域，应结合生物与物理防治方式，来抵抗病虫害。

（2）草害管理

① 及时人工清除田间杂草。可在有机药用植物基地覆盖黑色地膜，避免种

苗裸露在外，控制有机药用植物种植基地的杂草。

② 若采用的有机肥含有杂草，应将杂草腐熟，方可在有机药用植物种植基地使用。

③ 可采用电热除草、机械除草以及其他物理方式，不可使用化学除草剂或转基因工程产品来除草。

第二节 药用植物现代设施栽培技术

设施农业是在环境相对可控条件下，采用工程技术手段，进行动植物高效生产的一种现代农业方式。设施栽培一般指保护地栽培，保护地栽培和无土栽培是现代设施栽培技术的集中体现。随着农业设施的不断发展，设施栽培应用的领域越来越广，必将在生产符合 GAP 标准的药用植物和中药现代化方面发挥重要作用。

一、现代设施栽培在药用植物上的应用

1. 保护地栽培

保护地栽培是在由人工保护设施形成的小气候条件下进行的植物栽培，就是在不适合作物生长发育的条件下，利用保护设施，人为地创造一个适合植株生长发育的环境条件，从事作物生产的一种栽培方式。简易设施、大棚、温室生产是药用植物保护地栽培的主要生产方式之一，尤其在北方地区，由于无霜期短，冬、春季节寒冷，无法正常种植，而大棚、温室等保护地设施在人工控制条件下，使药用植物能正常生长和发育，从而获得显著的经济效益。

(1) 简易设施　简易设施主要包括风障畦、冷床、温床和小拱棚覆盖等形式。其结构简单，容易搭建，具有一定的抗风和提高小范围内气温、土温的作用。如在长白山区北五味子的保护地栽培中，采用简易的畦床和塑料棚覆盖以提高地温，具体是选择向阳、排水良好的砂质土地块，按宽 1m、高 40cm 的规格作畦。畦床以塑料棚覆盖，提高地温效果良好。在蒲公英保护地栽培中，当年 8～9 月，把野生苗整株挖回，栽植在畦上（畦宽 1m、长 10m），株距 5cm，行距 10cm，浇透水。第二年 3 月上旬，用小拱棚进行覆盖，拱高为 0.5m 左右，晚间用草苫覆盖，可起到临时保温作用，20 天后可分次采收。

(2) 大棚　大棚是一种利用塑料薄膜或塑料透光板材覆盖的简易不加温的拱形塑料温室。它具有结构简单（建造和拆装方便）、一次性投资少、运营费用低的优点，因而在生产上得到越来越普遍的应用。

建大棚时应考虑的主要因素有：①通风好，但不能建在风口上，以免被大风毁坏；②要有灌溉条件，地下水位较低，以利于及时排水和避免棚内积水；③建棚地点应距道路近些，便于日常管理和运输；④大棚框架可选用钢管结构、竹木结构或水泥材料，覆盖棚膜时应注意预留通风口，膜的下沿要留有余地，一般不少于 30cm，以便于上下膜之间压紧封牢。

如江西引种库拉索芦荟时，由于其原产于非洲南部，具有耐热耐旱、怕寒忌湿等生态习性，适宜保护地栽培，大棚一般采用拱形棚。棚室管理要注意以下问题：①夏季要经常打开大棚的通风口，让棚内外空气对流降温，也可在棚顶覆盖遮阴，如盖黑塑料网等；②冬季为了增加芦荟植株的抗寒能力，应培土保温，减少灌水次数，同时把叶片绑成一束或多束来防霜抗寒。

（3）温室　温室是一种比较完善的设施栽培形式，除了充分利用太阳光能外，还用人为加温的方法来提高温室内温度，供冬、春低温寒冷季节栽培。加温温室依覆盖材料的不同分为玻璃温室和塑料温室。我国北方地区加温温室形式多样，在设施栽培育苗和冬季生产中发挥着重要作用。现代化温室是比较完善的保护地生产设施，利用这种生产设施可以人为地创造、控制环境条件，在寒冷的冬天或炎热的夏季进行药用植物生产。目前日光温室主要是以小型化为主的单层面结构。

北京地区枸杞的保护地栽培中，枸杞在高效节能型日光温室中的平畦是南北向，畦面宽约 1.5m，定植行距 20cm、株距 15cm，或株行距均 20cm，开沟定植，定植深度 6～7cm，定植后浇透水，取得了良好的栽培效果。

2. 无土栽培

无土栽培是一种较新型的栽培方式。它是不用自然土壤来栽培植物的一项农业高新技术，因其以人工创造的作物根系环境取代了自然土壤环境，可有效解决自然土壤栽培中难以解决的水分、空气、养分供应的矛盾，使作物根系处于最适宜的环境条件下，从而发挥作物的生长潜力，使植物生长量得到很大的提高。

利用无土栽培技术进行药用植物生产，可以为药用植物根系生长提供良好的水、肥、气、热等环境条件，避免土壤栽培的连作障碍，节水、节肥、省工，还可以在不适宜于一般农业生产的地方进行药用植物种植，避免土壤污染（生物污染和工业污染），生产出符合 GAP 标准的药材。

无土栽培技术经过长期的发展，形成了各种不同的形式，常用于药材生产的有营养液培养（水培）技术、砂培技术、有机质培养技术等。水培一次性投资大，用电多，肥料费用较高，营养液的配制与管理要求有一定的专门知识；有机质培养相对投资较低，运行费用低，管理较简单，同时也可生产优质药材。

（1）栽培基质　栽培基质既有无机基质、有机基质，又有人工合成基质。其中包括砂、石砾、珍珠岩、蛭石、岩棉、泥炭、锯木屑、稻壳、多孔陶粒、泡沫塑料、有机废弃物合成基质等。栽培基质的基本要求是通气又保湿。

西洋参的无土栽培试验证明，用蛭石和砂作培养基质，按体积1∶1或1∶2混合是较好的无土栽培基质，出苗率和保苗率都较高，1年生苗也可间苗移栽，从而提高了育苗率，也有利于2年生苗的正常生长。培养液以铵态氮加硝态氮较好。以无土栽培基质培育的西洋参，参根产量和皂苷含量比本地农田栽参略高，商品参质量更佳。另外，无土栽培和农田栽培的西洋参根中所含化学成分种类无明显差异。不同栽培基质、营养液对西洋参地上部分生长情况以及西洋参根中总皂苷、氨基酸、微量元素含量影响结果表明，温室无土栽培西洋参与美国进口土壤栽培西洋参质量基本一致。

药用石斛栽培以锯末为基质，施以由N、P、K等13种元素组成的“斯泰纳”营养液，保持基质湿润，石斛生长良好。自然条件下，石斛喜欢在半阴半阳的生态环境下生长。但在无土栽培的条件下，水分和营养充足，这时强光照却有利于石斛的生长和高产。

无土栽培基质容易引起病菌污染，要注意对其消毒，常用的几种消毒方法有：

① 蒸汽消毒。凡有条件的地方，可将待用的栽培基质装入消毒箱。生产上面积较大时，可以堆垛消毒。垛高20cm左右，长宽根据具体需要而定，全部用防高温、防水篷布盖上，通水蒸气后，在70～90℃条件下，消毒1h即可。

② 化学药剂消毒。常用的消毒药剂有：a. 福尔马林（40%甲醛溶液）。一般将原液稀释50倍，用喷壶将基质均匀喷湿，覆盖塑料薄膜，经24～26h后揭膜，再风干2周后使用。b. 氯化钴。氯化钴熏蒸时的适宜温度为15～20℃，消毒前先把基质堆放高30cm，长宽根据具体条件而定。在基质上每隔30cm打一个10～15cm深的孔，每孔注入氯化钴5mL，随即将孔堵住。第一层打孔放药后，再在其上面同样地堆上一层基质，打孔放药，总共2～3层，然后盖上塑料薄膜，熏蒸7～10天后，去掉塑料薄膜，晾7～8天后即可使用。

③ 太阳能消毒。太阳能是近年来在温室栽培中应用较普遍的一种廉价、安全、简单实用的土壤消毒方法，同样也可以用来进行无土栽培基质的消毒。具体方法是：夏季高温季节，在温室或大棚中把基质堆20～25cm高，长宽视具体情况而定，堆垛的同时喷湿基质，使其含水量超过80%，然后用塑料薄膜盖上基质堆。密闭温室或大棚，曝晒10～15天，消毒效果良好。

（2）营养液　营养液是无土栽培的核心部分，它是将含有各种植物必需营养元素的化合物溶解于水中所配制而成的溶液。植物生长所必需的营养元素共有16种，其中C、H、O、N、P、K、Ca、Mg、S为大量元素，Fe、Mn、Cu、Zn、B、Mo、Cl为微量元素。除C、H、O三种营养元素可以从水和空气中获得之外，营养液配方中还必须含有另外6种大量元素和7种微量元素，即N、P、

K、Ca、Mg、S 和 Fe、Mn、Cu、Zn、B、Mo、Cl。

至今为止已研究出了 200 多种营养液配方，其中以荷格伦特（Hoagland）研究的营养液配方最为常用，以该配方为基础，稍加调整就可演变形成许多营养液配方。目前世界上广泛使用的营养液配方参见表 8-1。

表 8-1 常用无土栽培营养液配方（精选）

营养液配方名称及适用对象		Hoagland 和 Snyder，通用	Hoagland 和 Arnon，通用	Rothams-Teda pH 6.2，通用	法国国家农业研究所，普及 NFT 之用	荷兰温室作物研究所，岩棉滴灌用	日本园艺配方，通用	华南农业大学农化室，果菜，pH 6.2～7.8
化合物含量/(mg/L)	四水硝酸钙	1108	945	—	732	886	945	472
	硝酸钾	506	607	1000	384	803	809	404
	硝酸铵	—	—	—	160	—	—	—
	磷酸二氢钾	136	—	300	109	204	—	100
	磷酸氢二钾	—	—	270	52	—	—	—
	磷酸二氢铵	—	115	—	—	—	153	—
	硫酸铵	—	—	—	—	33	—	—
	硫酸钾	—	—	—	—	218	—	—
	七水硫酸镁	693	493	500	185	247	493	246
	二水硫酸钙	—	—	500	—	—	—	—
	氯化钠	—	—	—	12	—	—	—
	盐类总计	2443	2160	2570	1634	2391	2400	1222
元素含量/(mmol/L)	NH_4^+	—	1	—	2	0.5	1.33	—
	NO_3^-	15	14	9.89	12	10.5	16	8.0
	P	1	1	3.75	1.1	1.5	1.33	0.74
	K	6	6	15.2	5.2	7	8	4.74
	Ca	5	4	2.9	3.1	3.75	4	2
	Mg	2	2	2.03	0.75	1	2	1
	S	2	2	2.03	0.75	2.5	2	1
备注		世界著名配方，1/2 剂量较妥	世界著名配方，1/2 剂量较妥	1/2 剂量较妥	法国代表配方	以番茄为主	1/2 剂量较妥	可通用

二、药用植物现代设施栽培的发展趋势

近年来，随着营养液配方研究的不断深入，无土栽培获得了理论和技术上的很大进步。如雷士敏等总结出了营养液配方换算简法；卢克成应用化肥取代试剂进行观赏植物的无土栽培取得了很大成功，成本仅为试剂配制营养液的 36%～

56.3%；杜永臣研究了无土栽培营养液中N含量及其调控方法，阐明了不同形态N对植物的影响，从而可以根据植物不同生长发育阶段对养分需求的特征相应地调整营养液的配方；郑光华等通过分析北方各地的水质，探讨了北方硬水地区配制营养液应采取的措施和适宜的无土栽培系统；沈阳展望农业科技有限公司开发的“静止法无土栽培营养液技术”实用简单，研究了栽培过程中离子的变化规律，开发出了可以长期静止在栽培作物底部供植物利用的营养液配方，只需根据栽培体的湿度补充营养液即可，实施起来像浇水一样简单。另外，我国的营养液膜技术也有了一些新的进展，南京市蔬菜研究所对营养液膜技术做了实用化的改进，在生产中取得了良好的效果。

封闭式的强化快繁通风育苗系统和自动监测大规模培养系统是近年来农业设施的新发展，在国外已应用于花卉及农作物的生产，该系统也可用于药用植物栽培。这一栽培系统还可以和大田栽培系统结合起来，以封闭式的强化快繁通风育苗系统大量、快繁优质种苗，然后移植至基地生产。日本科研实验表明，用此种方式育苗，可以大大缩短育苗时间，同时育出的幼苗质量好、成活率高。

随着保护地栽培和无土栽培技术的进一步发展，名贵中草药的栽培可以逐渐摆脱自然条件的限制而得到迅速发展。总之，现代设施农业与药用植物生产的结合可以创造出可观的经济效益，在发展农村经济、加快农业产业化进程中发挥着巨大作用，其发展前景广阔。

第三节　现代生物技术在药用植物生产中的应用

生物技术是应用生物学、化学和工程学的基本原理，利用生物体（包括微生物、动物细胞和植物个体、组织、细胞、基因）来生产生物产品，培育新的生物品种，或提供社会服务的综合性技术。生物技术的兴起为我国药用植物生产、研究和发展提供了良机和手段，并将有效促进我国中药事业的发展。

一、应用生物技术开展药用植物快速繁殖、资源保护

1. 采用组织培养方法进行药用植物的脱毒、快繁、保存和纯化

植物组织培养应用于植物的离体快繁，是目前应用最多、最广泛和最有成效的一种技术。组织培养不受地区、气候的影响，比常规繁殖方法快数万倍到数百万倍，为快速获得药用植株提供了一条经济有效的途径。从20世纪60年代开始，我国已有100多种药用植物经离体培养和试管繁殖获得试管植株。其中有的已用于药用植物栽培，如苦丁茶（大叶冬青）、芦荟、枸杞、金线莲等。植物组

织培养在药用植物中主要应用于脱毒苗、新育成或新引进的稀缺良种、优良单株、濒危植物及基因工程植株等的离体快速繁殖。

(1) 稀缺或急需药用植物良种的快速繁殖　某些新育成或新引进的良种，由于生产上急需，可用试管快繁来解决。宁夏农林科学院枸杞研究所利用试管繁殖与嫩枝扦插相结合的繁殖方法繁殖枸杞新品种'宁杞1号'和'宁杞2号'苗木100多万株，加速了新品种的推广。

(2) 杂种一代及基因工程植株的快速繁殖　我国在20世纪80年代，就培育出药用价值较高的杂种一代和转基因植株。如进行平贝母和伊贝母种间远缘杂交，产生的后代繁殖力低，而利用组织培养方法对杂交植株进行无性快繁，既可保持杂种一代的原有性状和杂种优势，又可解决杂种后代繁殖力低的问题。又如百合种间远缘杂交时，对获得的杂种胚进行离体培养，直接成苗或形成愈伤组织后分化成苗。转基因技术建立在重组DNA技术基础上，通过克隆技术，由重组后的组织无性繁殖出生物个体，如转基因曼陀罗、红豆杉通过组织培养方法，保持了转基因目的性状的稳定性。

(3) 濒危植株的快速繁殖　试管繁殖是药用植物生物技术中一个较成熟的方法，对珍稀濒危药用植物的资源保护、品种纯化和质量稳定具有十分重要的意义。金线莲生长在海拔600～1800m的森林覆盖地，药用价值极高。野生金线莲处于濒危的处境，我国台湾种子公司通过用种子和茎培养繁殖出数百万株金线莲，成功种植到海拔500～1800m的山地。我国已对珍稀濒危野生植物如铁皮石斛、川贝母、紫杉等采取组织培养的手段建立起无性繁殖系来对这些物种进行繁衍和保存。

(4) 带病药用植株的脱毒　迄今为止，我国已经报道的药用植物病毒病有太子参花叶病、地黄病毒病、八角莲花叶病、浙贝母黑斑病等10余种。病毒病是影响药用植物产量和质量的重要因素，受害植株一般减产幅度在30%以上，成为药材生产上的重要障碍。20世纪80年代，人们就采用了茎尖脱毒的方法，解决了病毒病的危害。脱毒苗通过组织培养克隆繁殖可获得大量脱毒优良种苗供生产上应用。我国药用植物分生组织脱毒工作也取得了较好的效果。上海、新疆及北京等先后通过茎尖分生组织培养获得脱毒大蒜，使我国大蒜产量提高20%～45%。怀地黄经茎尖培养脱毒后，块茎产量显著提高。试管苗种植的怀地黄，单株块茎整齐，一般4～6块，单株重210g左右，呈纺锤形，粗壮；而对照块茎不整齐，块数多，单株重仅67g左右，呈细长形，纤弱。目前地黄通过茎尖培养选育得到了抗病毒能力强、经济效益较高的茎尖16号地黄脱毒新品系，已在生产上推广。另外，川芎茎尖脱毒培养也已获成功。

2. 建立药用植物种质基因库

利用生物技术建立种质基因库是保存药用植物种质资源的有效手段。将离体培养的药用植物器官、组织和细胞在常温下或超低温下保存，建立集约化的细胞库，可作为种质保存的一种形式，并在需要时可以随时取出利用。在分子水平上可以建立 DNA 库，在低温条件下保存药用植物的基因组总 DNA、克隆的基因、组装好的质粒和 RFLP 探针，即使在某种药用植物灭绝的情况下，其基因也可得以保存并加以利用。

二、应用生物技术进行药用植物育种

1. 花药培养为主的单倍体育种

自 1964 年 Guaha 等获得曼陀罗花药单倍体植株以来，花药培养的单倍体育种在国际上引起了很大重视，并广泛开展了这方面的研究工作。我国在药用植物的花药培养方面也做了很多工作，1979 年我国首先用地黄花粉诱导出了绿色植株，并对获得的植株进行了染色体鉴定。1980 年用乌头花药培养成功，获得了完整植株。同年，用薏苡花粉孢子体也培养出植株，并对花粉染色体进行了鉴定。1981 年用宁夏枸杞花药培养成功，获得了花粉植株。1986 年人参、平贝母花药培养成功，获得了再生植株。通过单倍体育种途径选育新品种，由于其来自父母本的显隐性状均可以当代表现出来，经染色体加倍后就可获得纯合的二倍体，这比常规的育种方法缩短了育种年限。

2. 利用组织培养技术诱导多倍体

药用植物多倍体一般具有根、茎、叶、花、果的巨型性，抗逆性强，药用成分含量高等特性，因此药用植物的多倍体育种具有较高的应用价值和增产潜力。日本培育出的白花曼陀罗四倍体生药重量为二倍体的 1.72 倍，总生物碱是二倍体的 1.76 倍，表现出多倍体育种的优异效果。此外，日本培育出的甘菊四倍体品种，其甘菊素含量是二倍体的 1.2 倍，体积是二倍体的 2.3 倍。我国也对当归、牛膝、板蓝根进行了多倍体育种，取得了较好的增产效益。在组织培养中，用秋水仙碱等诱变剂处理培养的愈伤组织胚状体或丛生芽，从而获得多倍体植株，是诱发多倍体的较好方法。陈素萍等在诱导党参多倍体时将一定浓度的秋水仙碱加入培养基中，使种子在发芽中逐渐加倍，然后通过组织培养的方法获得了大批量的再生植株。陈柏君等诱导黄芩同源四倍体时，采用组织培养的方法先获得愈伤组织，然后转移到分化培养基上诱导生芽，当培养基上长出绿色芽点时，将带芽点的愈伤组织置于含有秋水仙碱的培养基上培养，或放入秋水仙素水溶液中浸泡，最后依次经分化及生根培养基培养获得再生植株。此外，多倍体诱导在桔梗、白术、百合中也获得了成功。利用组织培养技术诱导多倍体操作简便，实验条件容易控制，重复性好，诱导效率高，嵌合体少，易于大批量处理和筛选，筛选出的优质株系可以应用组织培养技术在短期内大量繁殖，大大地缩短了育种周期。

3. 胚乳培养产生三倍体植株

在组织培养中植物的胚乳培养是产生三倍体植株的主要方法。胚乳是由精细胞和两个极核融合而产生的，因此是三倍体细胞。在适宜的条件下能诱导产生三倍体植株，三倍体植株往往表现为无籽，在种子和果实类药材中，如对山茱萸、枸杞进行三倍体育种，培养出无核或无籽的品种，能够给加工利用带来极大的方便。我国已成功用枸杞胚乳诱发获得了三倍体植株。此外，三倍体植株经自然加倍或秋水仙碱处理加倍可以产生六倍体，这也是产生多倍体植株的又一有效途径。

4. 体细胞突变育种

在植物器官培养中往往首先产生大量愈伤组织，这是一种非组织形式继续增殖的细胞团。由于在培养过程中外界环境及培养基成分和激素水平的改变，在组织培养的细胞团中往往出现一些突变类型。在药用植物细胞培养中，筛选或诱发产生次生代谢产物多的体细胞突变系，进而培养成高产细胞系，是提高细胞培养产物产量的有效途径。

5. 转基因抗病育种

基因工程是利用分子生物学和微生物遗传学的现代研究方法和手段发展起来的，由于这些领域的迅速发展，如今已经可由人工定向改变药用植物的遗传性状，培育出一些具有抗病、抗虫、抗除草剂等药用植物新品种。如在抗虫害研究方面，用 HD-1 菌株的毒蛋白基因转入番茄细胞之后所做的大田试验的结果表明转基因番茄植株系上虫害确实得到了有效控制，因此可将这种基因转入药用植物的细胞中改变药用植物的品质。通过分子生物学技术可以使药用植物获得抗病毒的能力以提高产量，并获得高质量的药源，避免了以往使用农药带来的不良后果。

6. 利用原生质体融合进行细胞杂交育种

原生质体不仅具有单个活细胞的全能性，而且它是没有细胞壁的裸露细胞，易于摄取外来的遗传物质、细胞器以及其他载体，从而为高等植物的遗传转化等提供了有利条件。裸露的原生质体彼此可以融合，从而使原来不能杂交的药用植物（如自交不亲和或远缘杂交不亲和）的杂交变为可能。地黄是自交不亲和植物，应用原生质体融合技术就可克服其限制亲和的生理因素而获得杂交种。针对药用植物龙葵、曼陀罗、颠茄、明党参，我国目前已通过体细胞杂交的方式获得种间杂种和种内杂种植株，并且对枸杞、龙胆草也已开始了这方面的探索。

另外，通过原生质体培养能得到由单细胞衍生出来的体细胞克隆细胞系，这是药用植物筛选高产、稳定细胞系的较好途径。Fujita 利用原生质体培养，筛选出 15 个紫草素高产细胞系，最高活性为亲本的两倍，且在继代培养中表达稳定。

原生质体培养技术结合理化诱变，可选择有用的突变细胞系，将单倍体的原生质体用诱变剂处理后再进行培养可选出具有一定突变特性的细胞系或植株。还可利用原生质体培养和细胞融合将产生药用植物活性成分的基因导入其他作物中。由于原生质体无细胞壁的阻碍，可引入外源的遗传物质，所以也是遗传转化的理想受体。

三、DNA 分子标记在药用植物分类和药材鉴定上的应用

1. 分子水平上的药用植物分类

药用植物资源的研究中，如果采用经典的形态学划分物种，建立在个体性状描述的宏观观测水平基础上，易引起争议。现代分子生物学表明，药用植物的遗传多样性是基因多态性所致，而 DNA 分子标记技术就是一种在 DNA 分子水平上检测基因多态性的技术。DNA 分子标记技术又称 DNA 分子诊断技术，是研究 DNA 分子由于缺失、插入、易位、倒位、重排或由于存在长短与排列不一的重复序列等机制而产生多态性的技术。目前该技术主要分三类：第一类是以电泳技术和分子杂交技术为核心，主要有限制性片段长度多态性（RFLP）和 DNA 指纹技术；第二类是以电泳技术和 PCR 技术为核心，主要有随机扩增多态性 DNA（RAPD）和扩增片段长度多态性（AFLP）；第三类是以 DNA 序列为核心，主要有内转录空间（ITS）测序技术。其中，RAPD 技术由于操作简便、快速、省时、省力，应用较为广泛。卞云云等用 RAPD 法对 12 个贝母类药材品种进行亲缘关系的研究，发现引物 OPF-06 扩增片段在贝母各样品间无明显差异，表明 OPF-06 扩增片段在贝母内具有高度稳定性，可作为贝母属的特征性片段。而引物 OPF-05 的扩增产物在贝母间有明显不同，有可能成为鉴定贝母品种的标记。这说明 DNA 分子标记方法应用于贝母类药材的分类研究是可行的。陈永久等用 RAPD 方法分析了冬虫夏草的遗传转化，通过遗传距离说明遗传差异与地理距离成正相关，从分子水平上提供了冬虫夏草的分类、起源及进化方面的宝贵材料。目前已应用 DNA 分子标记技术对甘草、淫羊藿、银杏、栝楼、白芷、慈姑、当归等进行了分类研究。

2. 药材的 DNA 分子鉴定

传统的中药鉴别方法主要依据药材的颜色、形状、气味、味道和质地等特征，这种鉴定方法较不准确，而对这些特征的把握也因人而异。DNA 分子作为遗传信息的直接载体，不受环境因素和生物体发育阶段及器官组织差异的影响，每一个体的任一体细胞均含有相同的遗传信息，多态性几乎遍及整个基因组。药用植物 DNA 分子鉴定就是运用 DNA 分子标记技术对生药和含有生药的中成药及其基源进行真伪的鉴定，它具有特异性强、稳定性好、微量、便捷、准确等特点，特别适于近缘品种、易混淆品种、珍稀品种、破碎药材、陈旧药材的鉴定。道地药材除与栽培方法、生态环境有关外，还与物种居群的遗传特异性有关，这可能是道地药材与非道地药材品质差异的原因。因此，利用 RAPD 技术可以在

DNA 水平上鉴定两者的差异，使道地药材的研究提高到分子水平。1995 年，邵鹏柱首次报道利用 RAPD 技术对真假人参进行分析鉴定。随后，曹晖等利用 RAPD 技术对香港市售蒲公英及混淆品土蒲公英进行了 DNA 指纹鉴定。目前利用 RAPD 技术已成功地开展了对人参、西洋参、三七、甘草、淫羊藿、细辛、地胆草、巴戟天、砂仁、广藿香、广佛手、土沉香的道地性研究。通过道地药材与非道地药材的比较研究，明确同种药材优质品种及其最佳生长条件，为中药材的栽培生产提供科学依据。

四、应用生物技术加快次生代谢物的生产

1. 对次生物质代谢途径的研究

大部分中药含有的次生代谢物是其药理作用的物质基础，因此加强次生物质代谢途径的研究显得非常重要。通过筛选高产细胞系，改进培养条件和技术，以及设计适合植物细胞培养的发酵罐来提高次生代谢物的含量。由于植物组织和细胞培养技术的发展，以及单细胞的培养成功，使植物像微生物那样在大容积的发酵罐中进行发酵培养成为可能，并大量生产了微生物所不能合成的药用成分。

药用菌物是中药宝库中的一个重要组成部分，传统名贵中药冬虫夏草、灵芝等采用发酵工程技术，从发酵产物中提取活性成分，可提高生产速度并扩大生产规模。利用发酵技术生产药用活性成分，还可使药品生产规范化，保证药源质量稳定。我国冬虫夏草的发酵产品已投入市场。另外，我国还建立了三七、人参、西洋参、长春花、丹参、红豆杉等多种药用植物的液体培养系统，经过对培养液和培养条件的优化已使有效成分达到或超过原植物。中科院植物研究所的科研人员在新疆紫草的细胞培养中获得了成功，使紫草中主要成分乙酰紫草素的含量提高 4.7 倍，为保护天然紫草资源提供了重要途径。为了加速植物细胞培养技术商业化生产进程，各国科学家一方面不断改进培养技术，如控制培养的气相环境，加入刺激素，加入大孔树脂吸附剂等；另一方面发展新的培养方法，如高密度培养、连续培养和固定化培养。目前全国各地不少于 10 个科研单位对红豆杉进行愈伤组织及悬浮细胞培养，以生产抗癌药物紫杉醇及开展其类似物的研究。紫杉醇为一种四环二萜酰胺类化合物，被称为是过去几十年中发现的最好的抗癌药物。现在主要利用细胞大量培养技术生产紫杉醇。此外，中科院植物研究所及化学冶金工业研究所对雪莲，以及清华大学对番红花，都进行了细胞培养以生产次生代谢物。

2. 对次生代谢物生物合成途径的研究

植物的次生代谢非常复杂，是由不同的代谢途径、分许多步骤、在不同的酶类参与下进行的。在次生代谢物生物合成途径的研究中，通过改变次生代谢关键

酶基因来调控次生代谢物的产生是比较理想的方法，还可以加入所需次生代谢物生物合成的前体物质，或者加入诱导子、抑制剂及激活生物合成途径的关键酶或抑制支路产物的形成，从而对次生代谢物进行调控。可以应用酶分析技术，结合同位素示踪方法。有关代谢基因工程的研究，先搞清次生代谢物的生物合成途径，找出形成活性成分的关键酶，确定其基因结构，再进行克隆、表达或基因重组以提高活性成分的含量。Heide 等在辽宁紫草细胞培养中研究了与紫草素生物合成相关的酶类，初步确定了紫草素生成的关键酶是对羟基苯甲酸-牻牛儿基转移酶。

3. 利用发根农杆菌遗传转化获得毛状根生产次生代谢物

发根农杆菌含有诱导生根的 Ri 质粒，用它来侵染药用植物可建立起“毛状根”培养系统。与传统的细胞培养技术相比，毛状根培养具有生长速度快、激素自养、分化程度高以及遗传性状相对稳定等优点。我国近 1/3 的传统药材的药用部位为根，通过毛状根大规模培养，从中提取有价值的次生代谢物，具有广阔的应用前景。丹参毛状根的组织中存在 7 种丹参酮化合物，且具有形成水溶性酚酸类化合物的能力，其中丹酚酸 A 的含量是原植物的 2.7 倍。研究人员从黄芪毛状根中分离出 5 种新化合物，这些新化合物可以成为新药候选的材料。胡之壁等对黄芪毛状根进行大规模培养，在 3.5L 和 10L 培养容器中都获得了毛状根，21 天培养产量（干重）10g/L，并证实黄芪毛状根具有增强动物免疫功能、促进骨髓造血、保护肾功能等作用。目前已经在长春花、烟草、紫草、人参、曼陀罗、颠茄、丹参、黄花蒿、甘草和青蒿等 40 多种植物中建立了毛状根培养系统。随着次生代谢物的工业化生产的研究，应用生物技术进行次生代谢物的商品化生产已成为一个有着巨大开发潜力的新领域。

农杆菌分为：①根癌农杆菌。能在自然条件下趋化性地感染 140 多种双子叶植物或裸子植物的受伤部位，并诱导产生冠瘿瘤。②发根农杆菌。诱导产生发状根，其特征是大量增生高度分支的根系。引发植物冠瘿瘤和发状根的原因是，该类细菌内 Ti 质粒的 T-DNA 上有 8 个左右的基因在植物细胞内表达，指导合成一种非常寻常的化合物冠瘿碱，进而引起转化细胞癌变。根癌农杆菌的 Ti 质粒和发根农杆菌的 Ri 质粒上有 1 段 T-DNA，农杆菌通过侵染植物伤口进入细胞后，可将 T-DNA 插入植物基因组中（图 8-1）。通过将目的基因插入经过改造的 T-DNA 区，借助农杆菌的感染实现外源基因向植物细胞的转移和整合，然后通过细胞和组织培养技术得到转基因植物。

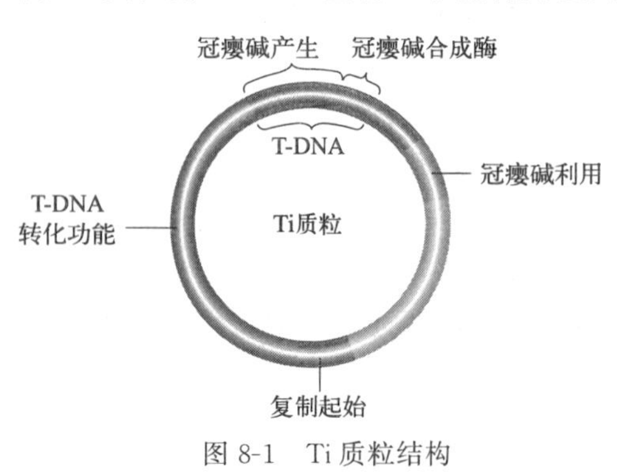

图 8-1　Ti 质粒结构

下篇

各论

第九章

根和根茎类

根及根茎类中药是以植物地下部分入药的药材总称。药用部位主要包括根和根茎两个器官。根及根茎是不同器官，具有不同的外形和内部构造。由于多数中药同时具有根和根茎两部分，两者又互有联系，将根及根茎类中药并入一章叙述。

从植物学角度定义，根是没有节和鳞片叶的器官，而根茎则是有明显的节和节间，有退化的鳞片叶。根缺少芽，具有根冠，分枝由内部组织产生而非由芽形成；根茎前端有顶芽，旁有侧芽。

根茎类中药是指入药部分是根茎或带有少量根部或肉质鳞叶的地下茎类药材，是一类变态茎，为地下茎的总称，包括根状茎、块茎、球茎及鳞茎等。如百合、川贝母等药用部位为鳞茎；天麻、半夏等为块茎。蕨类药材的根茎表面常有鳞片或鳞毛，有的根茎上密布叶柄残基。

具代表性的根及根茎类药材有：①蕨类，如狗脊、绵马贯众、骨碎补；②蓼科，如大黄、拳参、虎杖、何首乌；③苋科，如牛膝、川牛膝；④商陆科，如商陆；⑤石竹科，如银柴胡、太子参；⑥毛茛科，如威灵仙、川乌、草乌、附子、白芍、赤芍、黄连、升麻；⑦防己科，如防己、北豆根；⑧罂粟科，如延胡索等。

本章将介绍五加科人参、三七，伞形科川芎、白芷、当归，唇形科丹参，毛茛科乌头，兰科天麻，苋科牛膝，天南星科半夏，菊科白术，豆科甘草，玄参科地黄，十字花科板蓝根，泽泻科泽泻的根或根茎药材的生物学特性、功效、药理和田间管理中病虫害防治等生产安全性问题。

一、人参

（一）生物学特征

1. 形态特征

人参，五加科多年生草本植物。高达 60cm；根茎短，主根纺锤形；掌状复叶 3～6 轮生茎顶，叶柄长 3～8cm，无毛；小叶 3～5，膜质，中央小叶椭圆形或长圆状椭圆形，长 8～12cm，侧生小叶卵形或菱状卵形，长 2～4cm，先端长渐尖，基部宽楔形，具细密锯齿，齿具刺尖，上面疏被刺毛，下面无毛，侧脉 5～6 对；小叶柄长 0.5～2.5cm；伞形花序单生茎顶，具 30～50 花，花序梗长 15～30cm；花梗长 0.8～1.5cm；花淡黄绿色；萼具 5 小齿，无毛；花瓣 5；花丝短；子房 2 室，花柱 2，离生；果扁球形，鲜红色，径 6～7mm；种子肾形，乳白色（图 9-1，见彩插）。

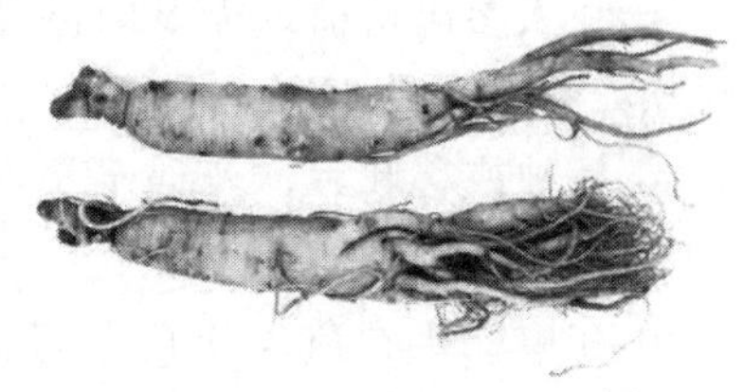

图 9-1　人参

2. 分布与生境

分布于中国、俄罗斯和朝鲜，在中国主要分布于辽宁东部、吉林东半部和黑龙江东部。一般生于海拔数百米的落叶阔叶林或针叶阔叶混交林下。喜质地疏松、通气性好、排水性好、养料肥沃的砂质壤土；喜阴，凉爽而湿润的气候对其生长有利；耐低温，忌强光直射，喜散射较弱的光照。人参种植土壤（pH 4.5～5.8）以有机质含量较高、土质疏松、肥沃、排水良好的壤土和砂质壤土为宜。露地栽培以春栽较适宜，早春于 3～4 月间在温室育苗，经霜后移植露地，或于 4 月下旬至 5 月露地直播。人参为阴性植物，对光的要求较严格，人参光的补偿点约 400lx。光照过强，株株矮小，叶片厚而色黄；光照过弱，植株细高，叶片薄而浓绿，生长不正常。所以在人参栽培时，应进行遮阴，调节透光度，避免强光直射，利用散射光和折射光。人工种植人参的生长周期为 6 年，6 年已经到达人参的成熟季节，营养成分到了一个高峰，人参皂苷已经完全形成，再长大就只是体积的增加，不是营养成分的增加。

3. 功效

人参的肉质根为强壮滋补药，适用于调节血压、改善心脏功能，也有祛痰、健胃、利尿、兴奋等功效。

4. 化学成分

主要含人参二醇类、人参三醇类、齐墩果酸类等多种人参皂苷，尚含有人参多糖、多肽化合物，及酯类化合物、倍半萜醇类化合物、炔类化合物、氨基酸、有机酸、生物碱、维生素、黄酮类、酶类、挥发油、微量元素等。

（二）田间管理

根据人参的生长发育特点和人参生长环境要求，田间管理应做到：

① 生长 1 年以上的人参茎叶枯萎时（10 月下旬至 11 上旬），将枯叶及时清除，在封冻前视畦面情况浇好越冬水，并加盖畦面秸秆。

② 幼苗出土以后要及时搭棚遮阴。以竹竿搭成纵横交错的棚架，其上以苇帘覆盖，透光率为 25%～30%。

③ 在人参出苗前，需及时除草松土，以保持土壤疏松，减少杂草为害，但宜浅松，除草次数不宜太多。

④ 播种或移栽后，若遇干旱，适时喷灌或渗灌。雨水过多时，应挖好排水沟，及时排出积水。

⑤ 在第二年春苗出土前，将覆盖畦面的秸秆去除，撒一层腐熟的农家肥，配施少量过磷酸钙，通过松土与土拌匀，土壤干旱时随即浇水。在生长期可于 6～8 月间用嘉美红利 1000 倍液淋根灌根，同时叶面喷施嘉美-植物脑白金复合营养抗逆保水调理剂 1000 倍液 2～3 次。

⑥ 因覆土过浅或受风摇动，参根松动时，要及时培土。靠近参畦前沿或参地边缘的参株，由于趋光性，茎叶向外生长，夏季高温多雨易引起斑点病、疫病等多种病害，因此应把向外生长的参株往畦里推压，并培土压实，使其向里生长。人参生长 3 年以后，每年都能开花结籽，对不收种的地块，应及时摘除花蕾。

（三）采收与加工

人参生长 5～6 年即移栽 3～4 年后，于 9～10 月茎叶枯萎时即可采收。用镐将参根逐行挖出，抖去泥土，去净茎叶，并按大小分等。将参根洗净，剪去须根及侧根，晒干或烘干，即为生晒参。选择体形好、浆足、完整无损的大参根放在清水中冲洗干净，刮去疤痕上的污物，掐去须根和不定根，水沸后蒸3～4h，取出晒干（可在60℃的烘房内烘干），即得红参。

（四）病虫害及其防治措施

人参病虫害较多，已知有40多种，应注意综合防治。

1. 病害

（1）黑斑、灰霉、立枯等病害　用75%的异菌·多·锰锌可湿性粉剂25g+25%的咪鲜胺乳油25g+嘉美红利15g，兑水15kg喷淋叶片、茎秆，浇灌根部防治。

（2）立枯、根腐、黑斑等病害　用1.5%的多抗霉素可湿性粉剂100～150g+99%的恶霉灵粉剂10g+嘉美红利15g，兑水15kg喷淋叶片、茎秆，浇灌根部防治。

（3）灰霉、黑斑、疫病、猝倒等病害　用16%的异菌·咪鲜胺悬乳剂600倍液+72.2%的霜霉威水剂600倍液+嘉美红利1000倍液喷淋叶片、茎秆，浇灌根部防治。

（4）灰霉、黑斑、疫病等病害　用40%的嘧霉胺水悬浮剂600倍液+12.5%的戊唑醇水乳剂600倍液+72.2%的霜霉威水剂600倍液+嘉美红利1000倍液喷淋叶片、茎秆，浇灌根部防治。

2. 虫害

主要有蛴螬、蝼蛄、金针虫、地老虎等，主要为害根部。防治方法可采用毒饵诱杀、灯光诱杀、性引诱剂诱杀、糖醋液诱杀和人工捕杀等，严重的可用噻虫嗪+氯虫苯甲酰胺+嘉美红利1000倍液淋根灌根杀虫。

二、三七

（一）生物学特征

1. 形态特征

三七是五加科人参属多年生直立草本植物，高可达60cm。主根肉质，呈纺锤形。茎暗绿色，指状复叶，轮生茎顶；叶柄具条纹，叶片膜质，伞形花序单生于茎顶，有花；总花梗有条纹，苞片多数簇生于花梗基部，卵状披针形；花梗纤细，小苞片多数，花小，淡黄绿色；花萼杯形，稍扁，花丝与花瓣等长；子房下位，果扁球状肾形，种子白色，三角状卵形，7～8月开花，8～10月结果（图9-2，见彩插）。

图9-2　三七

2. 分布与生境

分布于中国云南东南部，生于海拔1200～1800m地带。广西西南部亦有栽培。三七生长在海拔400～1800m的地区，常见于山坡丛林下、森林下或山坡上人工荫棚下。它对环境的要求较高，喜欢温暖、湿润的半阴环境，怕严寒和酷暑，不耐积水，适合种植在疏松的微酸性红壤或棕红壤上。三七不喜欢阳光的照射，只需要提供些散射光照即可，另外适合三七生长的年平均温度在16.0～19.3℃，温度太高或者太低会导致三七的死亡。

3. 功效

三七以根部入药，其性温，味甘、微苦，具有显著的活血化瘀、消肿止痛功效。三七主治咯血、吐血、衄血、便血、崩漏、外伤出血、胸腹刺痛。

4. 化学成分

三七的主要成分有皂苷类、挥发油、黄酮类等，其中三七皂苷为主要活性成分，《中华人民共和国药典》规定，干燥的三七药材和饮片中，人参皂苷 Rg_1、人参皂苷 Rb_1 及三七皂苷 R_1 的总含量不能少于5.0%。

（二）田间管理

1. 中耕除草

杂草对三七生长造成的影响是非常大的，在种植三七的时候，首先要做好的就是中耕除草的工作。发现田间有杂草时要及时拔除，防止抢夺三七生长的营养与水分。但是要注意的是，因为三七根部分布是比较浅的，所以在除草时要注意防止伤到根部。如果出现根部外露现象，要及时覆土，保证根部的正常生长。然后做好中耕工作，提高土壤的通透性，增强三七的生长能力，保证三七正常生长。

2. 搭设荫棚

三七对阳光是非常敏感的，在种植时要注意做好荫棚的搭设工作。荫棚高度控制在1.5m左右，在棚顶盖好帘子或者稻草等。在每年的春秋季可适当减少荫蔽度，将透光度控制在50%左右。随着三七的生长合理调节透光度。3～4年的三七植株在花果期时，调节透光度，提高三七的产量，促进根部膨大，增强植株的抗病能力。

3. 水肥管理

在三七发芽期与花期时，如果干旱，要及时浇水，保证土壤湿润，促进三七的生长。在雨季等多雨时节，还要保证做好排水工作，在雨后要及时降低土壤含水量，防止积水沤根腐烂。在三七进入生长旺期的时候，要注意合理追施氮肥。根据三七的生长情况及土壤的肥力等，合理补施对应的肥料，满足三七对营养的需求，促进三七生长。

（三）病虫害及其防治措施

病虫害对三七的危害非常大，在种植三七时，一定要充分了解三七的各种常见病虫害，例如立枯病、根腐病等对三七都会造成不同的危害。所以在种植时，一定要经常观察三七的生长情况。要了解各种病虫害的发病症状，在发病时能够迅速做出对应的防治措施。最后就是要合理用药，不能够盲目施药，避免出现药害。

三七常见病虫害以及防治方法如下：

1. 立枯病

立枯病病原为立枯丝核菌，属半知菌亚门真菌。危害种子、种芽及幼苗。种子受害腐烂呈乳白色浆汁状，种芽受害呈黑褐色而死亡；幼苗受害假茎（叶柄）基部呈暗褐色环状凹陷，幼苗折倒死亡。

防治方法：①播种前用多菌灵或紫草液（从紫草中提取的液体）进行土壤消毒。②发现病株及时拔除，在病株周围撒施石灰粉，并喷洒50%甲基硫菌灵悬浮剂1000倍液或50%甲基立枯磷可湿性粉剂1000倍液。

2. 根腐病

又名“鸡屎烂”，病原为腐皮镰孢霉根生专化型，危害根部。受害根部黑褐色逐渐软腐呈灰白色浆汁状，有腥臭味。

防治方法：①选排水良好的地块种植，雨季及时排水。②移栽时选用健壮无病三七。③及时拔除病株并用石灰消毒病穴。④发病期用50%甲基硫菌灵悬浮剂1000倍液浇灌病区。

3. 疫病

又名“搭叶烂”，病原是恶疫霉，侵染三七茎、叶，为真菌中一种藻状菌，即卵菌。主要危害叶片，受害叶片呈暗绿色水渍状。6～8月高温多湿时发病重。

防治方法：①清洁田园，冬季拾净枯枝落叶，集中烧毁。②发病前喷1∶1∶50波尔多液，半月1次，连续2～3次，发病后喷65%代森锌可湿性粉剂500倍液或50%退菌特可湿性粉剂1000倍液，7天1次，连续2～3次。

4. 炭疽病

病原是胶孢炭疽菌，是真菌中的一种半知菌。主要危害植物的地上部分，叶部病斑黄褐色，有明显的褐色边缘，后期病斑上生小黑点，易穿孔；叶柄和茎部病斑为中央下陷的黄褐色梭形斑；果实上病斑呈圆形微凹的褐色斑，高温多湿发病重。

防治方法：①清洁田园，及时烧毁枯枝落叶。②选用无病三七作种，移栽前用1∶1∶200波尔多液浸一下，晾干后移栽。③种子用100～150倍液的40%福尔马林浸10min，用清水洗净，晾干后播种。④发病期喷65%代森锌可湿性粉剂500倍液或50%退菌特可湿性粉剂1000倍液，7天1次，连续2～3次。

5. 锈病

病原是粉孢霉菌。主要危害叶片，叶上病处初呈针尖突起的小黄点，扩大呈圆形或放射状，边缘不整齐，病菌孢子堆破裂后散失黄粉。

防治方法：①冬季剪除病株的茎叶，喷1～2波美度石硫合剂。②发病期喷200～300倍液二硝散或0.3波美度石硫合剂，7天1次，连续2～3次。

6. 白粉病

病原是白粉孢霉，属子囊菌门真菌。主要危害叶片，病叶上布满灰白色粉末，均为分生孢子。

防治方法：①冬季清园并剪除病株叶，喷1～2波美度石硫合剂。②发病初期喷0.3波美度石硫合剂或50%甲基硫菌灵悬浮剂1000倍液，7天1次，连续2～3次。

7. 短须螨

短须螨又名红蜘蛛，属蜘蛛纲蜱螨目叶螨科。成、若虫群集于叶背吸食汁液并拉丝结网，使叶变黄，脱落，花盘和红果受害后萎缩和干瘪。

防治方法：①冬季清园，拾净枯枝落叶烧毁，清园后喷1波美度石硫合剂。

②4 月开始喷 0.2～0.3 波美度石硫合剂或用 20%三氯杀螨砜可湿性粉剂 1500～2000 倍液喷雾，每周 1 次，连续数次。

8. 地老虎

参见人参的防治方法。

9. 蛞蝓

蛞蝓又名旱螺蛳或鼻涕虫，为一种软体动物。咬食种芽、茎叶成缺刻。晚间及清晨取食为害。

防治方法：①冬季翻晒土壤。②种前每公顷用 300～375kg 茶籽饼作基肥。③发生期于畦面撒施石灰粉或 3%石灰水喷杀。

三、川芎

（一）生物学特征

1. 形态特征

川芎为伞形科藁本属多年生草本植物，高 40～60cm。根茎发达，形成不规则的结节状拳形团块，具浓烈的香气。茎直立，圆柱形，具纵条纹，上部多分枝，下部茎节膨大呈盘状（苓子）。茎下部叶具柄，柄长 3～10cm，基部扩大成鞘；叶片轮廓卵状三角形，长 12～15cm，宽 10～15cm，3～4 回三出式羽状全裂，羽片 4～5 对，卵状披针形，长 6～7cm，宽 5～6cm，末回裂片线状披针形至长卵形，长 2～5mm，宽 1～2mm，具小尖头；茎上部叶渐简化。

图 9-3 川芎

复伞形花序顶生或侧生；总苞片 3～6，线形，长 0.5～2.5cm；伞辐 7～24，不等长，长 2～4cm，内侧粗糙；小总苞片 4～8，线形，长 3～5mm，粗糙；萼齿不发育；花瓣白色，倒卵形至心形，长 1.5～2mm，先端具内折小尖头；花柱基圆锥状，花柱 2，长 2～3mm，向下反曲。

幼果两侧扁压，长 2～3mm，宽约 1mm；背棱槽内油管 1～5，侧棱槽内油管 2～3，合生面油管 6～8。花期 7～8 月，幼果期 9～10 月（图 9-3，见彩插）。

2. 分布与生境

主产于四川（彭县，今彭州市，现道地产区有所转移），在云南、贵州、广西、湖北、江西、浙江、江苏、陕西、甘肃、内蒙古、河北等省区均有栽培。生长于温和的气候环境。

3. 功效

常用于活血行气，祛风止痛。川芎辛温香燥，走而不守。既能行散，上行可达巅顶；又可入血分，下行可达血海。活血祛瘀作用广泛，适宜瘀血阻滞的各种病症；可治头风头痛、风湿痹痛等。昔人谓川芎为血中之气药，殆言其寓辛散、解郁、通达、止痛等功能。

4. 化学成分

主要成分川芎嗪，增加冠脉及脑血流量，降低外周血管阻力，降低血压，降低血小板表面活性，降血液黏度，抗血栓形成。川芎中所含的阿魏酸与中性成分对平滑肌有抗痉作用。川芎生物碱、阿魏酸及川芎内酯都有解痉作用，而藁本内酯则是解痉的主要成分。

（二）病虫害及其防治措施

1. 叶枯病

该病的病原菌有三种：属于半知菌亚门的链格孢；属于子囊菌亚门的围小丛壳；属于半知菌亚门的盘多毛孢。病原菌以菌丝体与孢子在病落叶等处越冬。多在5～7月发生。发病时，叶部产生褐色、不规则的斑点，随后蔓延至全叶，致使全株叶片枯死。

防治方法：发病初期喷65%代森锌可湿性粉剂500倍液或50%退菌特可湿性粉剂1000倍液或1∶1∶100波尔多液防治。每10天1次，连续3～4次。

2. 白粉病

川芎白粉病属于子囊菌亚门白粉菌科，病原菌是白粉孢霉。6月下旬开始至7月高温高湿时发病严重，先从下部叶发病，叶片和茎秆上出现灰白色的白粉，后逐渐向上蔓延，后期病部出现黑色小点，严重时使茎叶变黄枯死。

防治方法：①收获后清理田园，将残株病叶集中烧毁；②发病初期，用25%粉锈宁可湿性粉剂1500倍液或50%甲基硫菌灵悬浮剂1000倍液喷洒，每10天1次，连喷2～3次。

3. 根茎腐烂病

病原为镰刀菌，属半知菌亚门真菌。在生长期和收获时发生。发病根茎内部腐烂成黄褐色，有特殊的臭味。生长期受害后，地上部分叶片逐渐变黄脱落。

防治方法：①发生后立即拔除病株，集中烧毁，以防蔓延；②注意排水，尤其是雨季，雨水过多，排水不良，发病严重；③在收获和选种时，剔除病株和已腐烂的苓子。

4. 川芎茎节蛾

川芎茎节蛾属鳞翅目卷蛾科，每年发生 4 代。一般在育苓期、苓种贮藏期、茎发生至倒苗期产生危害，尤以育苓期严重。幼虫 5～9 月大量发生。幼虫由叶柄基部或茎顶端钻入茎内，逐节咬食，使节盘尽蚀，全节为“通秆”，至全株枯萎；危害苓子，使其不能作种用，严重时多半无收。

育苓阶段用 80%敌百虫 1000～1500 倍液喷雾，并注意着重防治第一代 2 龄前幼虫，平原地区在栽前用 5∶5∶100 的烟筋、枫杨叶和水，浸泡数日后浸苓子 12～24h。

四、丹参

（一）生物学特征

1. 形态特征

丹参是唇形科鼠尾草属多年生直立草本植物。根肥厚，外朱红色，内白色，肉质；叶片常为奇数羽状复叶，顶生或腋生总状花序；苞片披针形，花萼钟形，带紫色，花冠紫蓝色，花柱远外伸；小坚果黑色，椭圆形；4～8 月开花，花后见果。春、秋二季采挖根和根茎，除去泥沙，干燥（图 9-4，见彩插）。

图 9-4　丹参

2. 分布与生境

分布于中国安徽、山西、河北、四川、江苏等地。此外，在中国湖北、甘肃、辽宁、陕西、山东、浙江、河南、江西等地和日本也有分布。生于山坡、林下草丛或溪谷旁，海拔 120～1300m。喜气候温和、光照充足、空气湿润、土壤肥沃的环境。

3. 功效

丹参根入药，含丹参酮，为强壮性通经剂，有祛瘀、生新、活血、调经等效用，为妇科要药，主治子宫出血、月经不调、腹痛、痛经经闭。对冠心病有较好的治疗效果。此外亦治神经衰弱、关节痛、贫血、乳腺炎、关节炎、急慢性肝炎、肾盂肾炎、晚期血吸虫病肝脾大、癫痫。外用又可治漆疮。

4. 化学成分

含酮类化合物，主要有：丹参酮Ⅰ、丹参酮ⅡA、丹参酮ⅡB、丹参酮Ⅳ、丹参酮Ⅴ、丹参酮Ⅵ、隐丹参酮、羟基丹参酮、丹参酸甲酯、次甲基丹参醌、紫丹参甲素、紫丹参乙素、紫丹参戊素、丹参新酮、1,2-二氢丹参醌、丹参醇Ⅰ、丹参醇Ⅱ、丹参醇Ⅲ、3α-羟基丹参酮ⅡA、降丹参酮、1,2,15,16-四氢丹参醌、异丹参酮Ⅰ、异丹参酮Ⅱ、异隐丹参酮、丹参醌 A、丹参醌 B、丹参醌 C、丹参醌 D、二氢次丹参醌、二萜萘嵌苯酮、丹参螺旋缩酮内酯、丹参酚、丹参醛。

含酚酸类物质，主要有：丹参酸甲、丹参酸乙、丹参酸丙、琥珀酸、丹参酚酸 A、丹参酚酸 B、丹参酚酸 C、β-谷固醇、熊果酸原儿茶醛、咖啡酸、异阿魏酸、迷迭香酸、迷迭香酸甲酯、铁锈醇、替告吉宁、鼠尾草酚、二氢异丹参酮Ⅰ、Δ'-丹参新酮（Δ'-Dehydromihirone）、Δ'-丹参酮ⅡA、鼠尾草列酮、丹参内酯、丹参二醇 A、丹参二醇 B、丹参二醇 C、丹参新酮Ⅰ。

根茎中含有丹参酮Ⅰ、丹参酮ⅡA、丹参酮ⅡB、隐丹参酮、丹参新醌 B、二氢丹参酮Ⅰ、亚甲基丹参醌。从丹参注射液中得丹参酮Ⅰ、隐丹参酮、异阿魏酸、原儿茶酸、琥珀酸、迷迭香酸、丹参酚酸 A。

（二）病虫害及其防治措施

1. 病害

高温多雨季节易发生根腐病。受害植株根部发黑，地上部枯萎。

防治方法：忌连作；选地势干燥、排水良好的地块种植；雨季注意排水；发病期用 70%多菌灵 1000 倍液浇灌。

2. 虫害

（1）蚜虫　成虫吸食茎叶汁液，严重者造成茎叶发黄。

防治方法：冬季清园，将枯枝落叶深埋或烧毁；发病期蚜虫的控制方法：喷洒10%吡虫啉可湿性粉剂1000倍液。

（2）银纹夜蛾　鳞翅目夜蛾科的一种昆虫，幼虫咬食叶片，夏、秋季发生。

防治方法：在害虫幼龄期喷90%敌百虫800倍液，每7天喷1次。

（3）棉铃虫　幼虫为害蕾、花、果，影响产量。

（4）蛴螬　金龟甲幼虫的总称，属鞘翅目金龟科。北方危害中药材的蛴螬种类很多，如东北大黑鳃金龟、暗黑鳃金龟。金龟子幼虫常咬断幼苗或取食根部，造成缺苗或根部空洞，危害严重。

防治方法：①农业防治。实行水、旱轮作；精耕细作，及时填压土壤，清除田间杂草；大面积春、秋耕，并跟犁拾虫等。发生严重的地区，秋冬翻地可把越冬幼虫翻到地表使其风干、冻死或被天敌捕食、机械杀伤，防效明显；同时，应防止使用未腐熟有机肥料，以防止招引成虫来产卵。②药剂处理土壤。用50%辛硫磷乳油，每亩200～250g，加水10倍喷于25～30kg细土上拌匀制成毒土，顺垄条施，随即浅锄，或将该毒土撒于种沟或地面，随即耕翻或混入厩肥中施用；用5%辛硫磷颗粒剂或5%二嗪磷颗粒剂，每亩2.5～3kg处理土壤。③药剂拌种。用50%辛硫磷与水和种子按1∶30∶（400～500）的比例拌种。④毒饵诱杀。⑤物理方法。有条件的地区，可设置黑光灯诱杀成虫，减少蛴螬的发生数量。⑥生物防治。利用食虫虻、白僵菌等。

五、乌头（附子）

（一）生物学特征

1. 形态特征

乌头为毛茛科乌头属植物。多年生草本，高0.6～1.5m。块根常2个并连，纺锤形或倒卵形，外皮黑褐色；栽培品侧根甚肥大，径达5cm，侧根（子根）药用称附子。茎直立或稍倾斜，圆柱形，表面青绿色，上部为短茸毛或散生少数贴伏柔毛，下部老茎多带紫色，茎下部光滑无毛。叶互生，革质，五角形，长6～11cm，宽9～15cm，掌状3全裂，中央全裂片宽菱形，急尖，近羽状分裂，侧裂片不等二深裂，各裂片边缘有粗齿或缺刻。块根倒圆锥形，长2～4cm，粗1～1.6cm。顶生总状花序长6～10(～25)cm；轴及花梗多少密被反曲而紧贴的短柔毛；下部苞片三裂，其他的狭卵形至披针形；花梗长1.5～3(～5.5)cm；小苞片生花梗中部或下部，长3～5(10)mm，宽0.5～0.8(～2)mm；萼片蓝紫色，外面被短柔毛，上萼片高盔形，高2～2.6cm，自基部至喙长1.7～2.2cm，下缘稍凹，喙不明显，侧萼片长1.5～2cm；花瓣无毛，瓣片长约1.1cm，唇长约6mm，微凹，距长（1～）2～2.5mm，通常拳卷；雄蕊无毛或疏被短毛，花丝有2小齿或全缘；心皮3～5，子房疏或密被短柔毛，稀无毛。蓇葖长1.5～1.8cm，种子长3～3.2mm，三棱形，只在二面密生横膜翅。9～10月开花（图9-5，见彩插）。

图9-5 乌头

2. 分布与生境

在我国分布于云南东部、四川、湖北、贵州、湖南、广西北部、广东北部、江西、浙江、江苏、安徽、陕西南部、河南南部、山东东部、辽宁南部。在四川西部、陕西南部及湖北西部一带分布于海拔850～2150m，在湖南及江西分布于700～900m，在沿海诸省分布于100～500m的山地草坡或灌丛中。

3. 功效

附子治大汗亡阳，四肢厥逆，霍乱转筋，脉微欲绝，肾阳衰弱的腰膝冷痛、阳痿、水肿，脾阳衰弱的泄泻久痢、脘腹冷痛、形寒畏冷，精神不振，以及风寒湿痹、脚气等；川乌治中风、拘挛疼痛、半身不遂、癫痫等。

4. 化学成分

附子含乌头碱、中乌头碱、次乌头碱、塔拉乌头胺、乌胺、消旋去甲基衡州乌药碱、棍掌碱氯化物、异飞燕草碱、苯甲酰中乌头碱、新乌宁碱、附子宁碱、北乌头碱、多根乌头碱、去氧乌头碱、附子亭碱、尿嘧啶、江油乌头碱、新江油乌头碱、去甲猪毛菜碱等。

（二）病虫害及其防治措施

1. 白绢病

白绢病又称菌核性根腐病和菌核性苗枯病，病原无性世代为齐整小核菌，属半知菌亚门，小菌核属。在6～8月发病重，受害根呈乱麻状干腐或烂薯状湿腐。根周围和表土布满油芽籽状菌核。

防治方法：①圃地选择。育苗地要选择土壤肥沃、土质疏松、排水良好的土地。与水稻、小麦、玉米等禾本科作物进行2年以上轮作。②深翻改土，加强田间管理。收获后深翻土壤，可减少田间越冬菌源。③冬季深耕。感病苗圃地每年冬季要进行深耕，将病株残体深埋土中，清除侵染来源。④土壤消毒。在育苗或造林前，每亩用70%五氯硝基苯可湿性粉剂1000g加细土20kg左右，拌匀撒在播种沟内或树穴周围。对感病较轻的苗木，可挖开根茎处土壤，晾晒根茎数日或撒生石灰，进行土壤消毒。⑤加强管理。在苗木生长期要及时施肥、浇水、排水、中耕除草，促进苗木旺盛生长，提高苗木抗病能力。夏季要防暴晒，减轻灼伤危害，减少病菌侵染机会。⑥提倡施用秸秆腐熟剂沤制的堆肥或腐熟有机肥，改善土壤通透条件，增加有益微生物菌群。⑦药物防治。在发病初期可用1%硫酸铜液浇灌病株根部；或用25%萎锈灵可湿性粉剂50g，加水50kg，浇灌病株根部；也可每亩用20%甲基立枯磷乳油50mL，加水50kg，每隔10天左右喷一次。

2. 霜霉病

是附子在种植时苗期的主要病害之一，发病率较高，病情较严重，在阴雨寒潮期间极易发生。发病时叶子边缘反卷，叶色变为灰白色，叶背会出现淡紫色的霉层，这就是病原物。

防治方法：在苗期发病时要彻底拔除病苗，再用波尔多液喷洒周围幼苗的叶面和叶背，以免病害蔓延。

3. 白粉病

白粉病一般发生在6～9月，发病时先从植株的下半部叶片开始逐渐向上蔓延，在茎秆和叶片上会产生一层白色的粉末状物，叶片开始逐渐扭曲，慢慢枯死。

防治方法：加强肥料管理，增强植株的抗病力；注意土壤水分，雨季后要及时排水；发病时喷洒粉锈宁药剂，效果较好。

4. 蚜虫

蚜虫以成虫和幼虫为害，一般在3～4月开始发作，5～6月为虫灾盛期，会聚集在叶片，啃食植株顶部嫩茎，在短时间内将植株幼嫩部位啃食干净，导致植株无法正常生长。

防治方法：①黄板诱杀。在地边或大棚里放置黄色板，方法是将0.33m^2的塑料薄膜涂成金黄色，再涂1层凡士林或机油，放置在高出地面0.5m处，可以大量诱杀有翅蚜。②天敌防治。蚜虫天敌很多，如瓢虫、草蛉、食蚜蝇、小花蝽、蚜茧蜂、蚜小蜂等，因此可以引种、繁殖、释放天敌。田间有一定量益虫的情况下不要盲目喷药，这有利于发展绿色、生态农业。③灰色塑料条。蚜虫对银灰色有较强的趋避性，因此可在园内挂上银灰色塑料条或铺银灰色地膜趋避蚜虫。此法对蚜虫迁飞传染病毒有较好的效果。④性信息素。把蚜虫信息素（400mL）倒入一棕色塑料瓶中，把瓶子悬挂在园中，在它的下方放置水盆，使诱来的蚜虫落水而死。⑤草木灰液。用草木灰 10kg，放入 50kg 的清水中浸泡，24h 后滤出，在滤液中加入 80%晶体敌百虫 25g，混匀后喷洒，可防治蚜虫、菜青虫等害虫。每隔 7～8 天喷洒 1 次，连喷 3 次，效果较好。⑥种子包衣剂。选用高效、低毒、低残留的药剂，多种农药轮换交替使用，以延缓蚜虫抗药性的产生，如氯氰菊酯、吡虫啉、阿维菌素等。

六、天麻

（一）生物学特征

1. 形态特征

天麻为兰科植物多年生寄生草本，高 30～100cm。全株不含叶绿素。块茎肥厚，肉质长圆形，长约 10cm，径 3～4.5cm，有不甚明显的环节。茎圆柱形，黄赤色。叶呈鳞片状，膜质，长 1～2cm，具细脉，下部短鞘状抱茎。总状花序顶生，长 10～30cm，花黄赤色；花梗短，长 2～3mm；苞片膜质，狭披针形或线状长椭圆形，长约 1cm；花被管歪壶状，口部斜形，基部下侧稍膨大，先端 5 裂，裂片小，三角形；唇瓣高于花被管 2/3，具 3 裂片，中央裂片较大，其基部在花被管内呈短柄状；蕊柱长 5～6mm，先端具 2 个小的附属物；子房倒卵形，子房柄扭转。蒴果长圆形至长圆状倒卵形，长约 15mm，具短梗。种子多而细小，呈粉尘状。花期 6～7 月，果期 7～8 月（图 9-6，见彩插）。

图 9-6　天麻

2. 分布与生境

分布于吉林、辽宁、河北、陕西、甘肃、安徽、河南、湖北、四川、贵州、云南、西藏等地。现多人工栽培。生于海拔 1200～1800m 的林下阴湿、腐殖质较厚的地方。喜凉爽、湿润环境，怕冻、怕旱、怕高温，并怕积水。天麻无根，无绿色叶片，由种子到种子的 2 年整个生活周期中除有性期约 70 天在地表外，常年以块茎潜居于土中。营养方式特殊，专从侵入体内的蜜环菌菌丝取得营养生长发育。宜选腐殖质丰富、疏松肥沃、土壤 pH 5.5～6.0、排水良好的砂质壤土栽培。

3. 功效及化学成分

天麻水、醇提取物及不同制剂均能使小鼠自发性活动明显减少，且能延长巴比妥钠、环己烯巴比妥钠引起的小鼠睡眠的时间，可抑制或缩短实验性癫痫的发作时间。天麻还有降低外周血管、脑血管和冠状血管阻力，并有降压、减慢心率及抗炎镇痛作用，天麻多糖有免疫活性。

含天麻苷、天麻苷元、β-谷固醇、胡萝卜苷、枸橼酸单甲酯、棕榈酸、琥珀酸和蔗糖等；尚含天麻多糖、维生素 A、多种氨基酸、微量生物碱，及多种微量元素如铬、锰、铁、钴、镍、铜、锌等。

（二）病虫害及其防治措施

1. 虫害

常见虫害有蝼蛄、蛴螬和白蚁等。蝼蛄以成虫或幼虫在表土层下开掘纵横隧道，嚼食天麻块茎；蛴螬就是金龟子的幼虫，食性杂、分布广，可将天麻块茎咬成空洞，或将正在发育的天麻顶芽破坏；白蚁除啃食天麻块茎外，还啃食蜜环菌的菌丝和菌索。

防治方法：①人工捕杀。一旦发现栽培场地表层土或沙有隆起现象，可扒开土或沙，进行人工捕捉杀灭。②灯光诱杀。可借助昆虫大多具有趋光性的特点，在栽培场设置黑光灯进行成虫诱杀。③药物诱杀。发现白蚁为害时，可在栽培场地定点撒放防害灵粉剂；还可在栽培地四周或在菌材及鲜材上放几块松木板，引白蚁到松木板上予以消灭。④栽培前用辛硫磷或敌百虫等防治以上地下害虫，预防比治疗更重要。

2. 病害

天麻主要病害是块茎腐烂，发生块茎腐烂的两个主要原因：一是杂菌侵染；二是生长期雨水过多。

防治方法：选择排水良好的地块栽天麻。菌材无杂菌感染，菌材间隙要填好。经常注意排水。

七、牛膝

（一）生物学特征

1. 形态特征

牛膝为苋科牛膝属，多年生草本植物。株高可达70～120cm；根圆柱形，土黄色；茎有棱角或四方形，绿色或带紫色，分枝对生；叶片椭圆形或椭圆披针形，顶端尾尖，基部楔形或宽楔形；叶柄有柔毛；穗状花序顶生及腋生，花期后反折；花被片披针形，顶端急尖，有1中脉；退化雄蕊顶端平圆，稍有缺刻状细锯齿；胞果矩圆形，黄褐色，光滑；种子矩圆形，黄褐色；花期7～9月，果期9～10月（图9-7，见彩插）。

图9-7　牛膝

2. 分布与生境

原产于河南怀庆府（今河南焦作），山西、陕西、山东、江苏、浙江、江西、湖南、湖北、四川、贵州等地也有分布。牛膝喜温和干燥的环境气候，不耐严寒，排水良好、深厚肥沃的砂质壤土适宜栽培。一般繁殖方法为种子繁殖和根茎繁殖。

3. 功效

据《神农本草经》记载，牛膝具有活血通经、补肝肾、强筋骨、利水通淋、引火（血）下行等功效，可用于治疗月经不调、腰膝酸痛、小便不利、产后腹痛等。

4. 化学成分

根含皂苷，并含蜕皮甾酮和牛膝甾酮。

（二）病虫害及其防治措施

1. 白锈病

病原为牛膝白锈病菌，属鞭毛菌亚门真菌。该菌系异养，菌丝在寄主细胞间生长，产生吸器伸入细胞内吸取营养，对牛膝种植危害很大。症状：叶片被害，叶面出现淡黄绿色斑块，相应背面长出疱状突起，表皮破裂后散出白色有光泽的黏滑性粉状物，故称白锈病。

防治方法：主要从改进栽培技术着手进行预防。①轮作、深耕和清理病残组织；②春寒多雨季节，开沟排水降低田间湿度；③从 3 月上旬开始喷洒 40%乙膦铝可湿性粉剂 200～300 倍液或 50%甲基硫菌灵悬浮剂 800～1000 倍液，或用甲霜灵、波尔多液等进行药剂防治。

2. 叶斑病

细菌性黑斑病主要危害叶片和叶柄。在叶脉间形成褐色至黑褐色多角形斑，叶柄干枯略微卷缩。

防治方法：尽量去除病叶，以减少菌源。必要的时候喷洒 1∶240 的波尔多液、77%氢氧化铜可湿性粉剂 500 倍液，隔 10 天左右喷 1 次，防治 2～3 次。

3. 根腐病

牛膝根腐病主要损害根系，是由真菌引起的疾病。病害发生时，地上植物没有明显变化，病害加深了部分或全部根部的颜色。根部腐烂并沾满水，组织被破坏，茎和叶下垂和枯萎，因为根部无法供水。牛膝根腐病病因主要是积水，夏季降雨多，容易积水。此外，洪水灌田也会引起根腐病。

防治方法：应注意排水并选择地势高燥的地块种植，忌连作。用 50%多菌灵可湿性粉剂 1000 倍液或石灰 2.5kg 兑水 50kg 灌穴。

4. 线虫病

线虫常呈乳白、淡黄或棕红色。大小差别很大，小的不足 1μm，大的长达 8μm。多为雌雄异体，雌性较雄性大。虫体一般呈线柱状或圆柱状，不分节，左右对称。假体腔内有消化、生殖和神经系统，较发达，但无呼吸和循环系统。消化系统前端为口孔，肛门开口于虫体尾端腹面。口囊和食道的大小、形状以及交合刺的数目等均有鉴别意义。多发生在低海拔地区，在根上形成凹凸不平的肉瘤。发生时使根产生瘤状虫瘿，失去输导养分的功能，影响产量和质量。

防治方法：①实行轮作，最好水旱轮作。②在整地时，每亩用 10%益舒宝颗粒剂 4～6kg，撒于播种沟内，覆土后播种。

5. 红蜘蛛

红蜘蛛一般发生在每年 5～6 月，天气干燥时危害严重。

防治方法：常用的农药有克螨特、三氯杀螨醇、花虫净、速灭杀丁、哒螨灵等。

6. 猿叶虫

猿叶虫是叶甲科的一类害虫，包括大猿叶虫和小猿叶虫两种。大猿叶虫体长约 5mm，鞘翅上刻点排列不规则，后翅发达能飞翔；小猿叶虫体长约 3.5mm，鞘翅上刻点排列规则，后翅退化不能飞翔。成虫俗称乌壳虫，幼虫俗称癞虫、弯腰虫。一般在5～6月发生，症状是虫子将叶咬食成小孔。

防治方法：90%晶体敌百虫1000倍液进行喷杀。

7. 银纹夜蛾

银纹夜蛾是一种杂食性害虫，如果防治不及时，嫩芽、嫩叶、花蕾常常被取食，造成植株叶卷枯萎。

防治方法：幼虫3龄前喷90%晶体敌百虫800～1000倍液喷雾，每10～14天喷一次，连续喷2～3次。也可利用细菌杀虫剂、Bt水溶液等高效低毒农药防治银纹夜蛾。

八、半夏

（一）生物学特征

1. 形态特征

半夏为天南星科植物。块茎圆球形，直径1～2cm，具须根。叶2～5枚，有时1枚。叶柄长15～20cm，基部具鞘，鞘内、鞘部以上或叶片基部（叶柄顶头）有直径3～5mm的珠芽，珠芽在母株上萌发或落地后萌发；幼苗叶片卵状心形至戟形，为全缘单叶，长2～3cm，宽2～2.5cm；老株叶片3全裂，裂片绿色，背淡，长圆状椭圆形或披针形，两头锐尖，中裂片长3～10cm、宽1～3cm；侧裂片稍短；全缘或具不明显的浅波状圆齿，侧脉8～10对，细弱，细脉网状，密集，集合脉2圈。花序柄长25～30（～35）cm，长于叶柄。佛焰苞绿色或绿白色，管部狭圆柱形，长1.5～2cm；檐部长圆形，绿色，有时边缘青紫色，长4～5cm，宽1.5cm，钝或锐尖。肉穗花序，雌花序长2cm，雄花序长5～7mm，其中间隔3mm；附属器绿色变青紫色，长6～10cm，直立，有时“S”形弯曲。浆果卵圆形，黄绿色，先端渐狭为明显的花柱。花期5～7月，果8月成熟（图9-8，见彩插）。

2. 分布与生境

东北、华北以及长江流域诸地均有分布。常见于草坡、荒地、玉米地、田边或疏林下，为旱地中的杂草之一。

3. 功效

燥湿化痰，降逆止呕，消痞散结。入药部位：植物的干燥块茎。用于治疗湿

图 9-8 半夏

痰寒痰、咳喘痰多、痰饮眩悸、痰厥头痛、呕吐反胃、胸脘痞闷、梅核气；外治痈肿痰核。

4. 化学成分

块茎含挥发油，其他主要成分为丁基乙烯基醚、3-甲基二十烷、十六碳烯二酸，还有2-氯丙烯酸甲酯、茴香脑、苯甲醛、1,5-戊二醇、2-甲基吡嗪、柠檬醛、1-辛烯、β-榄香烯、2-十一烷酮、9-十七烷醇、棕榈酸乙酯、戊醛肟等60多种成分。还含左旋麻黄碱、胆碱、β-谷固醇、胡萝卜苷、尿黑酸、原儿茶醛、姜辣烯酮、黄芩苷、黄芩苷元、姜辣醇、1,2,3,4,6-五(O-没食子酰)葡萄糖、12,13-环氧-9-羟基十九碳-7,10-二烯酸及其衍生物等。

（二）病虫害及其防治措施

1. 软腐病

又称半夏腐烂病，是一种细菌性疾病。病原体主要通过水传播，主要发生在高温和雨季。发病时，病菌从伤口侵入，块茎开始腐烂。随着病情的发展，病菌逐渐向地下扩散，导致茎叶上出现水渍状软腐斑，并伴有恶臭，最后植株枯萎死亡。

防治方法：①下种前用新高脂膜进行拌种处理，可驱避地下病虫，隔离病菌感染，提高呼吸强度，提高种子发芽率。②加强栽后管理，及时浇水、松土、除草、培土、追肥，雨后注意排水。生长期摘掉花蕾，并喷施药材根大灵，促使叶面光合作用产物（营养）向根系输送，提高营养转换率和松土能力，使根茎快速膨大，药用含量大大提高，促使块茎生长肥大，提高产量。③做好田间监测，发病初期用5%石灰乳淋穴，同时喷施新高脂膜提高防治效果。④选择无病害、品质好的健康种子种植在地势高、排水好的地块，合理轮作，减少菌源。

2. 病毒病

此病主要是由于半夏种茎带病毒或蚜虫等昆虫传播病毒。多在初夏、高温多雨、发生蚜虫等情况下发生并蔓延。半夏植株发病后，正常生长的叶片上产生黄色不规则的斑，使叶片变成花叶，皱缩扭曲、上卷，植株矮化畸形，生长不良。

防治方法：培育无毒苗，种植时通过加热使块茎脱毒，加强田间管理，增加有机肥和磷钾肥的施用，消灭蚜虫等害虫，通过植物的抗病性切断传播途径。发现病株应及时拔掉，在地里焚烧。

3. 红天蛾

红天蛾属鳞翅目天蛾科。幼虫孵化后寄生在叶片背面，它们把叶子的表皮啃食干净，形成透明的斑点，然后形成小孔。最后，树叶出现裂痕。严重时，所有叶子都可以被嚼食干净。

防治方法：成虫在土中化蛹，越冬后开始产卵孵化，所以种植前要深挖土壤，消灭越冬虫蛹，减少虫源。幼虫期应结合中耕除草消灭卵，也可用黑光灯或杀虫剂防治。

4. 蓟马

蓟马属缨翅目蓟马科。初孵若虫乳白色，主要以成虫、若虫群集于较嫩的叶片正面取食危害，锉吸汁液，破坏叶片组织，阻碍半夏植物生长和块茎膨大。受害严重时植株矮化、叶片向正面卷缩，呈花叶、白叶，皱卷成圆筒形，最后导致干缩、枯死。严重影响半夏产量和质量，造成严重的经济损失。

防治方法：①半夏收获后，清除田间、沟边枯枝残叶，秋季及时翻耕土地，减少越冬虫口基数。②春季播种前深翻土壤、合理轮作倒茬或在半夏生长期间中耕，均可减少田间生长期的发生密度。③生长季及时清除田间杂草，做到田园清洁，可减轻半夏蓟马的迁移危害。④释放捕食性天敌胡瓜钝绥螨和东亚小花蝽，目前我国已初步建立了两种捕食性天敌室内规模化生产技术，适时释放胡瓜钝绥螨和东亚小花蝽可有效地控制蓟马的危害。

九、白术

（一）生物学特征

1. 形态特征

白术为菊科苍术属多年生草本植物，高 20～60cm，根状茎结节状；茎直立，通常自中下部长分枝，全部光滑无毛。地下根较为粗大，略呈拳状，外表灰黄色。茎直立，无毛，中下部茎生有叶片。叶互生，中部茎叶有长 3～6cm 的叶柄，叶片通常 3～5 羽状全裂；极少兼杂不裂而叶为长椭圆形的。侧裂片 1～2 对，倒披针形、椭圆形或长椭圆形，长 4.5～7cm，宽 1.5～2cm；顶裂片比侧裂片大，倒长卵形、长椭圆形或椭圆形；自中部茎叶向上向下，叶渐小，与中部茎叶等样分裂，接花序下部的叶不裂，椭圆形或长椭圆形，无柄；或大部茎叶不裂，但总间杂有 3～5 羽状全裂的叶。全部叶质地薄，纸质，两面绿色，无毛，边缘或裂片边缘有长或短针刺状缘毛或细刺齿。

头状花序单生茎枝顶端，小花紫红色，植株通常有 6～10 个头状花序，但不形成明显的花序式排列。苞叶绿色，长 3～4cm，针刺状羽状全裂。总苞大，宽钟状，直径 3～4cm。总苞片 9～10 层，覆瓦状排列；外层及中外层长卵形或三角形，长 6～8mm；中层披针形或椭圆状披针形，长 11～16mm；最内层宽线形，长 2cm，顶端紫红色。全部苞片顶端钝，边缘有白色蛛丝毛。小花长 1.7cm，紫红色，冠檐 5 深裂。

瘦果倒圆锥状，长 7.5mm，被一层顺向顺伏的稠密白色的长直毛。冠毛刚毛羽毛状，污白色，长 1.5cm，基部结合成环状。花果期 8～10 月（图 9-9，见彩插）。

图 9-9　白术

2. 分布与生境

分布于江苏、浙江、福建、江西、安徽、四川、湖北及湖南等地，在江西、湖南、浙江、四川有野生，野生多生长于山坡草地及山坡林下。现各地多有栽培，以浙江栽培的数量最大。

3. 功效

炒白术具有预防肠胃溃疡、保肝、提高机体免疫力、解毒等功效与作用。生白术具有调理脾胃、抗氧化和抗衰老的功效与作用。

4. 化学成分

主要成分有苍术酮、苍术醇、苍术醚、杜松脑、苍术内酯、白术内酯Ⅰ～Ⅳ、双白术内酯、果糖、菊糖、白术多糖、多种氨基酸、白术三醇和维生素A等。

（二）病虫害及其防治措施

1. 白绢病

白绢病俗称“白糖烂”，病原是齐整小核菌，属半知菌亚门真菌。菌丝体白色，有绢丝般的光泽，在基物上呈羽毛状，从中央向四周呈辐射状扩散。白绢病是白术的重要病害之一。植株染病后，茎基和根茎出现黄褐色至褐色软腐，有白色绢状菌丝，叶片黄化萎蔫，顶尖凋萎下垂而枯死。

防治方法：用50%退菌特可湿性粉剂1000倍液浸种后栽种，并在植株四周撒石灰消毒。或用50%甲基硫菌灵悬浮剂1000倍液浇灌病区。

2. 立枯病

立枯病俗称“烂茎瘟”，是白术苗期的重要病害，常造成烂芽、烂种，严重发生时可导致毁种。此病由半知菌亚门真菌立枯丝核菌侵染所致。

防治方法：①清洁田园。收获后及时清理田间枯枝、烂叶等病残体，并带出田外集中销毁。②实行轮作。与玉米、高粱、水稻等禾本科作物轮作3年以上。③加强管理。适期播种，缩短易感病期；春季多雨时，雨后及时开沟排水，降低田间湿度。④土壤处理。在播种或移栽前，每亩用50%多菌灵可湿性粉剂2.5kg或每平方米用木霉制剂10～15g制成药土，全田均匀撒施。⑤种子处理。播前用种子重量0.5%的50%多菌灵可湿性粉剂拌种。⑥药剂防治。在发病初期及时用药防治，药剂可选用50%立枯净可湿性粉剂800～1000倍液喷雾。⑦可用50%多菌灵可湿性粉剂1000倍液浇灌。

3. 锈病

锈病由真菌担子菌亚门双胞锈菌侵染所致，主要危害叶片。发病初期叶片上出现失绿小斑点，后扩大成近圆形的黄绿色斑块，周围具褪绿晕圈，在叶片相应的背面呈黄色杯状隆起，即锈孢子腔，当其破裂时散出大量黄色的粉末状锈孢子；最后病斑处破裂成穿孔，叶片枯死或脱落。叶柄、叶脉的病部膨大隆起，呈纺锤形，同样生有锈孢子腔，后期病斑变黑干枯。

防治方法：①合理密植，改善田间通风透光条件。②防止田间积水，要做到雨停沟干。在满足白术正常生长必需的水分外，田间尽量控制湿度。③每年白术收获后，清除并烧毁残株病叶，减轻翌年发病。④药剂防治。在发病初期选用1∶1∶（300～400）的波尔多液喷雾防治，每隔7～10天喷1次，连续2～3次。

4. 菌核病

菌核病是由核盘菌属、链核盘菌属、丝核属和小菌核属等真菌引起的植物病害。发病部位由菌丝体集结成结构松紧不一，表面光滑或粗糙，形状、大小、颜色不同的菌核。由菌丝并杂有寄主组织而形成的称假菌核。后者因往往保持植物器官的形状（如僵果等）而较易诊断。

为害地上部茎秆、叶片。初期老叶产生污绿色、水渍状病斑，湿度大时病斑迅速扩展，整叶变黑腐烂。主茎、分枝受害，一般在小分枝产生水渍状、青褐色病斑，扩展后中间灰褐色，边缘黑褐色，继而茎秆成段腐烂，病部可见白霉。后期茎秆组织腐朽中空，皮层与木质部分离，破裂如纤维状，茎内有许多鼠粪状的黑色菌核。

防治方法：在发病前用多菌灵或代森锰锌稀释后叶面喷施。

5. 根结线虫病

根结线虫病是根结线虫感染的线虫病害。发病部位为根部。根尖生有根结，线虫寄生在根组织内部，吸取植物营养。重时根成乱毛状，有腥臭味，地上植株矮小黄萎，下部叶片焦枯脱落，严重影响药材的产量与品质。

病原为南方根结线虫。成虫雌雄异形，雄虫和 3 龄前雌虫线形，雌虫为鸭梨形。卵椭圆形，产于卵囊内。

防治方法：①加强植物检疫，严防带病苗传入。②栽前用 5% 地线威乳油 2～2.5kg，拌于 20kg 细土中，撒入种植穴；或发病时兑水 75kg 浇灌，每穴 0.25kg。

6. 花叶病

病毒引起的全株性病害。植株上部的幼叶和心叶症状表现更明显。叶片上出现黄绿和深绿相间的斑驳，深绿部分组织稍突起。重病株生长矮小。常见病害，发生零星。栽种带病种根是田间发病的来源。白术长管蚜可能是传毒介体。

防治方法：①培育和选用无病种根（穴栽）种植。②拔除零星病株，做好田间药剂防蚜，可减少病害传播。

7. 菟丝子

菟丝子又名黄丝藤，多种药用植物如白术、桔梗、柴胡、丹参等在栽培生长过程中常遭受其害。菟丝子以其线形黄绿色茎缠绕受害植株，用吸器吸取植株体内的营养，致使植株生长衰弱，颜色变黄。发生严重时，田间整片植株全部被其覆盖，植株一片枯黄。

防治方法：播种前除去混杂在种子中的菟丝子种子。田间如已混杂有菟丝子种子，则应与禾本科作物轮作。并在菟丝子出苗时，浅锄地表，破坏其幼苗。发现有菟丝子危害时，应在其开花前彻底铲除，割下的菟丝子不能留在田间或堆肥中。

药剂防治：可以在菟丝子蔓延初期喷洒鲁保1号生物农药，药剂浓度为1mL水中含孢子1000万～5000万个，即每亩用250～400g药剂兑水100kg喷雾，以在阴天或小雨天气喷洒效果为好，晴天应在下午4时后喷洒，喷前应将菟丝子打伤，以利炭疽病菌寄生，提高防效。

8. 术籽虫

白术术籽虫是中药材白术的主要害虫。此虫蛀食白术花的子房、种子及花托肉质部分，主要为害白术种子。

防治方法：①冬季深翻地，消灭越冬虫源。②水旱轮作。③白术初花期，成虫产卵前喷10%吡虫啉可湿性粉剂800倍液，7～10天1次，连续3～4次。④选育抗虫品种，阔叶矮秆型白术能抗此虫。

9. 长管蚜

白术长管蚜是白术产区常见的害虫。长管蚜密集分布在嫩叶、新梢上吸取汁液，使叶片发黄，植株萎缩，生长不良。

防治方法：铲除地边杂草，减少越冬虫数。

10. 地老虎

地老虎属鳞翅目夜蛾科，是一类地下害虫，它们的幼虫俗称地蚕、土蚕，北方常见的有小地老虎和黄地老虎。幼虫将幼苗近地面茎部咬断，造成整株死亡，缺苗断垄。地老虎主要为害白术、延胡索、白芍、桔梗等多种药用植物。

防治方法：①桐叶诱杀法。地老虎幼虫对泡桐树叶具有趋性，可取较老的泡桐树叶，用清水浸湿后，于傍晚放在田间，每亩放80～120片，第二天一早掀开树叶，捉拿幼虫，效果很好。如果将泡桐树叶先放入90%晶体敌百虫150倍液中浸透，再放到田间，可将地老虎幼虫直接杀死，药效可持续7天左右。②毒饵诱杀法。取90%晶体敌百虫1kg，先用少量热水溶解后，再加水10kg，均匀地喷洒在100kg炒香的饼粉或麦麸上，拌匀后于傍晚顺垄撒在作物根部，每亩用5kg左右，防治地老虎效果很好。③糖醋液诱杀法。糖醋液配制方法为糖6份、醋3份、白酒1份、水10份、50%二嗪磷1份调匀，在成虫发生期进行诱杀。某些发酵变酸的食物，如红薯、胡萝卜、烂水果等加入适量药剂，也可诱杀成虫。④人工捕捉法。利用地老虎昼伏夜出的习性，清晨在被害作物周围的地面上用小铁锹或小木棍挖出地老虎杀灭。⑤灌水淹杀法。对于可短期灌水的苗圃，在地老虎大量发生时，将苗圃灌水1～2天，可淹死大部分地老虎，或者迫使其外逃，人工进行捕杀。⑥黑光灯诱杀法。地老虎成虫具有很强的趋光性，用糖醋液再配以黑光灯，在晴朗、微风、无月光的夜晚使用，能收到很好的诱杀效果。在黑光灯下放一盆水，水中放入农药，或倒一层废机油，也有很好的杀灭效果。⑦锄地灭卵法。在地老虎产卵至孵化盛期，及时锄地中耕，可大大降低卵的孵化率。⑧堆草诱捕法。地老虎幼虫在3龄后，抗药力增强，地面喷药很难收到预期效果。可采用堆草法诱捕，即傍晚将鲜草均匀地堆放在田间，每亩放80～100堆，每堆面积0.1m^2，第二天清早翻开草堆，捕杀幼虫，连续5～7天，即可将大部分幼虫杀死，草堆一般每隔3～4天更换一次，日晒干枯后可泼一点清水，以提高诱捕效果。⑨化学防治法。在地老虎1～3龄幼虫期，采用50%二嗪磷乳油2000倍液、20%氰戊菊酯乳油1500倍液等进行地表喷雾。

十、甘草

（一）生物学特征

1. 形态特征

中药材甘草为豆科植物甘草、胀果甘草或光果甘草干燥的根和根茎。

甘草为多年生草本；根与根状茎粗壮，直径1～3cm，外皮褐色，里面淡黄色，具甜味。茎直立，多分枝，高30～120cm，密被鳞片状腺点、刺毛状腺体及白色或褐色的茸毛。叶长5～20cm；托叶三角状披针形，长约5mm，宽约2mm，两面密被白色短柔毛；叶柄密被褐色腺点和短柔毛；小叶5～17枚，卵形、长卵形或近圆形，长1.5～5cm，宽0.8～3cm，上面暗绿色，下面绿色，两面均密被黄褐色腺点及短柔毛，顶端钝，具短尖，基部圆，边缘全缘或微呈波状，多少反卷。总状花序腋生，具多数花，总花梗短于叶，密生褐色的鳞片状腺点和短柔毛；苞片长圆状披针形，长3～4mm，褐色，膜质，外面被黄色腺点和短柔毛；花萼钟状，长7～14mm，密被黄色腺点及短柔毛，基部偏斜并膨大呈囊状，萼齿5，与萼筒近等长，上部2齿大部分连合；花冠紫色、白色或黄色，长10～24mm，旗瓣长圆形，顶端微凹，基部具短瓣柄，翼瓣短于旗瓣，龙骨瓣短于翼瓣；子房密被刺毛状腺体。荚果弯曲呈镰刀状或呈环状，密集成球，密生瘤状突起和刺毛状腺体。种子3～11，暗绿色，圆形或肾形，长约3mm。花期6～8月，果期7～10月（图9-10，见彩插）。

图9-10 甘草

2. 分布与生境

分布于中国甘肃、辽宁、山东、陕西、宁

夏、河北、新疆、北京、内蒙古、吉林、黑龙江、山西、青海，俄罗斯西伯利亚、哈萨克斯坦、吉尔吉斯斯坦、塔吉克斯坦、蒙古、巴基斯坦、印度、阿富汗、韩国也有分布。以内蒙古伊克昭盟杭锦旗所产品质最优。

甘草常生于海拔400～2700m的干旱沙地、河岸砂质地、山坡草地及盐渍化土壤中。土壤酸碱度以中性或微碱性为宜，在酸性土壤上生长不良。甘草还具有一定的耐盐性，但不能在重盐碱化的土壤上生长。甘草喜光，充足的光照条件是甘草正常生长的重要保障。对温度的适应性强。抗旱、怕积水，适宜生长在土层深厚、排水良好、地下水位较低的砂质土壤，在干旱的荒漠地区也能形成单独的种群。

3. 功效

具有补脾益气、清热解毒、祛痰止咳、缓急止痛、调和诸药之功效。常用于脾胃虚弱，倦怠乏力，心悸气短，咳嗽痰多，脘腹、四肢挛急疼痛，痈肿疮毒，缓解药物毒性、烈性。

4. 化学成分

主要成分是三萜类和黄酮类，还含有生物碱、多糖、香豆素、氨基酸及Zn、Ca、Sr、Ni、Mn、Fe、Cu、Cr等。药典中规定，甘草中的甘草酸含量应不少于1.8%。

（二）病虫害及其防治措施

1. 白粉病

白粉病影响药用植物的正常生长，发病部位为叶片。叶片上初期产生针头大小白色粉霉斑，后扩大成绿豆粒大小，随后整个叶片被白粉覆盖。后白粉霉层脱落，病斑上生出许多黑色小点。以闭囊壳随病残组织在土表越冬。气温在18℃以上，相对湿度60%～75%，日照少，偏施氮肥，植株过密、通风不良、严重缺钾田发病重。

防治方法：①合理密植，保证田间通风透光。②病残组织焚烧。③科学施肥，配方施肥，尤其注重增施钾肥。④发病初用40%胶体硫500倍液、65%代森锌可湿性粉剂600倍液、50%退菌特可湿性粉剂800倍液、75%百菌清可湿性粉剂600倍液、15%粉锈宁可湿性粉剂1000倍液叶面喷洒，10天喷1次，连喷2～3次。

2. 锈病

锈病病原菌属担子菌亚门，以菌丝及冬孢子在植株根、根状茎和地上部枯枝上越冬，翌春产生的夏孢子成为次年初侵染源，夏孢子靠气流传播造成再侵染，病害呈中心传播，属于多循环病害。高温多雨、重露大雾、低洼地、植株生长势弱易发病。

防治方法：①加强田间管理，发现病株叶及时携带出田烧毁。勤除杂草，适当松土，生长期确保水肥充足，适当喷施新高脂膜保肥保墒，雨季注意排水。叶片开始扩展之时，叶面喷施药材根大灵，可使叶面光合作用产物（营养）向根系输送，提高营养转换率和松土能力，使根茎快速膨大，药用含量大大提高。②药剂防治。于发病初期用0.3波美度的石硫合剂或65%代森锌可湿性粉剂500倍液喷雾防治，同时喷施新高脂膜保护药效，提高防治效果，每7～10天喷一次，连喷2～3次即可。

3. 叶甲

为害甘草的叶甲类主要有跗粗角萤叶甲、榆蓝叶甲、黄斑叶甲、白茨粗角萤叶甲、锯角叶甲、亚洲切头叶甲、褐足角胸肖叶甲等，由于叶甲类成虫、幼虫均暴食甘草叶，故为害较大，受害田常见成片甘草叶落尽。

跗粗角萤叶甲在我国西北地区一年发生三代，以成虫越冬，翌年当气温在平均10～15℃时开始活动。幼虫共4龄，啃食甘草叶。成虫、幼虫重叠发生，为害严重时仅剩茎秆和叶脉，人工种植的甘草在为害的当年或者第二年即全部死亡。

防治方法：在5～6月发现虫口密度较大时（越冬虫），应及时喷药防治。可用3%的甲敌粉、2.5%的敌百虫粉防治，每亩用药2.5kg左右。在发生盛期用2.5%溴氰菊酯乳油3000～5000倍液防治，越冬前可进行冬前清除田间残枝落叶、入冬灌溉措施处理，降低越冬成活率。

4. 豆象

甘草豆象属于鞘翅目象甲科，成虫卵圆形，褐色或深褐色，体长2.5～3mm，宽1.5～1.8mm；触角宽短，锯齿状，不到鞘翅基部。前胸背板上布满刻点及浓密淡棕色毛，后缘与鞘翅等宽。该虫主要取食收获后的甘草种子。未经处理的新种子，越冬后虫蛀率可达35%，贮藏2年的种子虫蛀率在70%以上。

防治方法：秋季彻底割除种植园内及其周围野生的甘草秧。结荚期用90%敌百虫晶体1000倍液和20%溴氰菊酯乳油2000倍液喷雾防治1次。甘草种荚收获脱粒后，入仓库贮藏时进行种子处理，可用磷化铝熏杀，大批量存储最好采用密封抽氧充氮养护。贮藏要定期检查，有虫情时，用磷化铝再熏蒸1次。

5. 广肩小蜂

甘草广肩小蜂属膜翅目广肩小蜂科。该虫分布于我国东北、西北甘草种植区，当甘草开花有幼荚形成时，该虫产卵于豆荚表皮内，卵孵化后蛀入甘草种子内取食，被害豆粒颜色由青逐渐变为紫褐色，豆粒子表皮留有很小的褐色点。成虫羽化后，咬一圆孔钻出豆粒。被害的豆粒呈空洞或缺刻，致使40%以上的种子丧失发芽力。

防治方法：①物理防治。在整个结荚期，将波长为 400～440nm 的光源安装在智能太阳能诱虫灯上，置于甘草稠密且开花繁茂区域，每 $3hm^2$ 安装一台杀虫灯，灯开关调成自动挡。晚上 21:00 左右自动亮灯，凌晨 4:00 左右灭灯。②仓储期种子处理。甘草种子收获后，将种子用透气性袋子包装，放置在密闭仓库，以“口”字形摆放整齐，采用 58%磷化铝片 $10g/m^2$ 熏蒸处理 7 天，药剂在仓库均匀放置，熏蒸结束后散气 2～3 天。③药剂防治。甘草广肩小蜂越冬代成虫高峰期为甘草初花期，到开花率 25%期间，选用内吸药剂喷雾防治，间隔 5 天，连续防治 2～3 次。

6. 叶蝉

为害甘草的叶蝉主要有榆叶蝉、小绿叶蝉等。在甘草的整个生长期发生，6 月下旬至 8 月中旬为害重。若虫或成虫吸食甘草的叶、芽、幼枝、幼芽，先呈现出银白色的点状斑，随后叶片失绿呈淡黄色，脱落。

防治方法：清除甘草田四周的榆树及其他叶蝉类越冬寄主。为害高峰期用 2.5%溴氰菊酯乳油 1000～1500 倍液喷雾防治。用草蛉、瓢虫等天敌进行生物防治。

7. 短毛草象

短毛草象为鞘翅目象甲科害虫。是取食甘草茎叶的一种蓝绿色小象虫，常局部暴发为害，致使叶片残缺而影响产量。此虫为害期长，一般甘草田 5～9 月均可见到。为害盛期为 7 月上旬至 8 月上旬。主要取食叶片，取食后叶缘呈缺刻状。每年发生 2～3 代，以成虫或初龄幼虫在树皮缝隙、甘草及杂草根处越冬。

防治方法：秋季结合打草，破坏其越冬场所，降低越冬基数。喷施 2.5%溴氰菊酯乳油 1000～5000 倍液，每亩喷药液 45kg。

8. 宁夏胭珠蚧

宁夏胭珠蚧是珠蚧科胭珠蚧属害虫，是甘草根部的一种刺吸式害虫，除严重为害野生甘草外，内蒙古、宁夏、甘肃等地人工栽培的甘草均遇到过此类害虫毁灭性为害。该虫一年一代，以初孵若虫在寄主根际中越冬，生活史中仅有成虫阶段短暂生活于地面，其他阶段均生活于地下。主要为害期为每年 5 月上旬至 8 月上旬，为害期寄主根际上可见被有蜡质的珠形红色球体。

防治方法：防治时期是 3 月下旬至 5 月上旬的越冬若虫寻找寄主期及 8 月上旬至下旬前的成虫交配产卵期。前期可用内吸式杀虫剂开沟灌溉，后期可喷粉、喷雾触杀。适时早播，加强水肥及其他田间管理，促其增加生长量健壮早发，以增强抵抗病虫害的能力；对多年生甘草，6 月间深耕重耙，机械杀伤珠体，疏松土壤，促进植株生长，增强抗虫能力，在珠体尚未成熟前的 6～7 月挖甘草，珠体因脱离寄主而全部死亡，可大大减轻翌年的发生量。

（1）药剂防治　重点抓好成虫期及越冬后初龄若虫活动期施药。成虫期防治应掌握其羽化盛期，施药1～2次。可用4.5%甲敌粉，每亩用2.5～4kg，或喷施2.5%溴氰菊酯乳油3000倍液。对雄虫杀伤效果较好，对雌虫效果也达72%以上，并可减少产卵量和孵化率，有后效作用。

（2）初龄若虫期防治　4月中旬前后，土中的越冬若虫开始活动，寻觅寄主，可用50%辛硫磷乳油根施，每亩0.5kg，一般可在雨前或雨后开沟、施药、覆土。如土干无雨，根际施药后应浅水灌溉，以发挥药效。

（3）用磷化铝熏蒸防治　每平方米打孔投药3～4片（每片重3.3g），施药时间同上，施药后用塑料薄膜密闭6～8天，无药害，效果好。

十一、白芷

（一）生物学特征

1. 形态特征

白芷是伞形科当归属多年生草本植物，有多个变种。主根粗大，内部中空，常带紫色，多不分枝；茎深紫色，上部少分枝，密生短硬毛；下部叶及中部叶三角形；花紫色，少白色；果实长圆形至卵圆形，黄棕色，有时带紫色。花期7～8月，果期8～9月（图9-11，见彩插）。

图9-11　白芷

2. 分布和生境

白芷原产于青海东南部、甘肃南部（岷县西部洮河流域）及四川北部，多生长于海拔2600～4000m的高山灌丛、草甸、山谷及山坡草地。白芷对光照不敏感，适应性强。品种较多，有川白芷、杭白芷、山白芷等，禹白芷、川白芷被商务部公布为国家农产品地理标志。白芷常生长于林下、林缘、溪旁、灌丛及山谷地，国内北方各省多栽培供药用。

3. 功效

白芷具有解表散寒、祛风止痛、宣通鼻窍、燥湿止带、消肿排脓的功效。白芷可抑制酪氨酸酶的活性，阻止黑色素的生成，达到美白的效果，也可以治疗雀斑，同时其含有的主要化学成分还有抗肿瘤和保肝的作用。

4. 化学成分

主要为香豆素类，含量为 0.21%～1.22%，其中主要有氧化前胡素 0.06%～0.43%、欧前胡素 0.10%～0.83%、异欧前胡素 0.05%～0.15%。其他香豆素类成分有白当归素、白当归脑、脱水比克白芷素、佛手苷内酯、伞形花内酯、佛手酚、广金钱草碱、棕榈酸、豆固醇、β-谷固醇、β-胡萝卜苷。

白芷的挥发油鉴定出 69 种化学成分，主要有 3-亚甲基-6-(1-甲基乙基)环己烯、十八碳醇等。将白芷挥发油按适当比例溶于乙酸乙酯，用气质联用从中鉴定了 82 个化合物，其中含量较高的有环十二烷、土青土香烯酮、11,14-二十碳二烯酸甲酯、十四醇乙酸酯等。

测定白芷中含有 Ca、Cu、Fe、Zn、Ni、Co、Cr、Mo 等人体必需的营养素，其中 Fe、Ca、P 的含量较高，对人体有害的 Pb、Cd 含量极低，不会中毒，副作用也较小。

（二）病虫害及其防治措施

1. 斑枯病

白芷斑枯病又名白斑病，病原为白芷壳针孢，属半知菌亚门腔孢纲球壳孢目壳针孢属真菌。病菌以菌丝体和分生孢子器在植株基部残桩和地面病叶越冬，翌年春天病菌遇水后分生孢子器释放分生孢子，随水滴飞溅而传播，引起初感染。生长季病斑上形成新的分生孢子器和分生孢子，又进行多次侵染。5 月开始发病，随着植株生长茂密，田间湿度增大，为害也不断加重，种子带菌远距离传播。一般发病率在 30%以上，损失较重。

该菌主要为害叶片，病斑为多角形，初期暗绿色，后变为灰白，上面生有黑色小点。可使叶片全部枯死。发病初期叶片上产生黄褐色小斑，后扩大，受叶脉限制病斑呈多角形，直径 1～3mm，初浅灰色，后灰白色，上生黑色小点；发病重时多斑汇合，叶片局部或全部干枯。

发病环境及条件：以菌丝体或分生孢子随病残体在土壤中越冬或在留种植株叶柄残基上越冬，翌年分生孢子靠风雨淋溅传播。适宜发病温度在 15℃以上，多雨、潮湿、少日照、通风不良田发病重。

防治方法：①收获后或冬季彻底将田内病残体及剪除的叶柄残基集中烧毁。②控制田间湿度，雨后及时排水。③合理密植，科学施肥，增施磷、钾肥。及时清除病叶，保持田园卫生。④发病初期用 1∶1∶100 波尔多液或 80%代森锌可湿性粉剂 500 倍液、70%甲基托布津可湿性粉剂 1000 倍液、70%代森锰锌可湿性粉剂 600 倍液叶面喷洒，7 天喷 1 次，连喷 2 次以上。

2. 黄凤蝶和其他害虫

黄凤蝶属鳞翅目凤蝶科。以伞形花科植物的花蕾、嫩叶和嫩芽梢为寄主。每年发生代数因地而异。在高寒地区每年通常发生2代，温带地区一年可发生3～4代，分布范围较广。

白芷主要害虫还有桃蚜、胡萝卜微管蚜、赤条蝽、黄翅茴香螟、甘薯绮夜蛾、小青花金龟、日本丽金龟、红蜘蛛等。①防治桃蚜、胡萝卜微管蚜、赤条蝽可用0.3%苦参碱水剂500～1000倍液喷雾。②防治黄凤蝶、黄翅茴香螟、甘薯绮夜蛾幼虫，可用Bt乳剂200～300倍液喷雾。幼虫2～3龄可喷清虫菌（每克含菌100亿）300倍液进行防治。低龄幼虫也可用苦参碱植物杀虫剂稀释后喷雾。③小青花金龟、日本丽金龟成虫取食花，可以人工捕捉成虫，也可以用鱼藤精稀释后喷雾。④红蜘蛛防治可用0.3%苦参碱水剂500～1000倍液喷雾或用50%硫黄悬浮剂300倍液喷雾。

十二、地黄

（一）生物学特征

1. 形态特征

地黄属于玄参科地黄属植物，多年生草本，株高10～30cm，密被灰白色多细胞长柔毛和腺毛。根茎肉质肥厚，鲜时黄色，在栽培条件下直径可达5.5cm，茎紫红色。叶通常在茎基部集成莲座状，向上则强烈缩小成苞片，或逐渐缩小而在茎上互生；叶片卵形至长椭圆形，上面绿色，下面略带紫色或呈紫红色，长2～13cm，宽1～6cm，边缘具不规则圆齿或钝锯齿以至牙齿；基部渐狭成柄，叶脉在上面凹陷，下面隆起。

花梗长0.5～3cm，梗细弱，弯曲而后上升，在茎顶部略排列成总状花序，或几乎全部单生叶腋而分散在茎上；花萼钟状，萼长1～1.5cm，密被多细胞长柔毛和白色长毛，具10条隆起的脉；萼齿5枚，矩圆状披针形或卵状披针形抑或近三角形，长0.5～0.6cm，宽0.2～0.3cm，稀前方2枚各又开裂而使萼齿总数达7枚之多；花冠长3～4.5cm；花冠筒状而弯曲，外面紫红色，被多细胞长柔毛；花冠裂片，5枚，先端钝或微凹，内面黄紫色，外面紫红色，两面均被多细胞长柔毛，长5～7mm，宽4～10mm；雄蕊4枚；药室矩圆形，长2.5mm，宽1.5mm，基部叉开，而使两药室常排成一直线，子房幼时2室，老时因隔膜撕裂而成一室，无毛；花柱顶部扩大成2枚片状柱头。蒴果卵形至长卵形，长1～1.5cm。花果期4～7月（图9-12，见彩插）。

地黄药用部位为新鲜或干燥块根。秋季采挖，除去芦头、须根及泥沙，鲜

图 9-12　地黄

用；或将地黄缓缓烘焙至约八成干。前者习称鲜地黄，后者习称生地黄。

2. 分布与生境

中国各地及国外均有栽培，主要分布于辽宁、河北、江苏等地。生于海拔 50～1100m 的砂质壤土、荒山坡、山脚、墙边、路旁等处。

3. 功效

地黄在中药中可分为鲜地黄、干地黄、熟地黄、生地黄炭、熟地黄炭等。主要是地黄经过不同的炮制方法加工后，其性味、功效都有不同。鲜地黄性味甘、苦寒，归心、肝、肾经。

地黄甘重于苦，质润甘，苦寒清泄。入心、肝经，清热凉血而除烦、止血；入肾经，滋阴生津，润滑大肠而通便。祛邪扶正兼顾。血热、阴虚内热、阴血亏虚、津枯肠燥皆可，热盛阴伤者最宜。

鲜地黄苦重于甘，苦寒消泄，汁多甘润，长于清热凉血，热盛伤津及重热出血多用；干地黄长于滋阴凉血，阴虚血热、骨蒸劳热多用。

4. 化学成分

主要成分是环烯醚萜及其苷类，含梓醇、二氢梓醇、乙酰梓醇、地黄苷、桃叶珊瑚苷、密力特苷、去羟栀子苷、筋骨草苷等环萜烯苷类及毛蕊花糖苷等苯乙醇苷类成分。另外含有多种氨基酸、多种微量元素等，在医药开发和利用中具有重要作用。

（二）病虫害及其防治措施

1. 斑枯病

病原为毛地黄壳针孢，属半知菌亚门半知菌纲壳霉目壳霉科壳针孢属真菌。病菌以分生孢子器随病残体在土壤中越冬，次年分生孢子器遇水释放出分生孢子，随着水滴飞溅传播，侵染叶片并发病。病斑上产生新的分生孢子器和分生孢子，又引起多次再侵染，导致病害蔓延。雨后高温高湿有利于斑枯病发生，4 月始发，7～8 月多雨时为害严重，为害地黄的叶，叶面上有圆形不规则的黄褐色斑，并带有小黑点。

防治方法：发病初期喷 1∶1∶150 的波尔多液，13 天左右喷 1 次，连续 3～4 次，或用 60%代森锌可湿性粉剂 500～600 倍液 13 天左右喷 1 次，连续 3～4 次。烧毁病叶，并做好排水工作。8 月以后，夜凉昼热非常有利于斑枯病发生，条件适宜时5～7天即可大流行，造成大面积叶片卷曲干枯死亡。

2. 枯萎病

地黄枯萎病又名根腐病，是一种真菌性病害，由半知菌亚门尖孢镰刀菌侵染引起。以菌丝及厚垣孢子随病残体在土壤中越冬或种栽带菌土传播病害。

地黄枯萎病症状：5月始发病，6～7月发病严重，发病部位为地下部。大多先从须根开始，后延及根和肉质块茎。初期须根呈深褐色，后腐烂，再引起根和肉质块茎变黑褐腐烂。地上部植株叶片变褐枯萎。也有的为害叶基茎部，诱发根部腐烂。

防治方法：选地势高燥地块种植；与禾本科作物轮作，4年左右轮作1次。设排水沟。选用无病种根留种，用50%多菌灵可湿性粉剂1000倍液浸种；发病初期用50%多菌灵可湿性粉剂1000倍液浇灌，7～10天1次，连续2～3次。7月以后，可用80%代森锰锌可湿性粉剂或50%多菌灵可湿性粉剂等600～800倍液，每隔7～10天轮换进行叶面喷施预防，尤其是下雨前后应及时喷药。当田间出现枯萎病零星病株时，可用50%多菌灵可湿性粉剂加少量磷酸二氢钾对病株及周围健株进行灌根，每株灌药500g，连续2～3次，以防病害蔓延。

3. 病毒病

地黄病毒病又称花叶病，由花叶病毒引起。发病部位为叶片。发病初期叶片上产生近圆形黄白色斑，扩大后受叶脉限制呈多角形或不规则形大斑，叶片出现黄绿相间的斑驳花叶，叶皱褶畸形。植株矮小，块根不能肥大。

地黄花叶病的发病多为病株接触和蚜虫传播。4月下旬始显症，5～6月为发病盛期，进入高湿季节症状可隐蔽。土地瘠薄缺肥、板结黏重、排水不良、长势弱、田间杂草丛生、邻地种植烟草和马铃薯发病会加重。

防治方法：①培肥地力，增施磷、钾肥，培育壮苗，提高抗病能力。②选用无病毒种子繁殖，选育抗病品种。③可施用40%病毒清或病毒抑制素可湿性粉剂、病毒杀星500倍液。④用0.5%～1%褐藻酸钠及0.1%硫酸锌喷雾，还可尝试用克毒宝、毒消喷雾处理。

4. 大豆胞囊线虫病

地黄受害症状为生长过程中根部受害，地上部植株生长发育不良，矮小，茎叶发黄，花器群生，结实少或不结实。拔起病株，可见根系不发达，支根减少，细根增多，根上附有白色的颗粒状物，即病原线虫的雌虫——胞囊线虫。病原线虫全称为大豆胞囊线虫，该线虫属线虫门侧尾腺口纲垫刃目异皮线虫科胞囊线虫属。胞囊为柠檬形，初为白色，渐呈黄色，最后为褐色，长0.6mm。表面有斑纹。卵长椭圆形或圆筒形，大小为（50～111）$\mu m\times$（39～43）μm，藏于胞囊中。幼虫分为4龄，2龄以前雌雄相似，3龄以后雌雄可分。老熟雄虫呈线形，两端钝圆，多向腹侧弯曲，体长1.33mm。老熟雌虫呈柠檬形，大小为0.85mm×

0.51mm，白色、黄白色或褐色，体内充满卵粒。体壁角质层变厚，可直接转化为柠檬状的皮囊（或称胞囊），具有抵御不良环境的作用，在胞囊内卵可存活10年以上。大豆胞囊线虫的寄主范围较广，主要寄生豆科、唇形科、石竹科、玄参科的植物。我国大豆胞囊线虫的寄主植物有大豆、菜豆、赤豆、饭豆、野生大豆、半野生大豆、地黄、豌豆、泡桐等。

地黄大豆胞囊线虫病多发生在7月，发病后上部枯黄，叶子和块根瘦小，生许多根毛。病根和根毛上有许多白毛状线虫和棕色胞囊。严重时可造成绝收。

防治方法：①与禾本科作物轮作。②注意选用无病品种。③收获或栽种时将病残株，尤其是老株附近的细根集中火烧处理。④采用倒栽法留种，选留无病种栽。⑤用0.6%阿维菌素乳油2500倍液灌根。

5. 棉红蜘蛛

棉红蜘蛛是为害棉花的叶螨的统称，除棉花外也为害其他作物，地黄也受其害。包括朱砂叶螨、截形叶螨、二斑叶螨等。朱砂叶螨属蜱螨目叶螨科。若螨、成螨群聚于叶背吸取汁液，使叶片呈灰白色或枯黄色细斑，严重时叶片干枯脱落，并在叶上吐丝结网，严重影响植物生长发育。年生10～20代（由北向南逐增），越冬虫态及场所随地区而不同，在华北以雌成螨在杂草、枯枝落叶及土缝中越冬，在华中以各种虫态在杂草及树皮缝中越冬，在四川以雌成螨在杂草上越冬。暴雨对它有抑制作用。

红蜘蛛成虫和若虫5月在地黄叶背面吸食汁液，被害处呈黄白色小斑，至叶片褐色干枯。

防治方法：①农业防治。铲除田边杂草，清除残株败叶。②此螨天敌有30多种，应注意保护，发挥天敌自然控制作用。③药剂防治。当前对朱砂叶螨和二斑叶螨有特效的是仿生农药1.8%农克螨乳油2000倍液，效果极好，也可用1.8%阿维菌素乳油5000倍液、15%哒螨灵（扫螨净、牵牛星）乳油2500倍液、20%复方浏阳霉素乳油1000～1500倍液。

6. 轮纹病

地黄轮纹菌主要为害叶片，病斑圆形或近圆形，有的受叶脉限制呈半圆形或不规则形，大小2～12mm，初期浅褐色，后期中央略呈褐色或紫褐色，具同心轮纹。病部现黑色小点，即病菌分生孢子器。严重时病叶枯死。病原为地黄壳二孢，属半知菌纲壳霉科真菌。分生孢子器球形至扁球形，叶面生，初埋生，后突破表皮外露，器壁浅褐色，膜质，大小80～135μm。分生孢子无色透明，圆柱形，正直或略弯，两端较圆，具1隔膜，隔膜处稍缢缩或无，大小（6～10）μm×（2～3）μm。

病部出现黑色小点，即病菌分生孢子器。严重时病叶枯死。病菌以分生孢子器随病残体在土壤中越冬，翌年产生分生孢子进行初侵染和再侵染。该病发生较斑枯病早，一般5月上旬开始发病，6月进入发病盛期，7月中旬后逐渐减少。

防治方法：①地黄收获后及时清洁田园，病残体集中烧毁或深埋。②增施磷钾肥，雨后疏沟排水，防止湿气滞留，注意清除病叶。③发病初期开始喷洒70%代森锰锌可湿性粉剂500倍液或75%百菌清可湿性粉剂600～700倍液，隔7～10天1次，防治2～3次。

7. 地下害虫

地下害虫指的是一生或一生中某个阶段生活在土壤中为害植物地下部分、种子、幼苗或近土表主茎的杂食性昆虫。地黄地下害虫主要有地老虎、蝼蛄和金针虫。

防治方法：可用80%敌百虫可湿性粉剂100g加少量水，拌炒过的麦麸或豆饼5kg，于傍晚撒施，进行诱杀。

在地黄病虫害防治中，严禁使用高毒、剧毒、高残留或有“三致”作用的农药，以免农药残留污染环境及对人身造成伤害。

十三、当归

（一）生物学特征

1. 形态特征

当归是伞形科当归属多年生草本植物。高0.4～1m。根圆柱状，分枝，有多数肉质须根，黄棕色，有浓郁香气。茎直立，绿白色或带紫色，有纵深沟纹，光滑无毛。叶三出式2～3回羽状分裂，叶柄长3～11cm，基部膨大成管状的薄膜质鞘，紫色或绿色，基生叶及茎下部叶轮廓为卵形，长8～18cm，宽15～20cm，小叶片3对，下部的1对小叶柄长0.5～1.5cm，近顶端的1对无柄，末回裂片卵形或卵状披针形，长1～2cm，宽5～15mm，2～3浅裂，边缘有缺刻状锯齿，齿端有尖头；叶下表面及边缘被稀疏的乳头状白色细毛；茎上部叶简化成囊状的鞘和羽状分裂的叶片。

复伞形花序，花序梗长4～7cm，密被细柔毛；伞辐9～30；总苞片2，线形，或无；小伞形花序有花13～36；小总苞片2～4，线形；花白色，花柄密被细柔毛；萼齿5，卵形；花瓣长卵形，顶端狭尖，内折；花柱短，花柱基圆锥形。花期6～7个月。

果实椭圆至卵形，长4～6mm，宽3～4mm，背棱线形，隆起，侧棱呈宽而薄的翅，与果体等宽或略宽，翅边缘淡紫色，棱槽内有油管1，合生面有油管2。果期7～9月（图9-13，见彩插）。

图 9-13　当归

2. 分布与生境

原产于亚洲西部，欧洲及北美各国多有栽培。主产于甘肃东南部，以岷县产量多、质量好，其次为云南、四川、陕西、湖北等省。国内有些省区也已引种栽培。

为低温长日照作物，宜高寒凉爽气候，在海拔 1500～3000m 均可生长。在低海拔的地区栽培抽薹率高，不易越夏。幼苗期喜阴，透光度为 10%，忌烈日直晒，成株能耐强光。宜土层深厚、疏松、排水良好、肥沃富含腐殖质的砂质壤土栽培，不宜在低洼积水或者易板结的黏土和贫瘠的砂质土栽种，忌连作。

3. 功效

具有补血活血、调经止痛、润肠通便之功效。常用于血虚萎黄、眩晕心悸、月经不调、经闭痛经、虚寒腹痛、风湿痹痛、痈疽疮疡、肠燥便秘。

4. 化学成分

当归中含 β-蒎烯、α-蒎烯、莰烯等中性油成分，对甲基苯甲醇、5-甲氧基-2,3-二甲苯酚等酸性油成分及有机酸、糖类、维生素、氨基酸等。

（二）病虫害及其防治措施

当归常见的病害主要有麻口病、褐斑病、根腐病、锈病、菌核病，虫害主要有桃粉蚜、地老虎、黄凤蝶等。

1. 麻口病

当归麻口病也叫干烂病，病原为燕麦镰刀菌，这种病菌属于真菌类。麻口病除了由燕麦镰刀菌引起外，还与其他的病原联合作用，其中当归茎线虫和地下害虫的侵害会加重麻口病的危害程度。麻口病的症状主要表现为：感病后，首先是根部受到影响，植株上部几乎看不出什么异常。在发病初期，当归植株的根部外表没表现异常，但在根的内部出现咖啡色的腐烂。发病后期，根部会出现裂口，根出现畸形根，并快速腐烂。由于线虫侵染，地上植株的茎秆内部维管束受到损害，导致维管束发黑腐烂，整个植株因为营养供给受阻而枯萎死亡。

一般移栽后的4月中旬、6月中旬、9月上旬、11月上旬为其发病高峰期，为害根部，地下害虫和线虫联合作用加速病情发生。

防治方法：每亩用40％多菌灵胶悬剂250g加水150kg，每株灌稀释液50g，5月上旬、6月中旬各灌1次。

2. 褐斑病

当归褐斑病病原菌为半知菌亚门半知菌纲壳霉目壳霉科壳针孢菌属。分生孢子器圆形，分生孢子线形至针形，无色透明，正直或微弯，多数顶端略尖，1～3个隔膜。

发病初期叶面出现褐色斑点，边缘呈现红褐色，中心灰白色。后期在病斑内出现黑色小颗粒，病情严重时叶片大部分呈红褐色，最后逐渐枯萎死亡。

防治方法：①清洁田园，焚烧或深埋病残落叶。②施足底肥，适时追肥，增施磷、钾肥。③发病初期摘除病叶后用1∶1∶100波尔多液或65％代森锌可湿性粉剂500倍液，50％甲基托布津可湿性粉剂、50％多菌灵可湿性粉剂、50％苯来特可湿性粉剂、50％丹可湿性粉剂600～800倍液喷洒，7～10天喷1次，喷1～2次。

3. 根腐病

当归根腐病又名当归烂根病。病原菌比较复杂，有研究表明致病菌有立枯丝核菌、核盘菌、紫卷担子菌，也有人提出当归根腐病由南方根结线虫和丁香假单胞杆菌引起。还有人从当归根腐病样品中分离出镰刀菌、腐霉菌和软腐病细菌。

危害根、茎。发病植株根部组织初呈褐色，进而腐烂成水浸状，只剩下纤维状空壳。茎呈褐色水渍状，地上部分生长停止，植株矮小。叶片上出现椭圆形褐色斑块，发病严重的叶片枯黄下垂，最终整株死亡。

防治方法：①注意选地选种。选择排水良好、透水性强的砂质土壤作栽培地；实行轮作和高垄栽种；移栽前，用敌克松加新高脂膜进行土壤消毒处理；选用健壮无病种苗移栽，并用新高脂膜进行拌种处理。②加强田间管理。适当增施磷、钾肥，及时中耕除草，提高植株抗病能力。遇干旱天气，要及时灌水保墒。当缓苗后叶片开始扩展时，向叶面上喷施药材根大灵，促使叶面光合作用产物（营养）向根系输送，提高营养转换率和松土能力，使根茎快速膨大，药用物质含量大大提高。③药剂防治。及时拔除病株，集中烧毁，病穴中施一撮石灰粉，并用适量甲基托布津加新高脂膜全面喷洒病区，以防蔓延。

4. 锈病

当归锈病主要为害当归叶片，也为害叶柄及果柄。病原主要为担子菌亚门担子菌纲锈菌目柄锈科柄锈菌属的菊柄锈菌。

夏孢子堆散生或群生在叶背面，裸露，褐色。冬孢子堆附着在叶的两面，裸露，黑色。在温度 18～22℃、相对湿度 75%～80%的条件下蔓延迅速，7～8 月发病严重。

防治方法：①收获后将残株病叶收拾烧毁，减少越冬菌源。②发病初期喷 0.2 波美度石硫合剂或 97%敌锈钠 400 倍液，每 7 天 1 次，连喷 2～3 次。③或用粉锈宁 25%可湿性粉剂 2000 倍液，每隔 15 天喷 1 次，连喷 2～3 次。

5. 菌核病

当归菌核病病原菌为子囊菌亚门锤舌菌纲柔膜菌目核盘菌科核盘菌属真菌。菌核着生在植物表面或植株器官内部空腔的气生菌丝上，似鼠粪状，不规则，由菌丝构成。

主要为害根、叶。植株发病初期叶片变黄，后期植株萎蔫，根部组织腐烂成为空腔，腔内含有多个黑色鼠粪状菌核。病原菌以菌核在种子、病苗、病残体或土壤内越冬，在 12 月至翌年 2～3 月形成子囊果，产生子囊孢子，借风雨飞散，扩大为害。该菌为低温性病害，低温高湿、杂草多、管理粗放利于发病。

防治方法：①集中清除烧毁发病植株和土壤中菌核，杜绝病菌源。②水旱轮作，消除土壤中的菌核。③选用无病苗移栽，移栽前用 0.05%代森铵水剂浸泡 10min，对种苗进行消毒。④早期及时拔除病株，挖去病穴土壤，并用生石灰消毒，防止病害扩散为害。⑤发病初期喷洒 600 倍液 65%代森锌可湿性粉剂或波尔多液（1∶1∶300）浇灌。

6. 桃粉蚜

桃粉蚜又名桃大尾蚜，属同翅目蚜科。成蚜、若蚜聚集在当归新梢和嫩叶叶背吸食汁液，使心叶嫩叶卷曲皱缩以至枯萎，植株矮小，并能传播多种植物病毒，加重病毒危害，严重影响当归产量。以卵在桃、李等树皮上越冬，尤以枝梢芽缝上为多。

防治方法：①栽培当归的地块，应远离桃、李、杏、梅等越冬寄主植物，以减少虫源；②在桃粉蚜迁入当归田盛期进行药剂防治，用 50%灭蚜松乳剂 1000～1500 倍液喷杀，每隔 5～7 天 1 次，连续 2～3 次。

7. 地老虎

当归地老虎主要有小地老虎和黄地老虎，属于鳞翅目夜蛾科。以幼虫为害当归幼苗，昼伏夜出，咬断根茎，造成缺苗断垄。

防治方法：①及时清除田间杂草，减少过渡性寄主，消灭虫卵和幼体。②在田间设置糖醋液诱集成虫，用棕丝、麻袋片诱蛾产卵，用泡桐叶诱幼虫。③将 50%辛硫磷乳油 1000 倍液和 2.5%溴氰菊酯乳油 1000 倍液施于幼苗根际，杀灭害虫。

8. 黄凤蝶

当归黄凤蝶又称茴香凤蝶，属鳞翅目凤蝶科。为大型蝶类，有春型、夏型之分。夏型体长约25mm，翅展90mm，春型体略小。体黄色，背部有黑纹纵贯。前后翅均为黄色，外缘及翅脉为黑色，形成黄黑相间的斑纹。前翅基部黑色，散布黄色鳞粉。后翅亦有黄黑斑纹，后缘角有1个赤褐色圆斑，周围排列着6个大小不等的蓝斑。

在当归种植地1年发生2～3代，以蛹附在枝条上越冬。翌年4月上中旬羽化，第1代幼虫发生于5～6月，成虫于6～7月间羽化。第2代成虫发生于7～8月间，成虫白天活动，在当归叶上产卵。幼虫孵化后，白天潜伏在叶下，夜间咬食叶片，5～6月、7月下旬～8月为害较重，10月以后幼虫化蛹越冬。以幼虫为害，于夜间咬食叶片，严重影响当归生长，降低产量。

防治方法：①幼虫发生初期和3龄期以前，结合田间管理人工捕杀幼虫。②发生期用90%晶体敌百虫1000倍液喷杀，每周1次，连喷2～3次。

十四、板蓝根

（一）生物学特征

1. 形态特征

板蓝根，中药名。为十字花科菘蓝属菘蓝的干燥根。二年生草本，植株高50～100cm。光滑无毛，常被粉霜。根肥厚，近圆锥形，直径2～3cm，长20～30cm，表面土黄色，具短横纹及少数须根。基生叶莲座状，叶片长圆形至宽倒披针形，长5～15cm，宽1.5～4cm，先端钝尖，边缘全缘，或稍具浅波齿，有圆形叶耳或不明显；茎顶部叶宽条形，全缘，无柄。总状花序顶生或腋生，在枝顶组成圆锥状；萼片4，宽卵形或宽披针形，长2～3mm；花瓣4，黄色，宽楔形，长3～4mm，先端近平截，边缘全缘，基部具不明显短爪；雄蕊6，4长2短；雌蕊1；子房近圆柱形；花柱界限不明显，柱头平截。短角果近长圆形，扁平，无毛，边缘具膜质翅，尤以两端的翅较宽，果瓣具中脉。种子1颗，长圆形，淡褐色。花期4～5月，果期5～6月（图9-14）。

图9-14　菘蓝

2. 分布与生境

新疆、内蒙古、陕西、甘肃、河北、山东、江苏、浙江、安徽均有栽培。菘蓝对气候和土壤条件适应性很强，喜温暖，耐严寒，怕水涝，喜阳光充足、土层深厚、疏松肥沃、排灌条件良好的砂质土壤。

3. 功效

清热解毒、凉血消斑，治温病发热、发斑、风热感冒、咽喉肿痛、丹毒、流行性乙型脑炎、肝炎和腮腺炎等症。

4. 化学成分

2,4(1*H*,3*H*)-喹唑二酮、5-羟基-2-吲哚酮、靛蓝、靛玉红和扶桑甾醇。

（二）病虫害及其防治措施

1. 轮纹病

轮纹病是菘蓝重要的病害之一。发病初期叶片上出现近圆形病斑，直径4～12mm，暗褐色，有轮纹，后期上生小黑点，即病原菌的分生孢子器。

该病为空气传染病害，前茬作物的病残体为初侵染源。病菌以分生孢子器或子囊壳形态附着在枯死叶片上越冬。环境条件差时，则以子囊孢子形态越冬或越夏。当环境条件适合生育时，子囊孢子飞散，成为当年初侵染源。初侵染后，侵入叶片的病原菌增殖，在病斑组织内形成繁殖器官（分生孢子器），不久即形成孢子黏块。孢子黏块经风雨传播，再次侵染健康植株的叶片。病原菌在25℃以下的较低温度下发育良好。

防治方法：清除病叶，集中烧毁。雨后及时开沟排水。发病前及时喷1∶1∶500的波尔多液，每隔10～14天喷1次，连续3～4次。

2. 枯萎病

病原是尖孢镰刀菌，属真菌中的半知菌。发病初期叶柄出现水浸状的褐色病斑，外缘叶片向心叶蔓延，叶柄腐烂。地上部分逐步萎蔫下垂，地下部分腐烂。

防治方法：发现病株应立即拔除烧毁；实行轮作，每隔3～5年轮种1次；及时开沟排水；种前用50%退菌特0.1%溶液浸泡种子3～5min；发病初期用50%退菌特0.1%溶液或50%多菌灵0.1%溶液喷雾，每隔7～10天喷1次，连续2～3次。

3. 霜霉病

菘蓝霜霉病病原是菘蓝霜霉，属鞭毛菌亚门真菌。该菌为害菘蓝的叶片，其次是茎、花梗和种荚等。发病初期叶正面出现边缘不甚明显的黄白色病斑，逐渐扩大，受叶脉所限，变成多角形或不规则形；叶背面长出一层灰白色的霜霉状物，即病菌的孢囊梗和孢子囊。湿度大时，病情发展迅速，后期病斑扩大变成褐色，叶色变黄，叶片干枯死亡。茎及花梗受害，常肿胀弯曲成龙头状。茎秆黑色，有裂缝，病部亦有灰白色霜霉状物，严重时植株矮化，荚细小弯曲，未熟先裂或不结实。花梗、花瓣、花萼及角果等受害后有褐色病斑，病斑上有白色霉层，并引起组织变形。

防治方法：①选择地势较高、排水良好的地块栽植，低湿地做高畦栽培。②合理密植，增施基肥，注意氮、磷、钾肥合理搭配，促进植株生长健壮，增强其抗病能力。③雨后及时排水，防止湿气滞留。④及时清除田间病株残体及杂草，以有效降低病原菌的群体基数，减轻危害。⑤发病期可用58%甲霜灵·锰锌可湿性粉剂800倍液，或64%杀毒矾可湿性粉剂500～600倍液，或75%百菌清可湿性粉剂600倍液，或72%杜邦克露可湿性粉剂800倍液等药剂喷施防治。

4. 红蜘蛛

红蜘蛛，又名叶螨，我国的种类以朱砂叶螨为主，属蛛形纲绒螨目叶螨科。

发生在6～7月间。发生后叶上出现黄白点，进而渐黄，叶背出现蜘蛛网，后期叶片皱缩而布满许多红色小点，即红蜘蛛。红蜘蛛的繁殖能力很强，最快约5天可繁殖一代。此螨喜欢高温干旱环境，因此，在高温干旱的气候条件下其繁殖迅速，为害严重。

防治方法：①农业防治。清除田间、路边、渠道旁杂草及枯枝落叶，整地，消灭越冬虫源。②药剂防治。红蜘蛛发生危害初期至若螨始盛期是防治的最佳时间，使用杀螨剂2～3次，防治间隔期5～7天。药剂重点喷植株上部嫩叶背面以及嫩茎、花器和幼果，喷药要均匀。药剂可选用1.8%阿维菌素乳油2000～3000倍液，或1%阿维菌素（杀虫素）乳油2500～3000倍液，或75%炔螨特（克螨特）乳油1000倍液，或3.3%阿维·联苯菊酯（天丁）乳油1000～1500倍液，或20%复方浏阳霉素乳油1000倍液，或20%双甲脒（螨克）乳油1000～1500倍液。以上药剂注意交替使用。

5. 菜粉蝶

菜粉蝶又称菜青虫，属鳞翅目粉蝶科粉蝶属昆虫。

菜青虫初龄期在叶背啃食叶肉，残留表皮，呈小型凹斑，3龄以后吃叶成孔洞或缺刻。严重时，只残留叶脉和叶柄。同时排出大量粪便，污染叶片，使药材品质变劣，且虫伤又为软腐病菌提供了入侵途径，导致植株发生软腐病，加速全株死亡。

防治措施：①清洁田园。收获后及时清除田间残株败叶，集中烧毁，以减少虫口密度。②人工捕捉。捕捉幼虫、蛹和成虫，成虫可用网捕。③保护和利用天敌昆虫。此法既可防虫又可保护环境，减少农药的污染。菜青虫的天敌有：寄生在蛹上的有金小蜂、广大腿小蜂；寄生在幼虫上的有黄内茧蜂；寄生在卵上的有广赤眼蜂；捕食性的猎蝽、胡蜂及寄生性的细菌、真菌、病毒。以上天敌在抑制虫口上，起到很大作用。④生物农药防治。用100亿活芽孢/g苏云金杆菌可湿性粉剂，每亩用100～300g兑水50～60kg喷雾；或用100亿活芽孢/g青虫菌粉剂1000倍液喷雾；或用100亿活芽孢/g杀螟杆菌可湿性粉剂加水稀释成1000～1500倍液喷雾。以上药剂任用一种，于害虫初现期开始喷雾，7～10天喷1次，可连续喷2～3次。以上生物农药可兼杀植株上其他蝶蛾类害虫。但须注意的是，离桑园较近的蔬菜地不能使用以上生物农药，也不能与化学杀菌剂混用。

6. 小菜蛾

小菜蛾属鳞翅目菜蛾科菜蛾属昆虫。主要为害十字花科植物。为害特点：初龄幼虫仅取食叶肉，留下表皮，在叶上形成一个个透明的斑，3～4龄幼虫可将叶片食成孔洞和缺刻，严重时全叶被吃成网状。可为害嫩茎、嫩叶、籽粒，以蛹在田间残株、墙缝等处越冬，翌年春天羽化。

防治方法：①农业防治。合理布局，尽量避免十字花科作物连作，及时处理残株败叶可消灭大量虫源。②物理防治。小菜蛾有趋光性，在虫发生期可放置黑光灯诱杀小菜蛾，以减少虫源。③生物防治。采用生物杀虫剂，如Bt乳剂600倍液可使小菜蛾幼虫感病致死，甘蓝夜蛾核型多角体病毒600倍液也可使小菜蛾幼虫感病致死。④药剂防治。可采用灭幼脲、氟虫脲等农药防治。注意交替使用或混合配用，以减缓抗药性的产生。

十五、泽泻

（一）生物学特征

1. 形态特征

泽泻是泽泻科泽泻属植物，多年生水生或沼生草本。块茎直径1～2cm，或更大。叶通常多数，沉水叶条形或披针形，挺水叶宽披针形、椭圆形至卵形，长2～11cm，宽1.3～7cm，先端渐尖，稀急尖，基部宽楔形、浅心形，叶脉通常5条，叶柄长1.5～30cm，基部渐宽，边缘膜质。花葶高78～100cm或更高，花序长15～50cm，或更长，具3～8轮分枝，每轮分枝3～9枚；花两性，花梗长1～3.5cm；外轮花被片广卵形，长2.5～3.5mm，宽2～3mm，通常具7脉，边缘膜质；内轮花被片近圆形，远大于外轮，边缘具不规则粗齿，白色、粉红色或浅紫色；心皮17～23枚，排列整齐，花柱直立，长7～15mm，长于心皮，柱头短，约为花柱的1/9～1/5。花丝长1.5～1.7mm，基部宽约0.5mm，花药长约1mm，椭圆形，黄色或淡绿色；花托平凸，高约0.3mm，近圆形。瘦果椭圆形，或近矩圆形，长约2.5mm，宽约1.5mm，背部具1～2条不明显浅沟，下部平，果喙自腹侧伸出，喙基部凸起，膜质。种子紫褐色，具凸起。花果期5～10月（图9-15，见彩插）。

图9-15　泽泻

2. 分布与生境

分布于亚洲、欧洲、非洲、北美洲、大洋洲等地，在中国分布于黑龙江、吉林、辽宁等省区。生于湖泊、河湾、溪流、水塘的浅水带，沼泽、沟渠及低洼湿地亦有生长。喜温暖湿润和阳光充足的气候环境，幼苗喜荫蔽，成株喜阳光、怕寒冷，海拔800m以下的地区一般都可生长。宜在靠近水源、腐殖质丰富、保水性良好、稍带黏性的土壤中生长，持水性差或土温低的冷浸土壤不宜生长。

3. 功效

利水渗湿、泄热、化浊降脂。用于小便不利、水肿胀满、泄泻尿少、痰饮眩晕、热淋涩痛、高脂血症。

泽泻有明显的利尿作用，作用强弱与采收季节、药用部位、炮制方法、给药途径等有关。冬季采集的正品泽泻利尿作用最强，春季采集者则稍差。另外，泽泻还有抑制肾结石形成、降血糖血脂及抗动脉粥样硬化、抗脂肪肝、抗肾炎活性及免疫调节等作用。

4. 化学成分

主要化学成分是三萜及倍半萜类，还含有二萜、挥发油、生物碱、黄酮、蛋白质及淀粉等化学成分。

（二）病虫害及其防治措施

1. 白斑病

泽泻白斑病又称炭枯病，是由真菌半知菌引起的病害，病原菌为泽泻座精孢。主要为害泽泻科植物的叶片，影响植物的产量和品质。

8～9 月发病。移栽 15 天后和抽薹期染病叶片上有许多红褐色小圆形病斑，后病斑逐渐扩大到 2mm，中央灰白色、略凹陷，边缘红褐色，随后病斑相互融合，形成炭枯状。发病严重时，叶片枯黄，整株枯死。

以菌丝体随病残体在寄主及土表越冬。翌年产生分生孢子，随气流、风雨传播。高温、多雨、田间湿度大、植株荫蔽、通风不良及偏施氮肥、田间积水易发病。

防治方法：播种前用 40%福尔马林 80 倍液浸种 5min 晾干播种；发病期用 65%代森锰锌可湿性粉剂 500～600 倍液，7～10 天喷 1 次，连喷 2～3 次。并且摘除病叶。

2. 福寿螺

福寿螺是瓶螺科瓶螺属软体动物。外观与田螺相似，具一螺旋状的螺壳，颜色随环境及螺龄不同而异，有光泽和若干条细纵纹，爬行时头部和腹足伸出。头部有 2 对触角，前触角短，后触角长，后触角的基部外侧各有一只眼睛。螺体左边有 1 条粗大的肺吸管。成贝壳厚，壳高 7cm，幼贝壳薄，贝壳的缝合线处下陷呈浅沟，壳脐深而宽。

福寿螺喜欢生活在水质清新、饵料充足的淡水中，多群栖息于池边浅水区。食性广，是以植物性饵料为主的杂食性螺类，主要取食浮萍、蔬菜、瓜果等，尤其喜欢吃带甜味的食物，也爱吃水中的动物腐肉。喜啃食刚移栽泽泻的幼苗和嫩叶，造成植株死亡。

防治方法：

（1）农业防治　溪河渠道中和水沟低洼积水处是福寿螺越冬的主要集中区域，这为集中消灭福寿螺创造了有利条件。利用整治沟渠机会，破坏福寿螺的越冬场所，降低冬后残螺量。结合田间管理，在福寿螺的产卵高峰期将田间、沟渠边的卵块摘除后踩碎，或者埋到挖好的深坑中。利用晒田时成螺大部分集中于秧田沟内和进排水口处，宜采取人工拾螺以控制其危害。

在春、秋季福寿螺产卵高峰期，在稻田中插些竹片、木条等，引诱福寿螺在这些竹片、木条上集中产卵，每 2～3 天摘除一次卵块并进行销毁。

（2）生物防治　在沟渠和作物移栽后，养鸭食螺。放鸭时间为作物移栽后 7～10 天至水稻孕穗末期，选择中小体型、鸭龄 30 天的免疫鸭苗，鸭苗放养密度为 20～25 只/亩；冬季集中放鸭于沟渠和农田啄食幼螺，减少越冬螺量。由于福寿螺成螺外壳坚硬，生物防治一般无法消灭成螺。

作为四大家鱼之一的青鱼喜爱食螺，淡水鱼塘水库如果有福寿螺，每亩放两三尾青鱼即可有效去除幼螺。

（3）化学防治　灭螺化学药剂种类很多，但这些药物在发挥效力的同时也具有一定的毒副作用，在推广使用时要加以监管和指导。大面积防治宜采用药剂防治，主要药剂包括：

① 茶籽饼。茶籽饼被粉碎后，按 3～5kg/亩的用量均匀撒于排灌沟或已经翻耕好的地块上，能达到 90%左右的防治效率。

② 70%贝螺杀。每亩稻田喷施 50g 70%贝螺杀兑水 50kg，可达 90%以上的防治效率，但此药会刺激人体黏膜，还能毒杀鱼类等水生生物，所以必须谨慎使用。

③ 6%密达。在插植当天或次日，每亩撒施 0.5～0.7kg 6%密达拌细土 40kg，可实现 80%～90%的毒杀效果。

如螺害过于严重，建议隔 10 天再用一次药。特别提醒：由于杀螺剂会对鱼类产生毒害，因此，施药后 7 天内切不可向鱼塘排入此类田水。

3. 莲缢管蚜

莲缢管蚜为同翅目常蚜科缢管蚜属的一种昆虫。寄生于药用植物慈姑、荷花、泽泻、香蒲、旱金莲、鸡冠花等。以成蚜、若蚜群集于水生植物的嫩茎、柄和嫩叶反面刺吸为害。受害植株叶片卷缩，生长停滞，不能绽蕾开花，严重时可造成枯叶，甚至全株枯死。

每年 7～8 月为害泽泻叶柄和嫩茎。可用 90%敌百虫 1000 倍液或 40%吡虫啉 600 倍液喷雾防治。每周 1 次，连续喷施 2 周进行防治。

4. 银纹夜蛾

银纹夜蛾为鳞翅目夜蛾科的一种昆虫。银纹夜蛾是多食性害虫，主要为害十字花科、豆科、茄科、伞形花科植物等。低龄幼虫蚕食叶肉，残留一层透明的表皮，大龄幼虫将叶片吃成孔洞或缺刻，甚至将叶片吃光。以幼虫咬食泽泻叶片，8～9 月为害最严重。

防治方法：在喷洒药剂防治菜青虫、菜蛾时可兼治此虫，提倡施用每克含 100 亿以上孢子的青虫菌粉剂 1500 倍液。化学防治可选用 10%吡虫啉可湿性粉剂 2500 倍液或 5%抑太保乳油 2000 倍液，于低龄期喷洒，隔 20 天 1 次，防治 1 次或 2 次。

第十章

全草类

全草类中药是指可供药用的植物地上部分或全株。常见的全株入药的有蒲公英；地上叶入药的淫羊霍；地上部分入药的广藿香、益母草，草本植物肉质茎或草质茎入药的锁阳、石斛等；地上带花、果实等入药的荆芥；小灌木的草质茎枝梢入药的麻黄，或常绿寄生小灌木，如槲寄生等。

本章主要介绍唇形科广藿香、马兜铃科北细辛、列当科肉苁蓉等药材的生物学特性，以及功效、药理和田间管理中病虫害防治等生产安全性问题。

一、广藿香

（一）生物学特征

1. 形态特征

广藿香为唇形科刺蕊草属草本植物，多年生草本，高 30～100cm，揉之有香气。茎直立，上部多分枝，老枝粗壮，近圆形；幼枝方形，密被灰黄色柔毛。叶对生，圆形或宽卵圆形，长 2～10cm，宽 2.5～7cm，先端短尖或钝，基部楔形或心形，边缘有粗钝齿或有时分裂，两面均被毛，脉上尤多。叶柄长 1～6cm，有毛。轮伞花序密集成穗状花序，密被长绒毛；花萼筒状，5 齿；花冠紫色，4 裂，前裂片向前伸；雄蕊 4，花丝中部有长须毛，花药 1 室。小坚果近球形，稍压扁。我国栽培的稀见开花（图 10-1，见彩插）。

2. 分布与生境

图 10-1　广藿香

广藿香原产于菲律宾等亚热带地区，中国广东等地有栽培。适宜生长在阳光充足、温暖的气候环境，喜湿润，忌干旱，怕积水，喜阳光，但苗期不耐强光照，需要适度遮阴，喜排水良好、疏松、土层深厚的微酸性砂质土壤，常生长在山坡或路旁，繁殖方式以扦插繁殖为主。

3. 功效

芳香化浊、和中止呕、发表解暑。用于湿浊中阻、脘痞呕吐、暑湿表证、湿温初起、发热倦怠、胸闷不舒、寒湿闭暑、腹痛吐泻、鼻渊头痛。

4. 化学成分

含挥发油，油中主要成分为广藿香醇，并含 α-广藿香萜烯、β-广藿香萜烯、γ-广藿香萜烯、α-愈创烯、α-布藜烯、广藿香酮、丁香烯、丁香酚及广藿香吡啶碱等。

（二）病虫害及其防治措施

1. 根腐病

广藿香根腐病是一种土传病害，主要是由于土壤中真菌侵染植株根部，导致根部腐烂，植株上部无法汲取养分及水分，影响正常生理代谢过程，最终全株死亡。

根腐病是由多种病原引起的病害。已知病原主要有三类：疫霉菌、腐霉菌和镰刀菌。大部分植物受到病原菌侵害后根部变黑，逐渐腐烂；地上部分叶片发黄，随后脱落，最终植株枯萎死亡。根腐病的病原菌在土壤中和病残体上过冬，是次年的主要初侵染源。其发生与气候条件关系很大，发病时间一般多在 3 月下旬至 4 月上旬，5 月进入发病盛期。植物根部受线虫、害虫危害后产生伤口被病原菌侵入，也是根腐病的发病原因。

广藿香根腐病发生在根部，地下茎与根的交界处较容易腐烂，然后逐渐蔓延至植株的地上部分。致使皮层变成褐色并腐烂有酒精味，常流出褐色胶质，枝叶萎蔫而枯死。根腐病主要是在盛夏酷暑高温（28℃以上）、多雨、土壤黏重，或干湿度变化大、排水不良、栽植过深、根部受伤，以及水肥不足、植株衰弱等情况下发病。

防治方法：①局部发病时，应及时挖除病株烧毁，在病株处土壤中撒施石灰消毒。附近的其他植株可以用 25%多菌灵可湿性粉剂 500～1000 倍液喷雾，连续喷洒2～3次，间隔期3～5天，或用75%百菌清可湿性粉剂500～600倍液喷雾，连续3～4次，间隔期2～3天。以防止病菌扩散、蔓延，并将健壮枝条压埋入土，让它萌生新的根系。如果发生根腐病、软腐病的面积较大，可用百菌清浇灌病株进行防治。浓度参照说明书，并且视病情而定。②生物农药防治。目前多采用氨基寡糖素高效生物免疫杀菌剂，常用量为每亩20～50mL稀释为800～1500倍液。采用喷雾法，连续喷洒3次，间隔期为7天。暑天要种植其他农作物以遮阴，或用草覆盖遮阴。雨季要及时排除积水，避免土壤湿度过大。③栽种前对土壤进行消毒，栽时用65%代森锌可湿性粉剂100倍液或50%多菌灵可湿性粉剂1000倍液或1∶1∶100波尔多液浸根10min。④发病前每平方米浇灌10kg 50%多菌灵可湿性粉剂200倍液，发病期用50%甲基硫菌灵悬浮剂1000～2000倍液或50%多菌灵可湿性粉剂500～1000倍液浇灌病株。⑤不宜连作，否则会导致广藿香植株发生病害。

2. 角斑病

广藿香角斑病属细菌性病害，病原菌为丁香假单胞杆菌黄瓜角斑病致病变种，属薄壁菌门假单胞菌属，主要为害叶片，开始时呈水渍状病斑，以后逐渐扩大成多角形褐色病斑，后期病斑呈灰白色，易穿孔。湿度大时，病斑上产生白色黏液，即菌脓。严重时叶片干枯脱落。

该病为细菌性病害。病菌在种子或随病株残体在土壤中越冬。翌春由雨水或灌溉水溅到茎、叶上发病。菌脓通过雨水、昆虫、农事操作等途径传播。发病适宜温度为18～25℃，相对湿度为75%以上。在降雨多、湿度大、地势低洼、管理不当、连作、通风不良时发病严重，磷、钾肥不足时也容易发病。

防治方法：①种子处理。在无病区或无病植株上留种，防止种子带菌。催芽前应进行种子消毒。常用的方法有温汤浸种，用50℃温水浸20min，用新植霉素200mg/kg液或50%代森铵500倍液浸种1h；或用福尔马林液150倍液浸种1.5h，后洗净催芽。②栽培管理。与非瓜类作物实行2年以上的轮作。利用无菌的大田土育苗。利用高垄栽培，铺设地膜，减少浇水次数，降低田间湿度。保护地及时通风。雨季及时排水。及时清洁田园，减少田间病原。③药剂防治。铜制剂是防治细菌性角斑病的良好药剂。在开花结实期可用喹啉铜、氢氧化铜，在芽期有碱式硫酸铜、噻虫胺等。抗生素如春雷霉素、中生菌素、链霉素等，可有效预防和治疗角斑病。

3. 褐斑病

广藿香褐斑病，又称立枯丝核疫病，主要是由半知菌亚门真菌立枯丝核菌引起的一种叶部病害。一般认为褐斑病的病原为番薯尾孢，属真菌半知菌亚门丝孢目尾孢属。

发病初期表面形成圆形或近圆形的小病斑，中部淡褐色，边缘暗褐色，具有淡黑色霉状物，由呈水浸状病斑变成褐色病斑，导致叶片脱落。在多雨季节危害叶片，一般 5～6 月开始发生，7～8 月为发生盛期。

病原以菌丝体或分生孢子器在枯叶或土壤里越冬，借助风雨传播。夏初开始发生，秋季危害严重，高温高湿、光照不足、通风不良、连作等均有利于病害发生。

防治方法：①入冬前彻底清除田间病株残体，并集中烧掉，以减少侵染源。发病初期选用 50%代森锰锌可湿性粉剂 600 倍液、50%多菌灵可湿性粉剂 500 倍液或 77%氢氧化铜可湿性粉剂 600 倍液等药剂，视病情喷洒 2～3 次，间隔 10 天。②在高温高湿天气来临之前或其间，要少施或不施氮肥，保持一定量的磷、钾肥，避免串灌和漫灌，特别要避免傍晚灌水。发病时一定要摘除病叶烧毁。

4. 斑枯病

广藿香斑枯病病原菌属半知菌亚门，有两种，分别为杨生小球壳菌和杨小球壳菌。其中番茄壳针孢病菌以分生孢子器在病落叶内越冬，翌年 4～5 月释放分生孢子，借风传播，侵染幼叶，有再侵染发生。多在 6 月下旬开始发病，发病规律为自下而上，先从下部叶片发病，逐渐向上蔓延，7～9 月为盛期，9 月病叶开始脱落。

一般最初在叶正面出现褐色圆形小斑，后渐扩大为多角形大斑，为灰白色或浅褐色，边缘深褐色，斑内散生或轮生许多小黑点，为病菌的分生孢子器。叶背面有毛的叶片，病斑不明显；在叶背面无毛的叶片上，背面也有病斑和小黑点。一个病叶上可生数十个小斑，互相连接后，叶片变黄，干枯脱落。

防治方法：喷施 25%多菌灵可湿性粉剂 500～1000 倍液或 65%代森锌可湿性粉剂 500 倍液，每 7 天喷一次，连喷 2～3 次。

5. 虫害

（1）蚜虫　蚜虫主要吃食叶片、嫩梢。防治方法：用 80%敌敌畏乳油稀释 1000～1200 倍喷雾防治。

（2）红蜘蛛　主要为害叶片。防治方法：用 80%敌敌畏乳油 1000～1200 倍液喷雾防治。

（3）卷叶螟　幼虫在幼芽、幼叶上吐丝卷叶。防治方法：用敌百虫稀释喷杀。

（4）地下害虫　地老虎、蝼蛄、蟋蟀等地下害虫可咬断幼苗。防治方法：可用敌百虫做成毒饵诱杀或人工捕捉。

二、北细辛

（一）生物学特征

1. 形态特征

北细辛为马兜铃科植物。多年生草本，高 10～30cm。根茎横生，直径约 3mm，顶端分枝，节间长 2～3mm，节上生有多数细长的根，根粗约 1mm，捻之辛香。叶通常 2，心形或肾状心形，长 4～9cm，宽 5～13cm，脉上有短毛，下面被较密的毛；叶柄长约 15cm。花单生于叶腋；花被筒壶状，紫色，顶端 3 裂，裂片向外反卷；雄蕊 12，花丝与花药近等长；子房半下位，花柱 6。蒴果肉质，半球形。花期 5 月，果期 6 月（图 10-2）。

图 10-2 北细辛

2. 分布与生境

主要分布于辽宁省、吉林省、黑龙江省，陕西省、山西省、河北省、河南大别山区、山东省亦有少量分布。北细辛生于山坡林下、灌丛阴湿处。

3. 功效

北细辛味辛、性温，归心、肺、肾经，具有祛风散寒、祛湿、止痛效果。其功效有：①味辛，具有祛风散寒功能，可治疗风寒入侵导致的头痛、鼻炎、牙齿疼痛以及咳嗽、咳痰等呼吸道症状，如慢性支气管炎等。②可治疗风寒湿邪侵入体内出现的关节疼痛，如风湿、类风湿等。③北细辛含有的某些成分具有一定的抑菌效果，对于革兰氏阳性菌、枯草杆菌及伤寒杆菌存在一定的抑制作用。④北细辛适宜治疗风火牙痛、牙龈肿痛以及风寒湿痹、风热湿痹等引起的疼痛。

由于北细辛属于马兜铃科植物，所以应用时需要谨遵医嘱，防止发生肾脏损害。

4. 化学成分

全草含挥发油 2.65%，油中主要成分为甲基丁香酚，其他尚有黄樟醚、优香芹酮、β-蒎烯、α-蒎烯、榄香素、细辛醚等多种成分。尚含 dl-去甲基衡州乌药碱和（$2E$,$4E$)-N-异丁基-2,4-癸二烯酰胺等。

（二）病虫害及其防治措施

1. 菌核病

菌核病是由核盘菌属、链核盘菌属、丝核属和小菌核属等真菌引起的植物病害。发病部位由菌丝体集结成结构松紧不一，表面光滑或粗糙，形状、大小、颜色不同的菌核。由菌丝并杂有寄主组织而形成的称假菌核。后者因往往还保持植物器官的形状（如僵果等）而较易诊断。

细辛菌核病是细辛田里严重的病害，多发生在多年不移栽的 4～7 年生的大龄细辛田。苗期及成株期也可发生，另外土地湿度过大而又板结，感病较多。初期零星发生，严重时成片死亡。

早春发病严重，常引起根状茎、芽、花的腐烂。病原菌从叶柄基部或根茎处侵入，开始呈条状褐色病斑，逐渐扩展，使地上部分生长迟缓甚至停止生长，地上部因叶柄基部绵软而倒伏，逐渐全部腐烂死亡。主要表现为根部、叶柄基部出现病斑，布满菌核。病原菌由菌核在病株和土壤中越冬，翌年菌核萌动，靠风雨传播，扩大危害。

防治方法：①对低洼易涝的地势加强管理，要注意排水防涝。深挖排水沟，并要做高床。适时除草松土，提高土壤的通气性和温度，不可施入过多的氮肥，适当配合磷、钾肥，促进植株健壮，增强抗病能力。遮阴棚要保持适当的透光率，不要遮阴过大。②封锁病区。对重病区要单独管理，不能对病株进行移栽，发病率达到 60%的地块春季应全部挖出，提早收获加工，或向根部浇灌 50%多菌灵可湿性粉剂 500 倍液。对零星发病的轻病区，应挖出病株烧掉，也可用 50%代森锌可湿性粉剂 500～900 倍液或 50%多菌灵可湿性粉剂 500 倍液喷施，做到“叶面一般喷，地面重点喷”，并把病区的土壤灌透。③药剂防治。要在早春出苗前和晚秋上防寒土后，用 50%代森铵可湿性粉剂 600～800 倍液喷洒床面。在出苗后的早春和夏末秋初时期，正是病菌繁殖的高峰期，可用 50%多菌灵可湿性粉剂 500 倍液与 50%代森铵可湿性粉剂 800 倍液混合液（1∶1）灌根或每隔 10～15 天喷 1 次，效果较好。

2. 叶枯病

叶枯病是一种毁灭性病害。该病的病原菌有三种：属于半知菌亚门的交链孢；属于子囊菌亚门的炭疽刺盘孢；属于半知菌亚门的盘多毛孢。病原菌以菌丝体与孢子在病落叶等处越冬。靠气流和雨滴飞溅为主要传播方式，主要危害叶、叶柄、果实。

叶片染病后，初期呈现褐色斑点，逐渐扩大为圆形带轮纹叶斑，以至整个叶片枯萎死亡；叶柄病斑呈梭形，黑褐色，逐渐扩大并凹陷，切断疏导组织，致使整个叶片枯萎；果实感病，萼片变黑，果实不能成熟；芽孢受侵染后腐烂，严重时可造成根腐。该病从 4 月下旬发病，5 月下旬进入盛发期，8 月下旬发病趋于缓慢。发病与病原菌及降雨、气温、光照强度密切相关。

防治方法：①选择土质疏松、肥沃、排水良好的土壤或砂质壤土为佳，黏土、砂性过大的漏雨地及低洼易涝地均不宜种植。②采用种苗、田园卫生、遮阳栽培和药剂防治等综合防治措施，降低田间菌源基数。③药剂防治。用 50%腐霉利可湿性粉剂 800 倍液浸种苗 4h，可防止种苗传带病菌。早春芽孢出生后用 50%异菌脲可湿性粉剂 1000 倍液喷第 1 次药，5～6 月盛发期喷 3～5 次，每次间隔 10～15 天，以后可视病情少喷或不喷药。

3. 疫病

疫病可对植物造成毁灭性的破坏，而且这种病在全世界广泛分布，尤其在高温、高湿地区尤其严重。疫病分细菌性疫病和真菌性疫病，真菌性疫病包括早疫病、晚疫病及绵疫病。

（1）细菌性疫病　是由黄单胞杆菌侵染所致。感病时呈红褐色溃疡状，初生暗绿色油浸状小斑点，后逐渐扩大成不规则形，病斑变褐色，干枯变薄，半透明状，病斑周围有黄色晕圈，干燥时易破裂。严重时病斑相连，全叶枯干，似火烧，病叶一般不脱落。该病发病适宜温度为 30℃左右，病菌借风雨、昆虫传播，从植物水孔、气孔及伤口入侵。病菌主要在种子内越冬，也可随病残体在土壤中越冬，在土壤中可存活 2～3 年。

（2）真菌性疫病

① 早疫病。病原为茄链格孢，属于子囊菌无性型链格孢属真菌。主要症状是病部有（同心）轮纹，初期叶片呈水渍状暗绿色病斑，扩大后呈圆形或不规则轮纹斑，边缘具有浅绿色或黄色晕环，中部具同心轮纹，潮湿时病部长出黑色霉层。

② 晚疫病。病原为致病疫霉，属鞭毛菌亚门卵菌纲霜霉目腐霉科疫霉属。植物叶片染病多从下部叶片开始，形成暗绿色水渍状边缘不明显的病斑，扩大后呈褐色，湿度大时叶背病健交界处出现白霉，干燥时病部干枯，脆而易破。

整个生育期均可发病，主要危害叶、茎部。幼苗受害，近叶柄处呈黑褐色腐烂，蔓延至茎，造成幼苗萎蔫倒伏。叶片上病斑多从叶尖或叶缘开始发生，形状不规则，呈暗绿色水渍状，后逐渐变成褐色，边缘不明显，病斑上无轮纹。茎部病斑呈暗褐色，形状不规则，稍凹陷，边缘有明显的白色霉状物。

低温、潮湿是该病发生的主要条件，温度在 18～22℃、相对湿度在 95%～100%时易流行。20～23℃时菌丝生长最快，借气流、雨水传播，偏氮、底肥不足、连阴雨、光照不足、通风不良、浇水过多、密度过大利于发病。晚疫病是一种多次重复侵染的流行性病害。

③ 绵疫病。绵疫病的病原菌有多个，均属藻界鞭毛菌门卵菌纲霜霉目腐霉科疫霉属。常见的病菌是寄生疫霉和辣椒疫霉等。

植物幼苗和成株均可受害，但主要为害果实。幼苗染病，嫩茎呈水渍状缢缩，引起幼苗猝倒，成株叶片受害，呈近圆形或不规则形、暗绿色至淡褐色水渍状病斑，有明显轮纹。潮湿时，病斑迅速扩展，边缘不清晰，斑上生有稀疏白色霉状物。干燥时，病叶干枯破裂。嫩茎染病，病部变褐色，缢缩，致使上部叶片萎蔫干枯。病叶有明显轮纹。

细辛疫病病原为恶疫霉，属鞭毛菌亚门卵菌纲霜霉目腐霉科疫霉属卵菌。主要为害叶片、叶柄。病叶上产生水渍状暗绿色圆形病斑，在潮湿条件下病斑迅速扩大，上面长出白色霉状物；叶柄发病产生水渍状暗绿色长条形病斑。

防治方法：①化学防治。由于疫病的病原不同，化学防治需选择性用药。细菌性疫病用细菌 1 号、噻唑锌、中生菌素、四霉素、茶皂素等；早疫病用苯醚甲环唑、氟硅唑及戊唑醇等；晚疫病、绵疫病用烯酰吗啉等。②合理选地。选择排水良好的山地腐殖土、棕壤土和农田砂壤土种植北细辛，严禁用低洼易涝地栽培北细辛。③控制中心病株。发现病株及时清除，消灭发病中心。在病穴处用生石灰或 0.5%～1%的高锰酸钾溶液进行土壤消毒，消灭土壤中的病原。④药剂防治。在雨季之前喷施 1∶1∶120 波尔多液，或 40%乙磷铝可湿性粉剂 300 倍液，或 25%甲霜灵可湿性粉剂 600 倍液，或 58%甲霜灵·锰锌可湿性粉剂 800 倍液，7～10 天 1 次，喷施 2～3 次。采收前 15 天禁止喷药。

4. 虫害

为害北细辛的主要害虫有地老虎、蝼蛄和细辛凤蝶。北细辛常因各种害虫为害，造成缺苗断条、植株早期枯萎，形成感病条件，导致病害发生，从而降低产量和质量。

（1）蝼蛄　其种类主要有华北蝼蛄和非洲蝼蛄。蝼蛄具有向湿性的生活习性，对北细辛的危害主要在播种后出苗前这段时期。因畦面覆盖，土壤潮湿易使蝼蛄在表层土壤中穿洞，咬断细辛胚根及胚芽，在畦内穿洞造成土壤松动透风、干旱而引起植株死亡。

每年 4～5 月开始活动，白天潜伏，夜间出来觅食或交尾，危害北细辛；5～6 月为活动盛期，交尾产卵繁殖，若虫卵逐渐变为成虫，继续危害北细辛。

防治方法：①毒饵诱杀。用 80%敌百虫可湿性粉剂 1kg、麦麸或其他饵料 50kg，加入适量水混拌均匀，于黄昏时撒于被害田间，特别是雨后，效果较好。②毒土闷杀。每 $1000m^2$ 用 80%敌百虫可湿性粉剂 2.5～3kg，兑细土 40～50kg，拌匀，做畦时均匀撒入畦面，与畦土拌匀。③毒粪诱杀。选马粪、鹿粪等纤维含量较高的粪肥，每30～40kg掺拌0.5kg 80%敌百虫可湿性粉剂，在作业道上放成小堆，并用草覆盖，诱杀效果明显。④药剂防治。蝼蛄发生严重的地块，特别是播种后出苗前的育苗田，可用50%辛硫磷乳油1000倍液或80%敌百虫可湿性粉剂800～1000倍液进行畦面浇灌，效果较好，植株生长期浇灌后用清水冲洗1次，以免产生药害。

（2）地老虎　其种类主要有小地老虎、黄地老虎和大地老虎。对北细辛的危害主要是咬食芽苞、根茎和地表处叶柄，造成北细辛缺苗断条，影响产量和质量。主要活动期在6～8月。3龄前幼虫食量少，4龄后食量剧增。

防治措施：①糖浆诱杀。可利用糖、醋、酒诱蛾液加硫酸烟碱，或用苦楝子发酵液，或用杨树枝叶来诱杀成虫。②人工捕捉。可在每天早晨到田间，扒开新被害植株的周围或畦边阳面表土，捕捉幼虫杀死。③毒饵诱杀。用80%敌百虫可湿性粉剂1kg、铡碎的幼嫩多汁的鲜草（灰菜、小旋花菜效果最佳）或菜叶25～40kg，加少许水拌匀，每1000m^2用量20kg；或用炒香的豆饼粉、麦麸20kg，加25%敌敌畏乳油1kg，加2.5～5kg清水稀释，做成毒饵，每1000m^2用8～10kg。

（3）细辛凤蝶　幼虫亦称细辛毛虫。细辛凤蝶主要以其幼虫黑毛虫为害北细辛茎、叶，为害时间较长。咬食北细辛茎叶，北细辛叶片被咬食得残缺不全，或食掉整个叶片，或将叶柄咬断，造成叶片枯死。5～9月均可发生，一般以5月下旬至6月上旬为幼虫取食盛期。

防治方法：①清理田园。晚秋和早春可清除北细辛田间与地边杂草和北细辛枯枝落叶，以消灭越冬蛹。②人工捕杀。根据细辛凤蝶成虫产卵部位和初孵幼虫有群集为害习性，结合北细辛田间管理进行人工采卵和捕杀幼虫。③药剂防治。根据细辛凤蝶幼虫3龄前群集叶背处的特性，于3龄前叶背喷施80%敌百虫可湿性粉剂或晶体800～1400倍液防治效果较好；防治细辛凤蝶幼虫必须掌握在3龄前用药才能收到更好的效果。

三、肉苁蓉

（一）生物学特征

1. 形态特征

肉苁蓉为列当科肉苁蓉属高大草本植物，高40～160cm，大部分地下生。茎不分枝或自基部分2～4枝，下部直径可达5～15cm，向上渐变细，直径2～

5cm。叶宽卵形或三角状卵形，长 0.5～1.5cm，宽 1～2cm，生于茎下部的较密，上部的较稀疏并变狭，披针形或狭披针形，长 2～4cm，宽 0.5～1cm，两面无毛。花序穗状，长 15～50cm，直径 4～7cm；花序下半部或全部苞片较长，与花冠等长或稍长，卵状披针形、披针形或线状披针形，连同小苞片和花冠裂片外面及边缘疏被柔毛或近无毛；小苞片 2 枚，卵状披针形或披针形，与花萼等长或稍长。

花萼钟状，长 1～1.5cm，顶端 5 浅裂，裂片近圆形，长 2.5～4mm，宽 3～5mm。花冠筒状钟形，长 3～4cm，顶端 5 裂，裂片近半圆形，长 4～6mm，宽 0.6～1cm，边缘常稍外卷，颜色有变异，淡黄白色或淡紫色，干后常呈棕褐色。雄蕊 4 枚，花丝着生于距筒基部 5～6mm 处，长 1.5～2.5cm，基部被皱曲长柔毛，花药长卵形，长 3.5～4.5mm，密被长柔毛，基部有骤尖头。子房椭圆形，长约 1cm，基部有蜜腺，花柱比雄蕊稍长，无毛，柱头近球形。蒴果卵球形，长 1.5～2.7cm，直径 1.3～1.4cm，顶端常具宿存的花柱，2 瓣开裂。种子椭圆形或近卵形，长 0.6～1mm，外面网状，有光泽。花期 5～6 月，果期 6～8 月（图 10-3，见彩插）。

图 10-3　肉苁蓉

2. 分布与生境

主要分布在内蒙古、宁夏、甘肃及新疆地区。喜生于轻度盐渍化的松软沙地上，一般生长在沙地或半固定沙丘、干涸老河床、湖盆低地等，生境条件很差。适宜生长区的气候干旱，降雨量少，蒸发量大，日照时数长，昼夜温差大。土壤以灰棕漠土、棕漠土为主。生于海拔 225～1150m 的荒漠中，寄生在藜科植物梭梭、白梭梭等植物的根上。寄主梭梭为强旱生植物，肉苁蓉多寄生在其 30～100cm 深的侧根上。

3. 功效

肉苁蓉用于肾阳不足、精血亏虚、阳痿不育、腰膝酸软、筋骨无力、肠燥便秘。有抗衰老、抗疲劳、增强免疫力、保护肝脏、促进胃肠蠕动、降压等多种药理作用。

4. 化学成分

主要为麦角甾苷、松果菊苷、肉苁蓉苷等苯乙醇苷类，还含有多糖、环烯醚萜类、D-甘露醇、β-谷固醇、烃类、生物碱、黄酮类、氨基酸、甜菜碱和无机微量元素等。

（二）病虫害及其防治措施

1. 梭梭白粉病

梭梭白粉病，病原为子囊菌亚门核菌纲白粉菌目白粉菌科内丝白粉菌属。

梭梭白粉病主要危害梭梭的同化枝，同化枝先端一段由绿色变成淡黄色或黄绿色，并出现水肿现象，之后病斑处长出白色粉霉，呈毡絮状，受害严重的整个同化枝被白色粉霉覆盖；发病后期，在白色粉霉中出现淡黄至黄灰色的小圆点，即病原菌闭囊壳。染病的梭梭失去光合作用的功能，最终枯萎死亡。肉苁蓉寄主病害严重影响肉苁蓉的生长和发育。

防治方法：①农业措施。干旱时适当浇水，以增强树势，促使枝条健康生长，减少侵染。②人工除治。根据白粉病发病规律，采用人工疏除过密枝和病枝，清林或清除带病株，并统一集中焚烧或深埋处理。将梭梭的白粉病控制在最小的危害范围。③化学防治。7～8 月是白粉病发生期。可采用化学农药防治，一是在发病初期用石硫合剂药液喷洒，每隔 10 天喷洒 1 次，连续喷洒 2～3 次；二是用 25％粉锈宁可湿性粉剂 600～800 倍液喷雾，每隔 10 天喷雾 1 次，连续喷雾 2～3 次。

2. 梭梭根腐病

根腐病由腐霉、镰刀菌、疫霉等多种病原侵染引起。病菌在土壤中或病残体上越冬，成为翌年主要初侵染源，病菌从根茎部或根部伤口侵入，通过雨水或灌溉水进行传播和蔓延。地势低洼、排水不良、田间积水、连作及棚内滴水漏水、植株根部受伤的田块发病严重。年度间春季多雨、梅雨期间多雨的年份发病严重。梭梭根腐病发生在苗期，为害根部。在土壤板结和通气不良时易发生。

防治方法：选排水良好的砂土种植，加强松土；发病初期用 50％多菌灵可湿性粉剂 600～1000 倍液，或 40％多硫悬浮剂 600 倍液，或 50％甲基硫菌灵可湿性粉剂 500 倍液，每隔 7～10 天逐株灌根，连灌 3～4 次。

3. 种蝇

种蝇是花蝇科地种蝇属昆虫，幼虫蛀食萌动的种子或幼苗的地下组织，致其腐烂死亡。种蝇又名灰地种蝇、菜蛆、根蛆、地蛆，以幼虫在土中为害播下的种子，取食胚乳或子叶，引起种芽畸形、腐烂而不能出苗；钻食植物根部，引起根茎腐烂或全株枯死。肉苁蓉种蝇发生在肉苁蓉出土开花期，幼虫为害嫩茎，并能蛀入地下茎基部。

防治方法：可用 90％晶体敌百虫 800 倍液地上部喷雾或灌根。

4. 大沙鼠

大沙鼠别称大砂土鼠。大沙鼠是沙鼠亚科中最大的种类。体长 150～

200mm；尾粗大，略较体短，尾端有毛束，头和背部中央毛色呈淡沙黄色，微带光泽。

大沙鼠营群落生活，常白天活动，不冬眠，听觉和视觉非常敏锐，以植物为食，年产2～3胎，胎产1～12仔，栖息在海拔900m以下的沙土荒漠、黏土荒漠和石砾荒漠地区。

大沙鼠为植食性动物，食谱达40多种，主要有梭梭、猪毛菜、琵琶柴、盐爪爪、白刺、假木贼、锦鸡儿、芦苇等。冬季主要依靠夏秋贮粮越冬，也采食种子和植物茎皮。大沙鼠不喝水，完全依赖食物中的水分维持生命。啃食梭梭枝条或根部，使寄主死亡。

防治方法：①营林措施。造林时在林木行间种植沙米、碱蓬等大沙鼠喜食草类，可减轻其对梭梭的危害。②生物防治。天敌防治，即加大对艾虎、黄鼠狼、猫、狐等天敌动物的保护力度，发挥天敌对大沙鼠的生物控制作用，减轻其对林木的危害。离居民区较近的地方可推广应用C-型肉毒梭菌素防治。应用植物不育剂，即由醋酸棉酚、天花粉、莪术天然植物制取，与粮食添加剂粉碎混合制成。控制鼠生殖能力，降低其出生率，从而达到降低种群密度的目的。每年4月下旬，大沙鼠进入繁殖前，在防治区域内以10m×20m的距离投放50g，每公顷用饵剂量1kg。③物理防治。在林地内放置弓形铗、平板铗、高原鼠兔铗进行捕杀。④化学防治。采用梭梭溴敌隆毒饵诱杀。取梭梭嫩枝，长15～20cm，用清水或盐水浸湿后，喷洒上溴敌隆，将毒枝插在离洞口15～20cm处，可引诱大沙鼠取食并毒杀。每年春季杂草返青前（4月）和秋季杂草枯黄后（10月）各防治1次。应用嘧鼠灵、克鼠星，每年4月和10月各防治1次，在大沙鼠洞口附近投放1～3堆鼠药，嘧鼠灵、克鼠星每堆2～3g。

第十一章

果实及种子类

果实及种子类药材是以植物的果实或其一部分入药的药材总称。药用部位包括果穗、完整果实和果实的一部分。果实和种子是不同的器官，药材中未严格区分，大多数是果实、种子一起入药，少数是种子，也有的仅在临用时取出种子，如巴豆、砂仁等。

果实与种子重要的药材主要有：①干燥成熟果实，如五味子、山楂、金樱子、补骨脂、巴豆、小茴香、蛇床子、连翘、女贞子、枸杞子、栀子、瓜蒌、牛蒡子、豆蔻、益智；②以种子命名却以果实入药的，如牛蒡子、栀子、女贞子、金樱子、蛇床子、地肤子、五味子；③种子入药，如酸枣仁、桃仁、苦杏仁、牵牛子、马钱子、葶苈子、沙苑子、决明子、槟榔、菟丝子；④未成熟果实，如枳壳；⑤种仁，如薏苡仁、肉豆蔻；⑥果肉，如吴茱萸；⑦近成熟果实，如木瓜、乌梅等。

本章主要介绍药用部位为果实和种子的山茱萸科山茱萸、五味子科五味子、茄科宁夏枸杞、姜科阳春砂、葫芦科栝楼药材的生物学特性、功效、药理和田间管理中病虫害防治等生产安全性问题。

一、山茱萸

（一）生物学特征

1. 形态特征

山茱萸是山茱萸科山茱萸属落叶乔木或灌木，高 4～10m；树皮灰褐色；小枝细圆柱形，无毛或稀被贴生短柔毛；冬芽顶生及腋生，卵形至披针形，被黄褐色短柔毛。叶对生，纸质，卵状披针形或卵状椭圆形，长5.5～10cm，宽2.5～4.5cm，先端渐尖，基部宽楔形或近于圆形，全缘，上面绿色，无毛，下面浅绿色，稀被白色贴生短柔毛，脉腋密生淡褐色丛毛，中脉在上面明显，下面凸起，近于无毛，侧脉6～7对，弓形内弯；叶柄细圆柱形，长0.6～1.2cm，上面有浅沟，下面圆形，稍被贴生疏柔毛。

伞形花序生于枝侧，有总苞片4，卵形，厚纸质至革质，长约8mm，带紫色，两侧略被短柔毛，开花后脱落；总花梗粗壮，长约2mm，微被灰色短柔毛；花小，两性，先叶开放；花萼裂片4，阔三角形，与花盘等长或稍长，长约0.6mm，无毛；花瓣4，舌状披针形，长3.3mm，黄色，向外反卷；雄蕊4，与花瓣互生，长1.8mm，花丝钻形，花药椭圆形，2室；花盘垫状，无毛；子房下位，花托倒卵形，长约1mm，密被贴生疏柔毛，花柱圆柱形，长1.5mm，柱头截形；花梗纤细，长0.5～1cm，密被疏柔毛。

核果长椭圆形，长1.2～1.7cm，直径5～7mm，红色至紫红色；核骨质，狭椭圆形，长约12mm，有几条不整齐的肋纹。花期3～4月，果期9～10月（图11-1，见彩插）。

图11-1 山茱萸

2. 分布与生境

产于山西、陕西、甘肃、山东、江苏、浙江、安徽、江西、河南、湖南等省。日本、朝鲜等国家也有分布。生于海拔400～1500m。在四川有引种栽培。

山茱萸为暖温带阳性树种，生长适温为20～30℃，超过35℃则生长不良。抗寒性强，可耐短暂的−18℃低温。山茱萸较耐阴但又喜充足的光照，通常在山坡中下部地段、阴坡、阳坡、谷地以及河两岸等地均生长良好，一般分布在海拔400～1800m的区域，其中600～1300m比较适宜。山茱萸宜栽于排水良好、富含有机质、肥沃的砂壤土中。黏土要混入适量河沙，增加排水及透气性能。

3. 功效

其味酸、涩，入肝、肾经。具有收涩固脱、补益肝肾、益气血等功效。主治腰膝酸痛、眩晕耳鸣、阳痿遗精、月经过多等。

4. 化学成分

果肉内含有16种氨基酸，含有大量人体所必需的元素。含皂苷原糖、多糖、苹果酸、酒石酸、酚类、树脂、鞣质和维生素A、维生素C等成分。

（二）病虫害及其防治措施

1. 角斑病

角斑病病原菌为丁香假单胞杆菌黄瓜角斑病致病变种，属薄壁菌门假单胞菌属。病菌在种子或随病株残体在土壤中越冬。翌春随雨水或灌溉水溅到茎、叶上发病。菌脓通过雨水、昆虫、农事操作等途径传播。

发病适宜温度为18～25℃，相对湿度为75%以上。在降雨多、湿度大、地势低洼、管理不当、连作、通风不良时发病严重。主要危害叶片、叶柄、卷须和果实，苗期至成株期均可受害，开始时产生褐色小斑点，后以叶脉为界，逐渐扩大，呈不规则的多角形，色赤褐，周围往往有黄色晕环，后期长出黑色霉状小点。

山茱萸角斑病主要为害叶片，引起早期叶片枯萎，形成大量落叶，树势早衰，幼树挂果推迟。该病在新老园地均有发生，据山区调查，重病园地被害株率高达90%以上，叶片受害率在77%左右，分布广、危害大。病斑因受叶脉限制形成多角形，降雨量多，则危害严重，落叶后相继落果，凡土质不好、干旱贫瘠、营养不良的树易感病，而发育旺盛的则比较抗病。

防治方法：①加强经营管理，增强树势，提高抗病能力。②春季发芽前清除树下落叶，减少侵染来源，6月开始每月喷洒1∶1∶100的波尔多液1次，共喷3次，也可喷洒稀释后的代森锌溶液。③培育抗病品种。

2. 炭疽病

山茱萸炭疽病病原菌为胶孢炭疽菌，主要发生在植物叶片上，常常为害叶缘和叶尖，严重时，使大半叶片枯黑死亡。发病初期在叶片上呈现圆形、椭圆形红褐色小斑点，后期扩展成深褐色圆形病斑，大小为1～4mm，中央则由灰褐色转为灰白色，而边缘则呈紫褐色或暗绿色，有时边缘有黄晕，最后病斑转为黑褐色，并产生轮纹状排列的小黑点，即病菌的分生孢子盘。在潮湿条件下病斑上有粉红色的黏孢子团。严重时一个叶片上有十多个至数十个病斑，后期病斑穿孔，病斑多时融合成片导致叶片干枯。病斑可形成穿孔，病叶易脱落。炭疽病发生在茎上时产生圆形或近圆形的病斑，呈淡褐色，其上生有轮纹状排列的黑色小点。发生在嫩梢上的病斑为椭圆形的溃疡斑，边缘稍隆起。

病菌以菌丝体、分生孢子或分生孢子盘在寄主残体或土壤中越冬，老叶从4月初开始发病，5～6月间迅速发展，新叶则从8月开始发病。分生孢子靠风雨、浇水等传播，多从伤口处侵染。栽植过密、通风不良、室内花卉放置过密、叶子相互交叉易感病。病菌生长适温为26～28℃，分生孢子产生最适温度为28～30℃，适宜pH值为5～6。湿度大、病部湿润、有水滴或水膜是病原菌产生大量分生孢子的重要条件，连阴雨季节发病较重。

主要为害果实，6月中旬就有黑果和半黑果的发生，产区群众称为“黑疤痢”。不管老区和新园地均有不同程度的出现，果实被害率为29.2%～50%，重则可达80%以上。果实感病后，初为褐色斑点，大小不等，再扩展为圆形或椭圆形，呈不规则大块黑斑。感病部位下陷，逐步坏死，失水而变为黑褐色枯斑，严重的形成僵果脱落或不脱落。病菌在果实的病组织内越冬，翌年环境条件适宜时，由风、雨传播为害果实而感病。病害的严重程度与种植密度、地势与地形有关，树荫下、潮湿、排水不良、通风透光差的发病重，一般7～8月多雨高温为发病盛期。

防治方法：①秋季果实采收后，及时剪除病枝、摘除病果，集中深埋，冬季将枯枝落叶、病残体烧毁，减少越冬菌源。②选育抗病品种，增施磷钾肥，提高植株抗病力。③加强田间管理，进行修剪、浇水、施肥，促进生长健壮，增强抗病力。④苗木运输过程中加强检疫，防止将病菌带入。⑤在初发病期，喷1∶1∶100的波尔多液，中期每月上、中旬喷50%多菌灵可湿性粉剂800～1000倍液，8～9月每隔半月喷1次，连续喷2次，或及时喷施25%施保克乳油1000倍液或50%施保功可湿性粉剂1000～2000倍液进行防治。⑥栽种前，用0.2%的抗菌剂401浸泡24h，以保证苗木健壮。

3. 白粉病

白粉病是在许多重要农作物上普遍发生、危害严重、较难防治的一种世界性病害。子囊菌亚门白粉菌目的真菌均能引发白粉病，病原物种类很多。植物幼苗到成株均可发病。主要为害叶片，叶片患病后，自尖端向内逐渐失去绿色，正面变成灰褐色或淡黄色褐斑，背面生有白粉状病斑，以后散生褐色至黑色小黑粒，最后干枯死亡。可通过自交或杂交形成黑色的子囊壳。一般情况下部叶片病斑比上部叶片多，叶片背面比正面多。霉斑早期单独分散，后连合成一个大霉斑，甚至可以覆盖全叶，严重影响光合作用，使正常新陈代谢受到干扰，造成早衰，产量受到损失。

防治方法：①合理密植，使林间通风透光，促使植株健壮。②在发病初期，喷 50%硫菌灵可湿性粉剂 1000 倍液。

4. 灰色膏药病

灰色膏药病是植物枝干病害，病原为柄隔担耳菌，属担子菌亚门真菌。多在成年山茱萸上发生。枝干发病时，真菌菌丝在皮层上形成圆形、椭圆形或不规则的厚膜，呈膏药状。山茱萸成年植株枝条受害后，树势衰弱，严重的不开花结果，甚至枯死。此病通常是以介壳虫为传播媒介。凡郁闭潮湿的地方，树势长势差时发病严重。

防治方法：①有病树干用刀刮去菌丝膜，再在树干上或树枝上涂 5 波美度的石硫合剂或石灰乳，杀虫灭菌。②喷石硫合剂。夏季喷 4 波美度、冬季喷 8 波美度的石硫合剂，消灭介壳虫传菌媒介。③在发病初期喷 1∶1∶100 的波尔多液保护，每 10 天喷 1 次，连续多次。

5. 蛀果蛾

蛀果蛾是鳞翅目蛀果蛾科的一类昆虫的通称。山茱萸蛀果蛾又称萸肉食心虫、萸肉虫，是山茱萸产区的主要害虫。蛀食果肉，受害果率 30%～40%，严重的达 70%以上。1 年发生 1 代，以老熟幼虫在树下土内结茧越冬，翌年 7～8 月上旬化蛹，蛹期 10～14 天，7 月下旬、8 月中旬为化蛹盛期。9～10 月幼虫为害果实，11 月份开始入土越冬。

防治方法：①土壤处理。7 月底或 8 月上旬越冬幼虫出土前夕，用 4% D-M 粉剂（敌马粉）处理土壤，平均每株树撒施 20g，施后立即浅覆，将药粉翻入土内，毒杀越冬幼虫和已化的蛹。②化学防治。树冠喷药一般可以分两次进行，第一次喷药是在 8 月上旬至 8 月中旬成虫羽化期，用 4.5%高效氯氰菊酯乳油 4000～5000 倍液、20%杀灭菊酯 3000～4000 倍液或 50%辛硫磷乳油 1000～1500 倍液进行树冠喷洒，有效杀虫率可达 98%以上。第二次喷药是在 8 月下旬到 9 月上旬前后，此期成虫大量产卵直到幼虫孵化盛期，药剂种类和使用浓度同第一次。可利用食醋加敌百虫制成毒饵，诱杀成蛾。③农业措施。冬季土壤封冻前耕翻树盘，将越冬茧翻到土壤表层冻晾而死或深翻到土壤深层而致死。9～10 月的落果大多数有蛀果蛾幼虫，及时清除可减少入土越冬的幼虫基数。果实成熟后应及时采收，以减轻虫害损失，但应注意不能提前采收，以保证山茱萸果肉质量。

6. 大蓑蛾

大蓑蛾为鳞翅目蓑蛾科窠蓑蛾属的一种飞蛾。山茱萸大蓑蛾幼虫咬食叶片，严重时可将山茱萸树叶全部吃光，使其长势减弱，果实减少，影响第二年的坐果率。

防治方法：①农业防治。结合田间管理，发现虫囊及时摘除，集中烧毁。冬季宜普遍注意检查摘除。为害严重的可轻修剪，或重修剪，剪下的枝、叶带出园外集中处理。②生物防治。注意保护和利用天敌资源，已发现大蓑蛾的天敌有小蓑蛾瘤姬蜂、蓑蛾瘤姬蜂、旗腹姬蜂、桑蟥聚瘤姬蜂、驼姬蜂、大腿蜂等。采用每毫升菌液含1亿活孢子的生物农药杀螟杆菌和青虫菌防治。③药剂防治。幼龄幼虫盛期及时喷药，在非普遍发生的茶园中挑治"发生中心"，喷湿虫囊。药剂选用25%灭幼脲3号悬浮剂500～600倍液，或2.5%溴氰菊酯乳油4000倍液，或90%晶体敌百虫800～1000倍液，或50%辛硫磷乳油1500倍液。采收前7天停止用药。④物理防治。安装黑光灯，诱杀成蛾；人工捕杀，尤其在冬季落叶后，冬春季结合整枝，摘取挂在树枝上的袋囊。

7. 木橑尺蠖

木橑尺蠖又称造桥虫，属鳞翅目尺蛾科昆虫。幼虫咬食叶片，仅留叶脉，造成枝条光秃，使树势生长减弱，当年结果少，第二年也不能结果。其虫卵产在山茱萸树枝分叉下部的树皮缝内。

防治方法：①捕杀成虫。每天上午9时前人工捕杀静栖在树干上的成虫，效果很好。②结合耕作深埋或拣除虫蛹。③烧杀产在树皮裂缝和墙壁裂缝中的卵堆。④生物防治。在1、2龄幼虫期，每亩喷施100亿多角体（或30～50头虫尸）的核型多角体病毒或每毫升含孢子1亿的杀螟杆菌。⑤药剂防治。在7月幼虫盛期，对1～2龄的幼树，要及时喷90%晶体敌百虫1000倍液进行防治。

8. 叶蝉

叶蝉属叶蝉科，隶属于半翅目头喙亚目叶蝉总科昆虫。叶蝉为半翅目中最大的一个类群。叶蝉成虫刺吸嫩枝和叶片，严重的使枝条干枯、落叶，影响树木生长。

防治方法：①用2.5%敌百虫粉或2%叶蝉散，每亩2kg喷撒。②选育抗虫品种。

9. 刺蛾类

刺蛾指的是节肢动物门六足亚门昆虫纲有翅亚纲鳞翅目刺蛾科的一类昆虫。该虫种类较多，我国常见的刺毛虫有黄刺蛾及青刺蛾的幼虫，多毛且易蜇人。多见于绿色叶面，食叶而生。幼虫结茧于枝条上，直径6～10mm，呈卵圆形，白色带灰色条纹，像微缩的西瓜。包括黄刺蛾、扁刺蛾、褐边绿刺蛾等。寄生在山茱萸上的刺蛾为黄刺蛾，低龄幼虫啃食叶肉，高龄幼虫多沿叶缘蚕食，影响树势，造成落花落果，降低产量。

防治方法：①农业防治。a. 消灭越冬虫茧。刺蛾以茧越冬，历时很长，可结合抚育、修枝、松土等园林技术措施，铲除越冬虫茧。b. 人工摘虫叶。初孵幼虫有群居习性，受害叶片呈透明枯斑，容易识别，可组织人力摘除虫叶，消灭幼虫。②物理防治。利用成虫的趋光性，设置黑光灯诱杀成虫。③保护和利用天敌。注意保护利用广肩小蜂、赤眼蜂、姬蜂等天敌。④药剂防治。幼虫3龄以前施药效果好，可用Bt乳剂500倍液、1.8%阿维菌素乳油1000倍液、1%甲维盐微乳剂2000倍液、90%晶体敌百虫1000倍液、2.5%高效氯氟氰菊酯乳油3000倍液、2.5%溴氰菊酯乳油3000倍液、20%氯虫苯甲酰胺悬浮剂3000倍液等。

10. 木蠹蛾

木蠹蛾为鳞翅目木蠹蛾科豹蠹蛾属的一种昆虫。幼虫群集蛀入木质部内形成不规则的坑道，使树木生长衰弱，并易感染真菌病害，引起死亡。

防治方法：①灯光诱杀。5～6月成虫羽化期用黑灯光诱杀。②化学防治。初孵幼虫期，用50%硫磷乳剂400倍液喷洒树干毒杀幼虫；当幼虫蛀入木质部后，将80%敌敌畏乳油50倍液注入虫孔后用黏土密封，即可杀死幼虫。

11. 介壳虫类

介壳虫是同翅目的一种害虫，常见的有肾圆质蚧、褐圆蚧、糠片蚧、矢尖蚧、吹绵蚧、草履蚧等。介壳虫为害叶片、枝条和果实。介壳虫往往是雄性有翅，能飞，雌虫和幼虫一经羽化，终生寄居在枝叶或果实上，造成叶片发黄、枝梢枯萎、树势衰退，且易诱发煤烟病。山茱萸介壳虫以草履蚧为多，若虫孵化出土后，爬至枝条嫩梢吸食汁液，轻者使枝条生长不良，重者引起落叶，致使枝条枯死，易招致霉菌寄生，严重影响山茱萸的生长。

防治方法：①生物防治。利用和保护天敌，如寄生蜂、寄生菌等。介壳虫天敌如红环瓢虫、红点唇瓢虫、澳洲瓢虫、大红瓢虫等，寄生蜂有金黄蚜小蜂、软蚧蚜小蜂等。因其捕食作用大，可以达到有效控制的目的。②农药防治。因1龄和2龄雌若蚧和1龄雄若蚧及雌成虫对农药比较敏感，这时正是防治介壳虫的最佳时期，用40.7%毒死蜱乳油1000倍液喷雾，隔14天1次，连续喷2次。喹硫磷、毒死蜱在花期严禁使用，在果实采收前30天须停止使用。③人工防治。随时检查，用手或用镊子捏去雌虫和卵囊，或剪去虫枝、叶。

12. 绿腿腹露蝗

绿腿腹露蝗（蝗虫）是斑腿蝗科腹露蝗属的一种昆虫。绿腿腹露蝗咬食叶片，甚至吃光叶片，仅剩下叶脉，影响植株的生长。6～7月为害最严重。

防治方法：①春秋除草沤肥，杀灭卵块。②1～2龄若虫集中为害时，进行人工捕杀。③在早晨趁有露水时，喷5%敌百虫粉剂，用量为22.5～37.5kg/hm^2。

二、五味子

（一）生物学特征

1. 形态特征

五味子属五味子科五味子属。落叶木质藤本，除幼叶背面被柔毛及芽鳞具缘毛外，余无毛；幼枝红褐色，老枝灰褐色，常起皱纹，片状剥落。叶膜质，宽椭圆形、卵形、倒卵形、宽倒卵形或近圆形，长5～10cm，宽3～5cm，先端急尖，基部楔形，上部边缘具胼胝质的疏浅锯齿，近基部全缘；侧脉每边3～7条，网脉纤细不明显；叶柄长1～4cm，两侧由于叶基下延成极狭的翅。雄花：花梗长5～25cm，中部以下具狭卵形、长4～8mm的苞片，花被片粉白色或粉红色，6～9片，长圆形或椭圆状长圆形，长6～11mm，宽2～5.5mm，外面的较狭小；雄蕊长约2mm，花药长约1.5mm，无花丝或外3枚雄蕊具极短花丝，药隔凹入或稍凸出钝尖头。雄蕊仅5枚，互相靠贴，直立排列于长约0.5mm的柱状花托顶端，形成近倒卵圆形的雄蕊群。雌花：花梗长17～38mm，花被片和雄花相似；雌蕊群近卵圆形，长2～4mm，心皮17～40，子房卵圆形或卵状椭圆体形，柱头鸡冠状，下端下延成1～3mm的附属体。

聚合果长1.5～8.5cm，聚合果柄长1.5～6.5cm；小浆果红色，近球形或倒卵圆形，径6～8mm，果皮具不明显腺点。种子1～2粒，肾形，长4～5mm，宽2.5～3mm，淡褐色，种皮光滑，种脐明显凹入成U形。花期5～7月，果期7～10月（图11-2，见彩插）。

图11-2　五味子

2. 分布与生境

主要分布于华北、东北及河南等地，朝鲜和日本也有分布。五味子分南、北两种，北五味子主产于东北三省，颗粒大、肉厚、柔润，为道地药材；南五味子主产于湖北、河南、陕西、山西、甘肃等省。

五味子喜阴凉湿润气候，耐寒，不耐水浸，需适度荫蔽，幼苗期尤忌烈日照射，以疏松、肥沃、富含腐殖质的土质栽培为宜。野生五味子常见于沟谷、溪旁、山坡。繁殖方式为条播或撒播。

3. 功效

味酸、甘，性温。具收涩作用，能够敛肺气、止咳喘，还有益气生津、宁心安神、补肾阴的作用，可用于自汗盗汗、心悸失眠等。

4. 化学成分

挥发性成分有：倍半萜烯、β-花柏烯、α-花柏烯、花柏醇、β-甜没药烯、α-蒎烯、莰烯、β-蒎烯、月桂烯、α-萜品烯、柠檬烯、γ-萜品烯、对聚伞花烯、百里酚甲醚、乙酸冰片酯、香茅醇乙酸酯、芳樟醇、萜品烯-4-醇、α-萜品醇、2-莰醇、香茅醇、苯甲酸、δ-荜澄茄烯、β-榄香烯、依兰烯等。

有机化合物有：柠檬醛、叶绿素、固醇、维生素 C、维生素 E、糖类、树脂和鞣质。

木脂素类有：五味子素、去氧五味子素、γ-五味子素、伪-γ-五味子素、五味子乙素、五味子丙素、异五味子素、前五味子素、新五味子素、五味子醇、五味子醇甲、五味子醇乙、五味子酯甲、五味子酯乙、五味子酯丙、五味子酯丁、五味子酯戊、红花五味子酯、五味子酚酯、五味子酚乙、五味子酚。

尚有戈米辛、表戈米辛 O、当归酰戈米辛、惕各酰戈米辛、当归酰异戈米辛、苯甲酰戈米辛、苯甲酰异戈米辛等。

（二）病虫害及其防治措施

1. 根腐病

根腐病是由真菌、细菌、线虫引起的植物病害，其中真菌有腐霉菌、疫霉、丝核菌、镰刀菌、核盘菌等主要病原物。

五味子根腐病 5 月上旬至 8 月上旬发病，开始时叶片萎蔫，根部与地面交接处变黑腐烂，根皮脱落，几天后病株死亡。

防治方法：选地势高燥、排水良好的土地种植；发病期用 50%多菌灵可湿性粉剂 500～1000 倍液根际浇灌。

2. 叶枯病

五味子叶枯病病原菌为细极链格孢，属真菌半知菌纲链孢霉目黑霉科。发病植株从基部叶片开始发病，逐渐向上蔓延。5月下旬至7月上旬发病，病斑多数从叶尖或叶缘发生，然后扩向两侧叶缘，再向中央扩展，逐渐形成褐色的大斑块；随着病情的进一步加重，病部颜色由褐色变成黄褐色，病叶干枯破裂而脱落，果实萎蔫皱缩。高温多湿、通风不良时发病严重。

防治方法：①加强栽培管理。注意枝蔓的合理分布，避免架面郁闭，增强通风透光。适当增加磷、钾肥的比例，以提高植株的抗病力。②药剂防治。在5月下旬喷洒1∶1∶100倍等量式波尔多液进行预防。发病时可用50%代森锰锌可湿性粉剂500～600倍液喷雾防治，每7～10天喷1次，连续喷2～3次；也可选用2%农抗120水剂200倍液或10%多抗霉素可湿性粉剂1000～1500倍液或25%嘧菌酯水悬浮剂1000～1500倍液喷雾，隔10～15天喷1次，连喷2次。

3. 果腐病

五味子果腐病的病原菌为阿达青霉，患病株果实表面着生褐色或黑色小点，以后变黑。

防治方法：用50%代森铵水剂500～600倍液每隔10天喷1次，连续喷3～4次。

4. 白粉病和黑斑病

五味子白粉病由子囊菌亚门不整囊菌纲白粉菌目白粉菌科叉丝壳属真菌引起，病菌有性态为五味子叉丝壳菌，为外寄生菌，病部的白色粉状物即为病菌的菌丝体、分生孢子及分生孢子梗。白粉病危害五味子的叶片、果实和新梢，其中以幼叶、幼果受害最为严重。往往造成叶片干枯、新梢枯死、果实脱落。

五味子黑斑病由半知菌亚门丝孢纲丝孢目暗色孢科交链孢霉属真菌引起。该病发生在6月上旬到8月下旬，主要危害叶片，发病从叶边及叶缘开始，出现针尖大小的黑色圆形斑点，渐扩展成圆形至椭圆形具轮纹的黑色斑点，连片形成较大的不规则病斑，干燥易脆裂，潮湿时病斑背面生黑色霉状物。果实凹陷，褐色种子外露。茎上染病严重时形成褐色坏死病斑，严重时病株早枯。

白粉病和黑斑病是五味子常见的两种病害，一般发生在6月上旬，这两种病害始发期相近，可同时防治。在5月下旬喷1次1∶1∶100倍等量式波尔多液进行预防，如果没有病情发生，可7～10天喷1次。

防治方法：白粉病用0.3～0.5波美度石硫合剂或粉锈宁、甲基托布津可湿性粉剂800倍液喷施防治；黑斑病用代森锰锌50%可湿性粉剂600～800倍液喷施防治。如果两种病害都呈发展趋势，可将粉锈宁和代森锰锌混合配制进行一次性防治。浓度仍可采用上述各自使用的浓度。

5. 东方绢金龟（黑绒金龟子）

黑绒金龟子属鞘翅目鳃金龟科。成虫为害，是五味子早期害虫。为害盛期在5月上旬至6月下旬，成虫出土后取食五味子叶芽，将叶芽吃光，留下木质茎。

防治方法：①农业措施。成虫发生期于傍晚振落捕杀。苗圃或新植果园中，在成虫出现盛期的下午3时左右，插蘸有80%晶体敌百虫100倍液的榆、柳枝条，诱杀成虫，可收到良好效果。②物理防治。在成虫发生期可设置黑光灯诱杀。③化学药剂。成虫发生前在树下撒5%辛硫磷颗粒剂，施后耙松表土。成虫发生量大时，树上喷10%氯氰菊酯乳油2000倍液或40%杀扑磷乳油1500倍液或20%丁硫克百威乳油2000倍液。

6. 卷叶虫

五味子卷叶虫又名大豆卷叶虫，属鳞翅目卷叶蛾科。该虫在6～8月发生。初龄幼虫黄白色，取食嫩叶，3龄后变绿色，吐丝将叶片卷起，在卷叶内取食叶肉，为害叶片，影响果实发育，甚至落果。

防治方法：幼虫卷叶前用4.5%氯氰菊酯乳油1500倍液、80%晶体敌百虫1000～1500倍液喷雾，将幼虫消灭在卷叶前；卷叶后用50%辛硫磷乳油1500倍液、50%磷铵乳油2000倍液喷雾。幼虫卷叶前后，还可以人工捕捉。

7. 蛴螬

蛴螬是金龟子或金龟甲的幼虫，成虫为鳃金龟科齿爪鳃角金龟属大黑鳃角金龟和华北大黑鳃金龟、丽金龟科彩丽金龟属大条彩丽金龟。为害多种植物和蔬菜。按其食性可分为植食性、粪食性、腐食性三类。其中植食性蛴螬食性广泛，为害多种农作物、经济作物和花卉苗木，喜食刚播种的种子、根、块茎以及幼苗，为地下害虫。

蛴螬取食五味子植株地下部分的须根、主根，将幼嫩的须根和主根吃光，将木质化程度高的主根根皮啃光；使地上部分植株叶片萎蔫枯死，与根腐病症状相同。

防治方法：移栽前翻地时，用90%的敌百虫粉剂0.25kg/亩兑潮湿细土30～40kg，乐斯本颗粒剂1kg/亩兑细土15～20kg，均匀地撒在地面，随后翻地。发现幼虫为害后，要及时用50%辛硫磷乳油600倍液，也可用90%晶体敌百虫800倍液灌根，每株灌药液0.75～1kg。在幼苗期，每亩可用20mL高效氟氯氰菊酯乳油兑水30L进行喷雾处理。

三、宁夏枸杞

（一）生物学特征

1. 形态特征

宁夏枸杞是茄科枸杞属的多年生灌木，分枝细密，茎上可着生不生叶的短棘刺。叶互生，或因侧枝短缩而簇生；全缘，披针形或长椭圆状披针形，基部楔形，下延成叶柄；花在长枝上着生于叶腋，短枝上2～6朵同叶簇生；花萼钟状，花冠漏斗状，紫色至淡紫色，花丝基部稍上处密生茸毛，花柱与花丝长度相近，浆果红色；果皮肉质，多汁，可为广椭圆形、矩圆形、卵状或球状，顶端有短尖头或平截，有时稍凹陷，干果基部有白色的果柄痕，表面有不规则皱纹，果皮肉质，柔润而有黏性；种子扁肾形，棕黄色；花果期较长，5～10月边开花边结果（图11-3）。

图11-3　宁夏枸杞

2. 分布与生境

宁夏枸杞在中国西北等地区有野生，比较集中地分布在青海至山西的黄河两岸高原及山麓地带，宁夏回族自治区为主要栽培地。宁夏枸杞属深根性植物，环境适应性强，耐盐、耐寒、耐旱，喜盐渍化的砂质壤土，在光照充足、昼夜温差大、干旱的环境中生长旺盛，糖分积累多。

3. 功效

果实中药称枸杞子，性味甘平，有滋肝补肾、益精明目的作用。

4. 化学成分

根据理化分析，它含甜菜碱、酸浆红色素、隐黄质以及胡萝卜素、维生素B_1（硫胺素）、维生素B_2（核黄素）、维生素C（抗坏血酸），并含烟酸、钙、磷、铁等人体所需要的多种营养成分，因此作为滋补药被食用。

（二）病虫害及其防治措施

1. 炭疽病

枸杞炭疽病由胶孢炭疽菌引起，属真菌半知菌亚门腔孢纲黑盘孢目炭疽菌属病菌。该菌主要为害枸杞的青果，也可为害花和花蕾。青果被害时先在果面上出现1个至数个针头大小的小黑点，或呈不规则形的褐斑，空气湿度大时或在阴雨天在果面上也可出现网状病斑。在高温高湿条件下，病斑迅速扩展，3～5天即可蔓延全果，使果实全部变黑，称为黑果病，接着在病果表面长满粉红色的分生孢子堆。

防治方法：①农业措施。收获后及时剪去病枝、病果，清除树上和地面上病残果，集中深埋或烧毁。到6月首次降雨前再次清除树体和地面上的病残果，减少初侵染源。发病期禁止大水漫灌，雨后排除枸杞园积水，浇水应在上午进行，以控制田间湿度，减少夜间果面结露。修剪枝条，使结果期避开多雨感病季节。如河北、山东一带，全年雨水多集中在7～8月，可实行冬春轻剪枝、夏季重剪枝，确保春、秋果，放弃夏果。②化学防治。发病期及时防蚜、螨，防止害虫携带孢子传病和造成伤口。在化学药剂中，以1%波尔多液和50%退菌特可湿性粉剂600倍液喷雾。针对9月上中旬仍然有中度发生的情况，可采用40%氟硅唑乳油5000～8000倍或10%苯醚甲环唑水分散粒剂1000～2000倍进行防控；针对轻度发生基地，可采用2.1%丁子香芹酚水剂500倍液或10%多抗霉素可湿性粉剂1000倍液连续防治2～3次。

2. 瘿螨

枸杞瘿螨属蛛形纲蜱螨目瘿螨科螨类。分布于宁夏、内蒙古、甘肃、新疆、山西、陕西、青海等地的枸杞引种栽培区。枸杞瘿螨为常发害虫，为害枸杞的叶片、花蕾、幼果、嫩茎、花瓣及花柄，花蕾被害后不能开花结果，叶面不平整，严重时整株树木长势衰弱，脱果落叶，造成减产，受害严重的叶片有虫瘿15～25个，严重影响枸杞子的产量和质量。

防治方法：①种苗选育。采用丰产抗逆品种进行扦插育苗，选择生长健壮、无病虫的枝条，在1.8%阿维菌素乳油3000～4000倍液中浸泡一下，然后进行扦插。对异地调运的种苗要经过严格检疫，以减少远距离传播的风险。②田间管理。强化肥水管理，做好发芽、开花和果实膨大期的追肥，按照夏水灌透、冬水灌好的原则及时灌水，保持适当湿度，以增强树势，提高植株的抗逆性。结合修剪整枝，将病残叶及时清除销毁，春季修剪应在3月20日前结束，以免害虫向新发枝叶迁移。夏季结合铲园去除徒长枝和根蘖苗，防止瘿螨滋生和扩散。③天敌防治。瘿螨的天敌有七星瓢虫、智利小植绥螨等。露地使用智利小植绥螨，要在害螨发生初期按1∶(10～20)释放成虫，必要时可以补放1次。要针对田间害螨发生密度决定适宜的益害比，释放智利小植绥螨的地块不宜施用氧乐果等化学杀虫农药，防止杀伤天敌。④化学防治。芽前防治，发芽前越冬成螨大量出现时是防治适期，结合防治其他病虫害，可喷1次5波美度石硫合剂，也可采用45%～50%硫黄胶悬剂300倍液喷洒，能够兼治锈螨。生长期防治，首先要开展种群调查，确定具体防治时间。

注意选用药剂：对老枸杞园，可喷20%杀灭菊酯乳油2000倍液或40%硫黄胶悬浮剂300倍液，每隔10天喷1次，连续2次。针对中度以上发生区域，建议采用25%阿维乙螨唑悬浮剂3000～4000倍液或5%噻螨酮可湿性粉剂2000倍液或10%四螨嗪可湿性粉剂1000倍液进行控制。针对轻度发生基地可采用50%硫黄悬浮剂300倍液进行控制。

3. 蚜虫和木虱

枸杞蚜虫属同翅目蚜总科蚜科蚜属的一种昆虫。分布于中国枸杞种植区，是枸杞生产中成灾性害虫，对枸杞子的产量和品质影响极大。大量成蚜、若蚜群集于枸杞嫩梢、叶背及叶基部，刺吸汁液，严重影响枸杞开花结果及生长发育。进入盛夏虫口有所下降，入秋后又开始上升，至9月出现第二次高峰。

枸杞木虱属半翅目木虱科，分布在宁夏、甘肃、新疆、陕西、河北、内蒙古等地。为害多种果树、枸杞、龙葵等。以成虫、若虫在叶背把口器插入叶片组织内刺吸汁液，致叶黄枝瘦，树势衰弱，浆果发育受抑，品质下降，造成春季枝干枯。

防治方法：发生中度危害，可采用50%氟啶虫胺腈水分散粒剂5000～10000倍液或10%溴氰虫酰胺可分散油悬浮剂1500～2000倍液进行控制；轻度发生地，可采用0.3%印楝素乳油600倍液或200亿孢子/g白僵菌可湿性粉剂500倍液防治，需施用1～2次才能得以控制。

四、阳春砂

（一）生物学特征

1. 形态特征

阳春砂属姜科植物。为多年生常绿草本，株高1.5～2m。地上具直立茎和横走的匍匐茎。叶两列互生，中部叶片长披针形，无分枝，无柄；上部叶片窄长圆形或条状披针形，长14～40cm，宽2～5cm，全缘，羽状平行脉；叶鞘抱茎。穗状花序从匍匐茎节上抽出呈疏松的球形，具花8～12朵；花萼筒状，先端3浅裂，花冠管细长，先端3裂，春末夏初开白色花，雄蕊与柱头贴合在一起但并不合生，形成假合蕊柱。白色蒴果椭圆形或卵圆形，成熟时红褐色，具柔刺。种子为不规则多面体，熟时暗褐色，有特殊香气。阳春砂成熟的果实春砂仁是传统中药材（图11-4）。

图 11-4　阳春砂

2. 分布与生境

分布于广东、广西、云南、四川、福建等地。生于山谷林下阴湿地。其道地产区为广东省阳春市。

3. 功效

春砂仁能行气宽中、健脾化湿，可治胃脘胀痛、食欲不振、恶心呕吐、泄泻、痢疾、妊娠恶阻、胎动不安等。果壳称春砂壳，药用功能同春砂仁，但药性较为平和。花朵及花序梗称春砂花，能宽胸理气，治喘咳。

4. 化学成分

种子含无色挥发油，油中含乙酸龙脑酯、樟脑、樟烯、柠檬烯、β-蒎烯、苦橙油醇等；另含黄酮类成分。

（二）病虫害及其防治措施

1. 立枯病

立枯病由半知菌亚门真菌立枯丝核菌侵染引起。该病菌寄主范围广，已知有160多种植物可被侵染。阳春砂立枯病在苗期发生，多在3～4月和10～11月间，在幼苗茎基部，缢缩干枯而死。

防治方法：可喷施1∶1∶(120～140) 波尔多液或五氯硝基苯200～400倍液灌浇。

2. 叶斑病

阳春砂叶斑病病原菌为节梨孢菌，属半知菌亚门丝孢目节梨孢属真菌。

发病初期叶面出现褪绿小点，逐渐扩大成近圆形或不规则形，后转为黄褐色水渍状的病斑，边缘不清晰；后期病斑扩大，中央呈灰白色，边缘呈棕褐色；湿度极大时，病斑两面均生灰色霉层，以叶背面为多，即病原菌的子实体。发生多时，病斑相互融合，使叶片干枯。通常多从下部老叶逐渐向上蔓延，严重时整株叶片自下而上枯死，继而茎干枯。主要为害叶片及叶鞘。

防治方法：①加强田间管理，清洁苗床，烧毁病枝；注意苗床通风透光；多施磷、钾肥，增强抗病力；种植砂仁最好与高秆作物间作，创造一个较荫蔽的条件，可减轻发病。②化学防治。用1∶1∶(120～160) 倍波尔多液或代森铵水剂1000倍液喷洒，每周1次，连续3～4次；发病初期喷洒40%富士1号乳油600倍液或75%百菌清可湿性粉剂700倍液；生产上最好在9月中旬或翌年2月上旬至3月上旬各喷1次。

3. 茎腐病和果腐病

阳春砂茎腐病的症状主要表现为表皮腐烂、裂皮、脱皮、病株枯枝落叶、果少且小，产量低，严重时导致死亡。茎腐病的病原主要是真菌。因此，通常在发病部位能检查到霉状物和粒状物等病原的子实体，且可以通过分离培养得到病原物。

阳春砂果腐病症状是果实产生水渍状腐烂，属真菌引起的果腐，在腐烂部形成霉层（菌丝和孢子）或粒状物（菌核）。果腐病的病原绝大多数为半知菌类或子囊菌中的兼性寄生菌。病原真菌通常在寄主植物的病组织内存活，广泛存在于土壤中和植物残体上。以子囊孢子或分生孢子为传播体，通过气流传播，经伤口侵染。高温高湿的环境有利病害发生，虫害严重或机械损伤可诱发和加剧病害。

防治方法：①农业措施。果实收获后彻底清园，清除病枝病果，减少菌源。增施磷、钾肥，提高抗病力，改善通气、透光、降湿条件。②药剂防治。可选用嘧菌酯、抑霉唑、噻菌灵，这几种杀菌剂具有保护和治疗双重功效。茎腐病防治选择50%多菌灵可湿性粉剂500倍液、50%退菌特可湿性粉剂500倍液、45%咪鲜胺乳油1500倍液或10%苯醚甲环唑水分散粒剂2000～2500倍液于发病初期喷施茎部和灌根。

4. 黄潜蝇

阳春砂黄潜蝇属双翅目黄潜蝇科昆虫，又名钻心虫。以幼虫蛀食幼株的生长点，使生长点停止生长或腐烂，造成枯心，俗称“枯心病”。被害的幼株先端干枯，直至死亡，受害率可达40%～60%。

防治方法：①农业措施。加强水肥管理，促进植株生长健壮，减少钻心虫危害；及时割除被害幼株，集中烧毁。②药剂防治。成虫产卵期可用90%敌百虫原粉800倍液喷洒，每隔5～7天喷1次，连喷2～3次。

5. 老鼠

为害阳春砂的田鼠主要是大板鼠。于每年4～8月为害阳春砂花及果实。为害后花残缺不全，果实被咬碎，种子被吃光，严重影响产量。

防治方法：可将鼠夹、鼠笼于傍晚设置于阳春砂地里进行人工捕杀。

五、栝楼

（一）生物学特征

1. 形态特征

栝楼属葫芦科栝楼属，是多年生攀缘藤本，根状茎肥厚，圆柱状，地上茎多分枝，无毛，腋生带分枝的卷须；叶片近圆形或心形，边缘有疏齿或缺刻状；花单性异株，花萼筒状，花萼裂片披针形；花冠白色，顶端细线状；果实近球形，熟时橙红色，有扁平形种子多数。花期 5～8 月，果期 9～11 月（图 11-5，见彩插）。

图 11-5　栝楼

2. 分布与生境

分布于中国辽宁、华北、华东、中南、陕西、甘肃、四川、贵州及云南，朝鲜、日本、越南及老挝也有分布。生于海拔 200～1800m 的山坡林下、灌丛中、草地及村旁田边。栝楼喜温暖、潮湿的环境，耐寒能力强，是一种深根性植物，根可深入地下 100～150cm。栽培栝楼时宜选择土层深厚、肥沃的砂质壤土，房前屋后空地均可栽种。秋季果实成熟时，连果梗剪下，置通风阴凉处。

3. 功效

清热涤痰、宽胸散结、润燥滑肠。属化痰止咳平喘药下属分类的清热化痰药。改善微循环，抑制血小板凝集，耐缺氧，抗心律失常，抗溃疡，抗菌，抗癌，抗衰老。

4. 化学成分

果实含丝氨酸蛋白酶、多种氨基酸及挥发油。种子含三萜皂苷等多种成分。

（二）病虫害及其防治措施

1. 黄守瓜

黄守瓜属鞘翅目叶甲科害虫，食性广泛，成虫、幼虫都能为害作物，可为害 19 科 69 种植物。黄守瓜是栝楼的主要害虫，成虫 5 月出现，咬食叶片，严重时仅剩叶脉；幼虫咬食根部，成长后蛀入主根，使植株黄萎，乃至死亡。

防治方法：90%晶体敌百虫 1000 倍液喷雾防治成虫；幼虫期用 2.5%鱼藤精乳油 1000 倍液或 30 倍的烟草水灌根防治幼虫。

2. 根结线虫病

根结线虫是一种高度专化型的杂食性植物病原线虫，是一种严重为害栝楼的有害生物。主要为害栝楼根部，使根部肿大畸形，呈鸡爪状。在栝楼的须根及侧根上出现虫瘿时，切开根结，有很小的乳白色线虫藏于其中。根结上生出的新根会再度染病，并形成根结状肿瘤。该病的症状是根部腐烂、生长迟缓、叶片变小、叶色变浅，严重时可致植株死亡；受害轻时，地上部症状不明显。

防治方法：①农业措施。a. 选用无虫土育苗。移栽时剔除带虫苗或将“根瘤”去掉；清除带虫残体，压低虫口密度，带虫根晒干后应烧毁。b. 深翻土壤。将表土翻至 25cm 以下，可减轻虫害发生。c. 轮作防虫。线虫发生多的田块，改种抗（耐）虫作物可减轻线虫的发生。d. 高（低）温抑虫。利用夏季高温休闲季节，起垄灌水覆地膜，密闭棚室 2 周。利用冬季低温冻垡等可抑制线虫发生。②化学防治。可选用 10%克线磷、3%米乐尔等颗粒剂，每亩 3～5kg 均匀撒施后耕翻入土。也可用上述药剂之一，每亩 2～4kg 在定植行两边开沟施入，或随定植穴施入，每亩用药量 1～2kg，施药后混土，防止根系直接与药剂接触。研究发现阿维菌素对根结线虫有较好的防效。③物理防治。采用物理植保技术可以有效预防植物全生育期病虫害，其中根结线虫病可采用土壤电消毒法或土壤电处理技术进行防治。根结线虫对电流和电压耐性弱，采用 3DT 系列土壤连作障碍电处理机在土壤中施加 DC 30～800V、电流超过 $50A/m^2$ 就可有效杀灭土壤中的根结线虫。

3. 瓜蚜

瓜蚜又名棉蚜，是蚜科蚜属的一种昆虫，俗称腻虫。这种刺吸式昆虫通过刺吸进食和传播植物病毒影响植物。寄主范围很广，全世界至少有 700 种寄主植物。栝楼瓜蚜会严重影响栝楼生长和发育。栝楼瓜蚜多在 6～7 月发生，为害幼嫩心叶及顶部叶片，使叶片卷曲。

防治方法：①农业措施。合理调整和布局作物种类，尽可能有效地增加瓜蚜的天敌数量；种植诱集天敌的植物。许多植物与栝楼有不同的有害昆虫，但同时又有相同的害虫天敌。利用这个道理，栝楼田与麦田邻作，使麦田的七星瓢虫等天敌迁入栝楼田捕食蚜虫，可降低瓜蚜的虫口密度。用烟草水喷洒，对蚜虫有一定防效。②物理防治。a. 黄板诱虫。针对蚜虫对黄色有强烈的趋性，在栝楼田间插黄板进行诱杀。具体方法为，自制木板或纸板，规格为（50～70）cm×30cm。先将木板涂黄色，再用机油加少许黄油搅拌均匀后，涂抹在木板上，每亩 20 块左右，插在栝楼田株间，插板要高出植株 10～15cm；当黄板粘满害虫时，利用上述方法再次涂抹，可反复利用。同时适用于白粉虱、美洲斑潜蝇等害虫。b. 银灰膜避蚜。利用银灰色对蚜虫的驱避性，在栝楼田周围悬挂银灰色塑料薄膜，以达到防蚜的目的。③生物防治。保护利用天敌。瓜蚜的天敌很多，如小黑蛛、星豹蛛、三突花蛛、七星瓢虫、龟纹瓢虫、黑襟毛瓢虫等，还有食蚜蝇、蚜茧蜂等，均可捕食或寄生蚜虫。另外，也可人工饲养释放蚜茧蜂，进行以虫治虫的生物防治。④化学防治。用0.65%茼蒿素水剂800～1000倍液喷雾，兼治瓜叶螨；用1.8%阿维菌素乳油3000～4000倍液喷雾，既防治蚜虫，又防白粉虱；也可用2.5%鱼藤精乳油600～800倍液或1%苦参素乳油500倍液喷雾。可选用20%吡虫啉乳油1500倍液、3%乙虫脒乳油15～20mL/亩，兼治瓜蓟马。应交替用药，减少害虫抗药性的发生。

4.透翅蛾

栝楼透翅蛾属鳞翅目透翅蛾科。以幼虫钻蛀茎蔓为害，随着栝楼生长年限的延长，为害呈逐年加重趋势。为害部位为地表以上0～1.5m之间的栝楼茎蔓。初孵幼虫钻蛀，茎蔓处出现无色透明黏胶状分泌物。幼虫蛀茎蔓后蛀食髓部软组织，并排出粪便。随龄期的增加，受害部位逐渐膨大如瘤，严重时茎蔓表皮开裂，使水分和营养向上输送困难或中断，导致茎蔓、叶片、栝楼果萎蔫干枯死亡而绝收。受害轻时因水分和营养供应不足，栝楼果感染蔓枯病，呈萎蔫状干缩，失去药用价值；受害重的栝楼，翌年地表以下0～40cm之间栝楼根腐烂，栝楼苗出土期推迟，发育缓慢，栝楼蔓细弱，结果少，产量低。一般6月出现成虫，7月上旬幼虫孵化，开始在茎蔓的表皮蛀食。随着虫龄增大，蛀入茎内，并分泌黏液，刺激茎蔓后膨大成虫瘿。茎蔓被害后，整株枯死。8月中、下旬老熟幼虫入土做土茧越冬。

防治方法：防治要及时，一旦蛀入茎蔓，防治效果不佳。以农业措施和人工捕捉幼虫为主，化学防治为辅。①农业措施。土壤封冻前或早春在栝楼周边翻土毁茧，破坏栝楼透翅蛾幼虫茧适生环境，降低越冬或越冬后幼虫茧存活率，压低当年虫源基数。②人工捕捉幼虫。栝楼茎蔓出现黏胶状分泌物时，人工拔去胶瘤捕捉幼虫，并将捕捉的幼虫捏死（消灭1头幼虫相当于消灭60～80头成虫），可显著降低栝楼田幼虫越冬基数。③化学防治。成虫羽化高峰期用1～1.5kg煤油加80% DDV乳油涂抹茎蔓，阻止成虫产卵，或用80% DDV乳油800倍液在早晨成虫活动能力较弱时喷洒茎叶，杀死成虫以减少产卵量；成虫孵化前或幼虫钻蛀茎蔓前，用90%晶体敌百虫200倍液或50%辛硫磷乳油1500倍液喷洒茎叶，药剂加适量糖效果更佳，连喷2～3次；在栝楼四周浇50%辛硫磷乳油800倍液，防治落地入土的越冬幼虫。

第十二章 花类

花类药材通常包括完整的花、花序或花的某一部分。完整的花有的是已开放的，如洋金花、红花；有的是尚未开放的花蕾，如辛夷、丁香、槐花、金银花。药用花序也有的是采收尚未出土的，如款冬花；有的要采收已开放的，如菊花、旋覆花；而夏枯草实际上采收的是带花的果穗。药材仅为花的某一部分的，如西红花系柱头、莲须系雄蕊、玉米须系花柱，松花粉、蒲黄等则为花粉粒等。

本章主要介绍药用部位为花的忍冬科金银花、菊科菊花、鸢尾科番红花等药材的生物学特性、功效、药理和田间管理中病虫害防治等生产安全性问题。

一、忍冬

（一）生物学特征

1. 形态特征

忍冬，又称金银花，属忍冬科忍冬属，半常绿藤本植物。忍冬幼枝呈橘红褐色，常常覆盖粗糙的硬毛；叶片披针形和卵形，边缘有粗糙的茸毛，上面深绿色，下面淡绿色；忍冬花苞片大，花瓣卵形或椭圆形，有短柔毛，花冠白色；果实圆形，成熟时蓝黑色，有光泽；花期 4～6 月，果期 10～11 月。忍冬因为其凌冬不凋谢而得名（图 12-1，见彩插）。

该种最明显的特征在于具有大型的叶状苞片。外形有些像华南忍冬，但华南忍冬的苞片狭细而非叶状，萼筒密生短柔毛，小枝密生卷曲的短柔毛，与该种明显不同。该种的形态变异非常大，在枝、叶的毛被、叶的形状和大小以及花冠的

图 12-1　忍冬

长度、毛被和唇瓣与筒部的长度比例等方面都有很大的变化。但所有这些变化较多地同生态环境相联系，并未显示与地理分布之间的相关性。

2. 分布与生境

除黑龙江、内蒙古、宁夏、青海、新疆、海南和西藏无自然生长外，全国各省均有分布。也常栽培。生长于山坡灌丛或疏林中、乱石堆、山脚路旁及村庄篱笆边，海拔最高达 1500m。

3. 功效

花蕾清热解毒，主治温病发热、热毒血痢、痈肿疔疮等多种感染性疾病。果实清肠化湿，主治肠风泄泻、赤痢。茎枝清热解毒、通络，主治温病发热、疮痈肿毒、热毒血痢、风湿热痹。

4. 化学成分

主要包括四类：绿原酸类、苷类、黄酮类、酚类等。

（二）病虫害及其防治措施

金银花很少染病，这是因为金银花的茎、叶、花蕾中均含有绿原酸，它能抑制病原微生物的侵入与生长。生长在潮湿的山沟洼地上的金银花易染忍冬褐斑病和叶斑病，少数植株患有白绢病、白粉病、炭疽病、锈病。虫害是造成金银花减产的一个重要因素。中华忍冬圆尾蚜、金银花尺蠖等为主要害虫。

1. 褐斑病和白粉病

（1）忍冬褐斑病　病原为鼠李尾孢，属半知菌亚门半知菌纲链孢霉目黑霉科尾孢属真菌。为害叶片，夏季 7～8 月发病严重。发病后，叶片上病斑呈圆形或受叶脉所限呈多角形，黄褐色，潮湿时背面生有灰色霉状物。

防治方法：①农业措施。清除病枝病叶，减少病菌来源；加强栽培管理，增施有机肥，增强抵抗力。②化学防治。施用 30% 井冈霉素水剂 50μg/mL 或用 1∶1.5∶200 的波尔多液在发病初期喷施，每隔 7～10 天 1 次，连用 2～3 次。

（2）忍冬白粉病　白粉病是金银花上常见病害，全国各种植区广泛发生，主要为害叶片，有时也为害茎和花，为害严重。白粉病病原为忍冬叉丝壳菌，属子囊菌亚门真菌。叶上病斑初为白色小点，后扩展为白色粉状斑，后期整片叶布满白粉层，严重时叶发黄变形甚至落叶；茎上病斑褐色，不规则形，上生有白粉；

花扭曲，严重时脱落。病菌以子囊壳在病残体上越冬，翌年子囊壳释放子囊孢子进行初侵染，发病后病部又产生分生孢子进行再侵染。

防治方法：①农业措施。因地制宜选用抗病品种；加强栽培管理，合理密植，注意通风透气；科学施肥，增施磷、钾肥，提高植株抗病力；适时灌溉，雨后及时排水，防止湿气滞留。②化学防治。发病初期喷洒 50%胶体硫 100g 兑水 20kg 或 15%三唑酮可湿性粉剂 2000 倍液喷雾。

2. 中华忍冬圆尾蚜

金银花中华忍冬圆尾蚜属同翅目蚜科。为害叶片、嫩枝，造成生长停止，大幅度减产。4～6 月虫情较重，立夏后，特别是阴雨天，蔓延更快，以成虫、幼虫刺吸叶片汁液，使叶片卷缩发黄，金银花花蕾期被害，花蕾畸形。

防治方法：①将枯枝、烂叶集中烧毁或埋掉，能减轻虫害。②饲养草蛉或七星瓢虫在田间释放，进行生物防治。

3. 尺蠖

金银花尺蠖为尺蛾科隐尺蛾属。以幼虫取食金银花叶片，严重时整株叶片和花蕾被吃光，造成毁灭性危害。

防治方法：①农业措施。冬季整枝修剪，促使株丛通风透光，可减少尺蠖的发生。冬季结合修剪清园，清理枯枝落叶，并集中烧毁，以消灭部分越冬蛹和幼虫，有效减少来年虫源。②化学防治。在幼虫发生期，用 90%晶体敌百虫原药 1000 倍液或 2.5%溴氰菊酯乳油 4000 倍液喷雾防治。药防时间应避开金银花开花盛期。

二、菊花

（一）生物学特征

1. 形态特征

菊花为菊科菊属植物菊的头状花序。通常于 11 月花盛开时，选晴天露水干后或下午采收。亳菊采收时先将花枝折下，扎成小把，倒挂阴干，再摘取花序晒干、阴干、焙干或熏、蒸后晒干。菊为多年生宿根草本植物，按栽培形式分为多头菊、独本菊、大立菊、悬崖菊、艺菊、案头菊等栽培类型；有的按花瓣外观形态分为圆抱、追抱、反抱、乱抱、露心抱、飞舞抱等栽培类型。按产地和加工方法不同，分为亳菊、滁菊、贡菊、杭菊（杭白菊、杭黄菊）等。由于花的颜色不同，又有黄菊花和白菊花之分（图 12-2，见彩插）。

菊花是中国十大名花之三，花中四君子（梅兰竹菊）之一，也是世界四大切花（菊花、月季、康乃馨、唐菖蒲）之一，产量居首。

图 12-2 菊花

2. 分布与生境

菊遍布中国各城镇与农村，尤以北京、南京、上海、杭州、青岛、天津、开封、武汉、成都、长沙、湘潭、西安、沈阳、广州、中山市小榄镇等产量大。菊的适应性很强，喜凉，较耐寒，生长适温 18～21℃，最高 32℃，最低 10℃，地下根茎耐低温极限一般为－10℃。花期最低夜温 17℃，开花期（中、后）可降至 13～15℃。喜充足阳光，但也稍耐阴。较耐干，最忌积涝。喜地势高燥、土层深厚、富含腐殖质、疏松肥沃而排水良好的砂壤土，以 pH6.2～6.7 较好。

3. 功效

性偏寒，味甘、苦。黄色的菊花疏风清热，白色的菊花清肝明目，还有一定的降血压作用。

4. 化学成分

黄酮类有槲皮素、藤黄菌素、金合欢素的多种苷类、黄芩苷等；挥发油类有乙酸龙脑酯、龙脑、金合欢醇、金合欢烯、菊烯醇等；其他还有腺嘌呤、菊苷、胆碱、绿原酸、维生素 E 等。

（二）病虫害及其防治措施

1. 斑点病

菊花斑点病由真菌寄生引起，包括：①黑斑病，病原为链格孢，属半知菌亚门丝孢纲丛梗孢目暗梗孢科链格孢属。②褐斑病，病原为菊生假尾孢。③轮纹病。通常在高湿雨季的 7 月中旬出现，尤其是连日阴雨闷热、积水久湿、昼夜温差大时容易较大面积发病，其中发病最多的是褐斑病。起初在茎基部的叶片上出现暗褐色小斑点，逐渐扩大增多，变成直径3～10mm的圆形黑斑，终致全叶干枯。病原体在土壤中长期潜伏，随雨水或喷灌溅落到叶片上，叶片水湿连续5h，随即发病向上蔓延。

防治方法：①农业措施。加强栽培管理。植株营养生殖期间施用氮、磷、钾复合肥，防止植株徒长，加强通风、透光，盆与盆之间不要放得过密，浇水时尽量避免淋湿下部脚叶。菊花栽培场所、生长期间或冬春季节及时清除病叶并集中烧毁，以减少病源。②药剂防治。8～10月，每隔10天左右喷一次65%代森锌可湿性粉剂600倍液保护叶片。病害发生后，选用50%多菌灵可湿性粉剂或50%甲基硫菌灵可湿性粉剂500～1000倍液，也可喷75%百菌清可湿性粉剂800～1000倍液，每隔7～10天喷1次，连续3～4次，效果较好。

2. 枯萎病

菊花枯萎病病原为尖镰孢菌，属半知菌亚门真菌。此病容易发生在雨水多的7～8月，病菌在土壤内存活传播。植株受害后，病菌分泌有毒物质，破坏组织细胞和堵塞导管，使水分供应受阻，很快萎蔫枯死。

防治方法：①盆土消毒。用40倍福尔马林溶液或其他药剂（如高锰酸钾）消毒。注意合理施肥和浇水，肥要充分腐熟，并注意增施磷、钾肥；浇水要见干见湿，并做好排水工作。注意隔离，重病植株应立即拔除，远离健康植株并烧毁。②化学防治。轻病植株可用50%多菌灵溶液直接浇灌根际周围土壤，连续数次。

3. 锈病

菊花锈病由病原菊柄锈菌、堀柄锈菌及蒿层锈菌引起，病原均属担子菌亚门真菌。菊柄锈菌夏孢子堆褐色，多生于叶背，少数生在茎上；冬孢子堆生在叶背或叶柄和茎上，深褐色或黑色。堀柄锈菌冬孢子堆黄褐色，叶背生。蒿层锈菌夏孢子堆多生在叶面表皮下，后期才开裂。因此，菊花锈病有黑锈病、白锈病、褐锈病等。

初在叶片上出现浅黄色小斑点，叶背对应处也生出小褪绿斑，后产生稍隆起的疱状物，疱状物破裂后，散出大量黄褐色粉状物，即病菌孢子。菊花染病后生长十分衰弱，不开花或大量落花。叶片上病斑多的，叶缘上卷。天气湿润时容易发病。最早在7月初出现，而9月发病严重。其中黑锈病是为害较普遍的一种，开始时叶片表面出现苍白色的小斑点，逐渐膨大成圆形突起，不久叶背表皮破裂，生出成堆的橙黄色粉末，随风飞散大面积传染。随后叶片上生出暗黑色椭圆形斑点，叶背表皮破裂后又生出黑色粉末，严重时自下而上全株染病，导致叶片干枯。

防治方法：①农业措施。选用抗病力强的品种；加强栽培管理，及时清除病叶和病残体，集中深埋或烧毁；采用配方施肥技术，施用充分腐熟有机肥，切忌连作，保持通风、透光；注意在发病期间进行土壤消毒。②化学防治。发病初期开始喷洒15%三唑酮可湿性粉剂1000倍液，喷25%粉锈宁可湿性粉剂1500倍液，能较好地控制该病的发生。采收前7天停止用药。

4. 白粉病

菊花白粉病病原为白粉菌，属子囊菌亚门真菌。该病主要为害叶片、叶柄和幼嫩的茎叶。感病初期，叶片上出现黄色透明小白粉斑点，以叶片正面为多，在温湿度适宜时病斑可迅速扩大成大面积的白色粉状斑或灰色粉状霉层；严重时，发病的叶片褪绿、黄化；叶片和嫩梢卷曲、畸形，早衰和枯萎；茎秆弯曲，新梢停止生长，花朵少而小，植株矮化不育或不开花，甚至出现死亡现象。

防治方法：①农业措施。栽植不能过密，控制土壤湿度，增加通风、透光，避免过多施用氮肥，应增施磷、钾肥，增强植株抗病能力；剪除过密和枯黄叶片，拔除病株，清扫病残落叶，集中烧毁或深埋。②化学防治。用50%甲基硫菌灵可湿性粉剂和50%福美双可湿性粉剂（1∶1）混合药剂600～700倍液喷洒盆土式苗床、土壤，以消灭病原。发病初期可喷施50%加瑞农可湿性粉剂，隔10天喷1次，连喷3次；在发病期喷施70%甲基托布津可湿性粉剂8000～1000倍液或75%百菌清可湿性粉剂600倍液，每隔7～10天喷1次，连喷3～4次；8月上中旬喷洒甲基硫菌灵或多菌灵，每半个月1次，连喷3～4次。

5. 根腐病

菊花根腐病由腐霉菌、镰刀菌、疫霉菌等多种病原侵染引起，病菌从根茎部或根部伤口侵入，通过雨水或灌溉水进行传播和蔓延。根腐病主要危害菊花的根系部分，在整个生育期均有发生。发病时由细小侧根或新生根开始，初出现浅红褐色不规则的斑块，颜色逐渐变深呈暗褐色。随病害发展，全部根系迅速坏死变褐。地上部分先是外叶叶缘发黄、变褐、坏死至卷缩，病株表现缺水状，逐渐向心叶发展至全株枯黄死亡。植株根部聚集大量菌丝，引起局部或全部腐烂，茎叶发黄、枯萎。发病主要原因是土质黏重，通透性不强，盆底窝水，病菌大量繁殖。

防治措施：①植物检疫。腐霉菌、镰刀菌、疫霉菌可以通过种苗由发病区向其他地域传播，因此，采取植物检疫措施可从源头上有效防止该病原菌随种苗进行传播。②农业防治。曝晒土壤可以抑制土壤中病菌的数量和活力。在生产实践中及时拔除病株，更新病株处的土壤，也可以有效避免或减少病菌的繁殖和传播。另外，掌握正确的浇水方法、控制浇水量，做好田间灌溉排水系统的布局，合理密植、控制株距、保持通风透气，这些措施都可以有效减少病害的发生。平时在菊花的养护过程中，要尽量减少伤到根系的可能。在菊花苗移栽前，底肥可以用平衡型喜锐施水溶肥，严格控制氮肥，增施磷、钾肥，有利于增强作物本身的抗病害能力。给菊花施肥，不要一直施用快效性化肥。③化学防治。发现根腐病早期就可以用50%多菌灵溶液灌根，一般10天左右浇1次，连续浇2～3次。

6. 病毒病

菊花花叶病毒病，病毒粒体线条状，长度约为690μm×12μm，致死温度60～65℃，体外存活期1～6天，稀释限点100～1000倍，系统侵染的植物有菊、野菊、瓜叶菊、花环菊等。

菊花受病毒侵染，顶梢和嫩叶卷缩内抱，中上部叶片出现明暗不一的淡黄斑块。植株表现矮小，根系长势衰弱，叶片、花朵畸形，严重影响生长发育和观赏效果并遗传。病毒只在活的花卉细胞内繁衍，通过昆虫（主要是刺吸式口器昆虫，如蚜虫、蓟马、红蜘蛛等）、嫁接、机械损伤等途径传播。

防治方法：①农业措施。严格执行检疫，防止人为传播。从无病株上采条作繁殖材料，有条件的采用茎尖组织培养进行脱毒；带毒的盆栽菊花可置于36℃条件下处理21～28天，能脱毒；生产上经过热处理的菊花，病毒已被钝化，可用来作繁殖材料。清除杂草和病株，减少侵染源，消灭传病介体，如昆虫、线虫、真菌等。优化栽培管理条件，保持植物生育健壮。②化学防治。防治传毒蚜虫，喷洒50%抗蚜威可湿性粉剂2000倍液。必要时喷洒5%菌毒清可湿性粉剂400倍液或20%毒克星（盐酸吗啉胍·铜）可湿性粉剂500～600倍液、0.5%抗毒剂1号水剂300倍液、20%病毒宁水溶性粉剂500倍液，隔7～10天1次，连防3次。采收前3天停止用药。

7. 线虫病

菊花根结线虫是菊花根结线虫病的病原，主要为害根部。寄生在花卉上的主要有南方根结线虫和北方根结线虫，其次是花生根结线虫。被线虫侵染的植株根部常产生大小不等的肿瘤状物，内含白色发亮的粒状物，即线虫的虫体。其幼虫及雄虫、雌虫呈球形。植株受害后，长势衰弱，往往形成“小老苗”，叶片发黄，花朵变小，甚至茎基芽点畸形，封顶缩头，逐渐枯萎。线虫可通过带病植株经灌溉、施肥、农具、土壤等途径传播。所以要严格检疫，防其传播。

防治方法：①农业措施。严格检疫，防止疫区扩大。及时清除侵染源，病叶、病花、病蕾应及时摘除，集中深埋或烧毁。被线虫污染的温室土壤、盆土可用蒸汽或阳光暴晒消毒，也可用一块铁板下面加温，把土壤全部在铁板上烘烤一遍，杀灭土壤中的线虫。选用健康无病的插条作为切花繁殖材料，也可用不被该线虫侵染的顶芽做繁殖材料。露地栽培时避免大水漫灌，防止浇水传播，必要时采用避雨栽培法，防止雨水飞溅传播。处理种苗，扦插之前用50℃温水浸泡插枝10min。②药剂防治。施用10%力满库（克线磷）颗粒剂，每平方米2～4g，穴施、沟施或撒施于根际土壤，或直接施药后覆土再浇水，有较好防效。

三、番红花

（一）生物学特征

1. 形态特征

番红花是鸢尾科番红花属的多年生草本植物。球茎扁圆球形，直径约 3cm，外有黄褐色的膜质包被。叶基生，9～15 枚，条形，灰绿色，长 15～20cm，宽 2～3mm，边缘反卷；叶丛基部包有 4～5 片膜质的鞘状叶。

花茎甚短，不伸出地面；花 1～2 朵，淡蓝色、红紫色或白色，有香味，直径 2.5～3cm；花被裂片 6，2 轮排列，内、外轮花被裂片皆为倒卵形，顶端钝，长 4～5cm；雄蕊直立，长 2.5cm，花药黄色，顶端尖，略弯曲；花柱橙红色，长约 4cm，上部 3 分枝，分枝弯曲而下垂，柱头略扁，顶端楔形，有浅齿，较雄蕊长，子房狭纺锤形。蒴果椭圆形，长约 3cm。完整的柱头呈线形，先端较宽大，向下渐细呈尾状，先端边缘具不整齐的齿状，下端为残留的黄色花枝。长约 2.5cm，直径约 1.5mm。紫红色或暗红棕色，微有光泽。体轻，质松软，干燥后质脆易断。将柱头投入水中则膨胀，可见橙黄色成直线下降，并逐渐扩散，水被染成黄色，无沉淀。柱头呈喇叭状，有短缝。在短时间内用针拨之不破碎。气特异，微有刺激性，味微苦。以身长、色紫红、滋润而有光泽、黄色花柱少、味辛凉者为佳（图 12-3）。

图 12-3　番红花

2. 分布与生境

外来物种，中国各地常有栽培。番红花原产于欧洲南部。喜冷凉湿润和半阴环境，较耐寒，宜种植在排水良好、腐殖质含量丰富的砂壤土。pH 值 5.5～6.5。

3. 功效

活血化瘀、凉血解毒、解郁安神。用于经闭癥瘕、产后瘀阻、温毒发斑、忧郁痞闷、惊悸发狂。可治疗头痛、牙痛。

4. 化学成分

含有苦藏花素。着色物质为藏花素。化学成分含番红花苷-1～番红花苷-4、番红花苦苷、番红花酸二甲酯、α-番红花酸、番红花醛、挥发油等。

（二）病虫害及其防治措施

1. 菌核病

番红花菌核病病原为子囊菌亚门盘菌纲柔膜菌目核盘菌科核盘菌属菌核菌。菌核表面黑色，内部白色，鼠粪状。菌丝不耐干燥，相对湿度在 85%以上才能生长。对温度要求不严，在 0～30℃之间都能生长，以 20℃为最适宜，是一种适合低温高湿条件发生的病害菌。

番红花菌核病主要为害球茎和幼苗，夏季种球贮藏不当容易发生病变，使整个种球腐烂。贮藏球茎必须剔除受伤或有病球茎，以防球茎变质及病菌的感染和蔓延。

防治方法：可用 50%托布津可湿性粉剂 500 倍液喷洒防治。

2. 花叶病

番红花花叶病由芜菁花叶病毒侵染引起，该病在出芽早期表现为叶片出现黄色条斑、叶形扭曲、整株矮化，后期叶片上出现不规则坏死斑或条点；病株在开花期表现为花型小，发病严重的植株基本不开花。带病毒株在经过数年连续种植、催花和采花后表现为种球逐年变小，最后失去栽培价值而需要重新引种。

番红花花叶病除引起地上部分长势衰弱、开花减少、花器变小以外，还能引起根系萎缩，从而导致整株生命力减弱。随着植株体内病毒负荷量累积增加，植株对其他病害的抵抗力下降，尤其是种球在室内保存阶段已发生真菌性腐烂病的。

防治方法：①农业措施。选用优良种球；建立无病毒种球繁殖基地；选用抗病品种；采用轮作与加强田间管理，避免交叉污染。②化学防治。配合使用抗病毒抑制剂如毒氟磷、盐酸吗啉胍、盐酸吗啉胍·铜、三氮唑核苷、香菇多糖、壳寡糖类药物。

3. 锈病

病原为红花柄锈菌。番红花锈病症状为叶初生黄色、直径 1.2mm 的小斑点，后表面现褐色的夏孢子层，到秋天产生黑色的冬孢子。

防治方法：①农业措施。种植前对种子或种球进行消毒，用15%粉锈宁可湿性粉剂拌种。养护期间增施磷、钾肥，促进植株健壮，提高抗病力。及时清理枯枝败叶，每年花后将残花剪掉。并且发现病叶及时摘除，以免感染其他植株。②化学防治。发病初期喷15%粉锈宁可湿性粉剂500倍液1～2次；发病期喷97%敌锈钠可湿性粉剂300～400倍液，每隔10天喷1次，连喷2～3次即可。

4. 根腐病

番红花根腐病是由腐霉菌、镰刀菌、疫霉菌等多种病原真菌侵染引起的，该病会造成根部腐烂，吸收水分和养分的功能逐渐减弱，主要表现为整株叶片发黄、枯萎，最后死亡。

防治方法：①农业措施。发现病株要及时拔除烧掉，防止传染给周围植株，在病株穴中撒一些生石灰。②化学防治。在病株穴中撒呋喃丹，杀死根际线虫，用50%甲基硫菌灵可湿性粉剂1000倍液浇灌病株。

5. 蚜虫

蚜虫属于半翅目蚜科（以往归类为同翅目或同翅亚目），分为无翅蚜和有翅蚜两种。无翅蚜主要在短距离爬行扩散，繁殖能力极强；有翅蚜可利用翅膀长距离飞行，对于药用植物来说危害特别大。番红花蚜虫多群集在心叶，为害叶片时分泌蜜露，影响光合作用和产品质量。

防治方法：①农业防治。a. 清洁栽培场所。及时清洁园田，清除药田附近杂草，不留上茬作物的任何植株残骸，从根源进行防治。b. 土壤消毒。土壤可用药物进行消毒，迅速有效地杀灭土壤中的虫卵、病原菌等，温室土壤可高温闷棚，即利用太阳能的高温来消灭一系列的病菌微生物。此方法可改善泥土结构，操作简单，效果显著。c. 越冬消灭虫源。一般在冬季来临之前，蚜虫都会依附在菜田附近的枯草或者蔬菜采收后的杂草里，所以应高度重视，在冬季或冬季到春季的这段时间，要彻底铲除过剩的杂草，破坏蚜虫的生存环境，提高防治效果。②物理防治。a. 黄板诱蚜。大田放置黄色纸板，将蚜虫全部引诱过来，在纸板上喷灭杀蚜虫的药物，使蚜虫在黄板上接触到药物以后立即死亡。b. 灭蚜和驱蚜。第一种方法是把辣椒加入清水泡一晚上，过滤后直接进行喷洒；第二种方法是把烟草磨成粉末状，加入少量的生石灰，这样可以直接进行喷洒。韭菜散发的气体对蚜虫有驱赶作用，将韭菜与药用植物混合种植，可以大大降低蚜虫的密度，减轻蚜虫对番红花的危害程度。c. 糖醋液灭蚜。糖醋液配方为酒、水、糖和醋，比例是1∶2∶3∶4，将配好的糖醋液放在开口面积大的装置里，在傍晚时分放在蚜虫较多的地方，这样蚜虫的死亡率很高。③利用天敌防治。蚜虫的天敌有七星瓢虫、异色瓢虫、食蚜蝇等，这些昆虫是蚜虫的克星。在田间如果出现这些昆虫，不要伤害它们，要进行适当的保护。当蚜虫危害较大时，在进行防治时也要注意药品的使用，在植物的部分区域进行喷洒，以防伤害蚜虫天敌。④化学防治。a. 苗期防治。要以灭蚜和防治病毒病为主，应在蚜虫发生初期彻底消灭，把蚜虫消灭在迁飞传毒之前。可选用10%吡虫啉可湿性粉剂3000倍液与48%乐斯本乳油3000倍液混合药液进行喷雾消灭。b. 生长期防治。在生长期应尽量减少喷药次数。若蚜虫发生严重时，仍需进行必要的化学防治，可选用1%印楝素水剂800倍液或1.8%阿维菌素乳油2000倍液或10%吡虫啉可湿性粉剂3000倍液喷雾防治。

第十三章

皮类

皮类中药通常是指裸子植物或被子植物的茎干、枝和根的形成层以外部位入药的药材。它由外向内包括周皮、皮层、初生韧皮部和次生韧皮部等部分。其中大多为木本植物茎干的皮，如黄柏、杜仲；少数为根皮，如牡丹皮、桑白皮；或为枝皮，如秦皮。

本章主要介绍药用部位为皮的樟科植物肉桂、杜仲科植物杜仲、芍药科植物牡丹的生物学特性、功效、药理和田间管理中病虫害防治等生产安全性问题。

一、肉桂

（一）生物学特征

1. 形态特征

肉桂为樟科植物，肉桂树为中等大乔木植物；树皮灰褐色，树皮上有纵向的细条纹；叶互生，叶片为长椭圆形至近披针形，内卷，上面绿色，有光泽，无毛，下面淡绿色，覆盖黄色短茸毛；肉桂花圆锥状，黄色；果实椭圆形，无毛；花期 6～8 月，果期 10～12 月（图 13-1，见彩插）。

2. 分布和生境

原产于中国，广东、广西、福建、台湾、云南等省区的热带及亚热带地区广为栽培，其中尤以广西栽培为多。印度、老挝、越南至印度尼西亚等地也有，但大都为人工栽培。肉桂喜温暖气候，喜湿润，要求雨量充沛，属半阴性树种，幼

图 13-1　肉桂

苗喜阴，成龄树在较多阳光下才能正常生长，要求土层深厚、质地疏松、排水良好、通透性强的砂壤土。

3. 功效

肉桂具有温中补肾、散寒止痛的功效，主治腰膝冷痛、虚寒胃痛、腹痛吐泻、痛经经闭等。

4. 化学成分

皮不含丁香油酚，尚含黏液、鞣质等。含挥发油 1%～2%，油中主成分为桂皮醛（75%～95%），少量的桂皮乙酸酯、丁香酚、桂皮酸、苯丙酸乙酯；另含二萜类化合物桂二萜醇、无水桂二萜醇、乙酰桂二萜醇、肉桂萜醇及其葡萄糖苷。广西玉林产桂皮，挥发油含量为 5.86%，尚含香豆精、反式桂皮酸、β-谷固醇、胆碱、原儿茶酸、香草酸、微量丁香酸和 D-葡萄糖。

（二）病虫害及其防治措施

1. 根腐病

肉桂根腐病是一种由担子菌真菌引起的病害，该病在苗期发生会造成根部腐烂，吸收水分和养分的功能逐渐减弱，最后全株死亡，主要表现为整株叶片发黄、枯萎。

防治方法：①农业措施。a. 苗圃开好排水沟，防止积水。b. 发现病株，立即拔除，病穴用 5%石灰浇灌消毒。及时防治地下害虫和线虫。②化学防治。发病初期用 50%退菌特可湿性粉剂稀释 500 倍全面喷洒，可防止病害蔓延。

2. 炭疽病

肉桂炭疽病病原为炭疽病菌，属半知菌。从幼苗到成龄株均可感病。发病初期，叶尖或叶缘出现褐色病斑，继而病斑扩展，长达 5～9cm，并汇合形成不规则形大斑块，呈灰褐色，其上散生小黑点（病菌分生孢子盘）。该病感染性极强，主要危害叶片、花序、果实，还可引起芽腐及死苗。

防治方法：①农业措施。加强栽培管理，提高植株抗病性。②化学防治。发病初期用50%甲基托布津可湿性粉剂稀释700倍喷施，或用80%多菌灵可湿性粉剂稀释600倍喷施，每7～10天1次，连续3次。

3. 叶枯病

肉桂叶枯病病原为肉桂拟茎点霉，属半知菌亚门真菌。为害叶片，初生暗褐色小点，后扩展为椭圆形或不规则形的病斑，灰白色，边缘波浪状，暗褐色。严重时，叶片干枯脱落，病斑上生许多小黑点（病原菌的分生孢子器）。

防治方法：①发现病叶，立即摘除，集中烧毁。②发病初期用75%百菌清可湿性粉剂稀释600倍或用1∶1∶100的波尔多液喷洒，每7～10天1次，连续3次。

4. 泡盾盲蝽

肉桂泡盾盲蝽是半翅目盲蝽科害虫。该虫为害肉桂后，造成的伤口引起球二孢菌和拟茎点霉侵染。真菌病斑随时间的延长，病斑迅速扩大，环绕枝干后，造成幼嫩枝梢干枯死亡。较粗的枝梢在肉桂泡盾盲蝽侵害下，黑褐病斑不断扩大连片，形成水渍状的黑褐病斑，有时分泌褐色液体。褐斑不断扩大，而周边组织又增生形成下凹的病斑，水渍干枯后造成表皮开裂。主干分叉处由于皮层生长不正常而长出瘤状枝干，输导组织破坏后枝叶变黄，逐渐全株死亡。

防治方法：①冬季清除有病虫害和已枯死的肉桂枝茎、病叶，搬出林地集中烧毁。②在泡盾盲蝽发生盛期用稀释1500～2000倍的桂虫灵（有机磷混配剂）乳油进行防治。第一个盛发期是4～5月，第二个盛发期是6月底～10月上旬，1年共5次用药，喷药1次可维持药效7～10天。

5. 双瓣卷蛾

肉桂双瓣卷蛾是鳞翅目类害虫，1年发生6～7代，幼虫大量钻食肉桂嫩梢，造成新梢大量死亡。

防治方法：①生物防治。利用螟黄赤眼蜂和增索赤眼蜂，每亩1万只，一年放5次。②化学防治。在新梢抽出2～3cm时，用稀释1500～5000倍的桂虫灵乳油进行防治，隔7～10天再喷1次，每放1次梢喷药2～3次。

6. 木蛾

木蛾又称五点梅、卷叶虫、卷边虫，属鳞翅目木蛾科害虫，是肉桂主要害虫之一。木蛾一年发生2～3代，以初龄幼虫在树皮裂缝、翘皮下结薄茧越冬。第2年果树发芽后越冬幼虫出蛰为害，5月中旬化蛹，越冬代成虫于5月下旬开始出现，至6月底结束。第2、3代成虫发生时间分别为7月上旬～8月初和9月上旬～10月上旬。初孵化幼虫在寄主叶片的正面或背面构筑“一”字形隧道，幼虫藏于隧道中，咬食隧道两边的叶组织；2、3龄幼虫在叶缘卷边，虫体藏于卷边内，咬食卷边两端的叶组织；老熟幼虫切割叶缘附近叶片一块，将所切叶片纵卷成筒状，叶筒一端与叶片相接合，幼虫在其内化蛹。2、3龄幼虫主要集中在晚间取食为害，有随风飘移和吐丝现象。

防治方法：①农业措施。每年3月成虫羽化以前，清除有虫害和已枯死的肉桂枝茎，远离林地集中处理。②化学防治。在幼虫孵化的5月底至8月初，用稀释1500～2000倍的桂虫灵乳油进行防治，隔7～10天再喷1次，连续2～3次；在秋、冬季，若发现树干有新木屑排出，用药棉蘸1∶10的90%敌百虫溶液填入孔内，外用黄泥封口熏杀幼虫。

7. 天牛

肉桂天牛是鞘翅目天牛科樟红天牛，5～7月产卵于树枝先端，孵化幼虫钻食茎干，常把木质部钻成隧道，使受害枝干上部枝叶枯死。

防治方法：①砍去受害枝条，集中处理。②若发现树干有新木屑排出，用药棉蘸1∶10的90%敌百虫溶液塞入蛀孔内，外用黄泥封口熏杀幼虫。

8. 象鼻虫

象鼻虫是鞘翅目象鼻虫科害虫，整年为害。成虫主要取食肉桂新枝、嫩梢，造成一个个小刻口，新梢生长受到影响，严重时嫩梢枯死。

防治方法：结合防治泡盾盲蝽、双瓣卷蛾，在新梢抽出2～3cm时，用稀释1500～2000倍的桂虫灵乳油防治，隔7～10天再喷1次，连续2～3次。

二、杜仲

（一）生物学特征

1. 形态特征

杜仲又名胶木，为杜仲科杜仲属植物。落叶乔木，高达20m。小枝光滑，黄褐色或较淡，具片状髓。皮、枝及叶均含胶质。单叶互生；椭圆形或卵形，长7～15cm，宽3.5～6.5cm，先端渐尖，基部广楔形，边缘有锯齿，幼叶上面疏被柔毛，下面毛较密，老叶上面光滑，下面叶脉处疏被毛；叶柄长1～2cm。花单性，雌雄异株，与叶同时开放，或先叶开放，生于一年生枝基部苞片的腋内，有花柄；无花被；雄花有雄蕊6～10枚；雌花有一裸露而延长的子房，子房1

室，顶端有2叉状花柱。翅果卵状长椭圆形而扁，先端下凹，内有种子1粒。花期4～5月，果期9月（图13-2）。

图13-2　杜仲

2. 分布与生境

分布于陕西、甘肃、河南（淅川）、湖北、四川、云南、贵州、湖南、安徽、陕西、江西、广西及浙江等省区，现各地广泛栽种。生长于海拔300～500m的低山、谷地或低坡的疏林里，对土壤的选择并不严格，在瘠薄的红土或岩石峭壁均能生长。

3. 功效

补肝肾、强筋骨、安胎。用于肝肾不足、腰脊酸痛、筋骨无力、头晕目眩、妊娠漏血、胎动不安。

4. 化学成分

树皮含杜仲胶、糖苷、生物碱、有机酸、酮糖、维生素C、醛糖、绿原酸。种子中含亚麻酸、亚油酸、油酸、硬脂酸、棕榈酸。含有14种木脂素和木脂素苷，与苷元相连的糖都是吡喃葡萄糖。其中二苯基四氢呋喃木脂素及其苷类包括松脂二糖，松脂二糖是杜仲的有效成分。种子和叶含有10种环烯醚萜类化合物。杜仲还含有正二十九烷、正三十醇、桦木醇、桦木酸、β-谷固醇、熊果酸、香草酸、17种游离氨基酸，以及锗、硒等15种微量元素。

（二）病虫害及其防治措施

1. 立枯病

杜仲立枯病病原为立枯丝核菌，属半知菌亚门真菌，有性态为瓜亡革菌，属担子菌纲革菌科真菌。苗期病害多发生在4～6月多雨季节，病苗近地面的茎腐烂变褐，向内凹陷，植株枯死。

防治方法：苗床地忌用黏土和前作为蔬菜、棉花、马铃薯的地块，播种时用

50%多菌灵可湿性粉剂2.5kg与细土混合，撒在苗床上或播种沟内。发病时用50%多菌灵可湿性粉剂1000倍液浇灌。

2. 根腐病

杜仲根腐病病原有镰刀菌、丝核菌、腐霉菌等。根腐病的发生往往使杜仲生产遭受重大产量损失。病菌先从须根、侧根侵入，逐步发展至主根，根皮腐烂萎缩，地上部出现叶片萎蔫，苗茎干缩，乃至整株死亡。一般多发生于6～8月间，危害幼苗。

防治方法：①农业措施。选好圃地。宜选择土壤疏松、肥沃、灌溉及排水条件好的地块育苗，尽量避开重茬苗圃地。长期种植蔬菜、豆类、瓜类、棉花、马铃薯的地块也不宜作杜仲苗圃地。冬季土壤封冻前施足充分腐熟的有机肥，同时每公顷加施1.5～2.3t硫酸亚铁（黑矾），将土壤充分消毒。酸性土壤每公顷撒0.3t石灰，也可达到消毒目的。精选优质种子并进行催芽处理，加强土壤管理，疏松土壤，及时排水，也能有效抵抗和预防根腐病。②药剂防治。幼苗初发病期要及时喷药，控制病害蔓延，用50%硫菌灵可湿性粉剂400～800倍液、25%多菌灵可湿性粉剂800倍液灌根，均有良好的防病效果。幼树发病后也应及时喷药防治，已经死亡的幼苗或幼树要立即挖除烧掉，并在发病处充分杀菌消毒。

3. 叶枯病

杜仲叶枯病由真菌引起。发病叶初期先出现黑褐色斑点，病斑边缘绿色，中间灰白色，有时破裂穿孔，直至叶片枯死。

防治方法：①农业措施。a. 冬季结合清洁田园，清扫枯枝落叶，集中处理，用土封盖严密，使其发酵腐熟，既可以减少病害的污染，又可以积肥。b. 发病初期，及时摘除病叶，挖坑深埋。避免病叶随风飘扬，到处传播。②化学防治。发病后每隔7～10天喷1次1∶1∶100的波尔多液，连续喷洒2～3次；或65%代森锌可湿性粉剂500倍液，5～7天喷1次，连续2～3次。

4. 豹纹木蠹蛾

豹纹木蠹蛾为鳞翅目木蠹蛾科豹蠹蛾属的一种昆虫。幼虫蛀食树干、树枝，造成中空，严重时全株枯萎。

防治方法：①农业措施。注意冬季清园，6月初成虫产卵前用生石灰10份、硫黄粉1份、水40份调好后，用毛刷涂刷在树干上防成虫产卵。②药剂防治。幼虫蛀入树干后，用棉球蘸敌百虫塞入蛀孔内毒杀。成虫羽化期和幼虫孵化期，树上喷25%杀灭菊酯乳油2000倍液。③物理防治。在成虫羽化期，可用黑光灯诱杀成虫。

三、牡丹

（一）生物学特征

1. 形态特征

牡丹是芍药科芍药属植物。为多年生落叶灌木，茎高达 2m；分枝短而粗。叶通常为二回三出复叶，表面绿色，无毛，背面淡绿色，有时具白粉，叶柄长 5～11cm，叶柄和叶轴均无毛。花单生枝顶，苞片 5，长椭圆形；萼片 5，绿色，宽卵形；花瓣 5 或为重瓣，玫瑰色、红紫色、粉红色至白色，通常变异很大，倒卵形，顶端呈不规则的波状；花药长圆形，长 4mm；花盘革质，杯状，紫红色；心皮 5，密生柔毛。蓇葖长圆形，密生黄褐色硬毛。花期 5 月，果期 6 月（图 13-3）。

图 13-3　牡丹

2. 分布与生境

牡丹栽培面积最大最集中的有菏泽、洛阳、北京、临夏回族自治州、彭州、铜陵等。通过中原花农冬季赴广东、福建、浙江、深圳、海南进行牡丹催花，促使牡丹在以上几个地区安家落户，使牡丹的栽植遍布中国各地。

牡丹性喜温暖、凉爽、干燥、阳光充足的环境。喜阳光，也耐半阴，耐寒，耐干旱，耐弱碱，忌积水，怕热，怕烈日直射。适宜在疏松、深厚、肥沃、地势高燥、排水良好的中性砂壤土中生长，在酸性或黏重土壤中生长不良。

3. 功效

牡丹的根皮经过干燥，即为牡丹皮。牡丹皮性微寒，具有清热凉血、活血化瘀等功效。

4. 化学成分

牡丹皮含牡丹皮原苷、牡丹酚、芍药苷、羟基芍药苷、苯甲酰芍药苷及挥发油。根含牡丹皮酚、牡丹皮苷、牡丹皮原苷、芍药苷、挥发油及植物固醇等。

（二）病虫害及其防治措施

1. 褐斑病

牡丹褐斑病病原为变色尾孢菌，属丝孢纲丝孢目。病菌以菌丝体和分生孢子在病组织和病落叶中越冬，成为第二年的侵染来源。以风雨传播，从伤口直接侵入。多在7～9月发病，台风季节雨多时病重。下部叶先发病，后期管理放松，盆土过干、过湿时病重。

病菌侵染后叶表面出现大小不同的苍白色斑点，一般直径为3～7mm大小的圆斑。一叶上少时1～2个病斑，多时可达30个病斑。病斑中部逐渐变褐色，正面散生十分细小的黑点，放大镜下绒毛状，具数层同心轮纹。相邻病斑合并时形成不规则的大型病斑，发生严重时整个叶面全变为病斑而枯死。叶背面病斑呈暗褐色，轮纹不明显。

防治方法：①农业措施。剪除病叶、残枝，清理盆面或地面的落叶集中烧毁，可防止病情扩散。②化学防治。可使用稀释600～800倍的75%百菌清可湿性粉剂或80%多菌灵可湿性粉剂800倍液进行整株喷药，7天喷1次，连续2～3次。

2. 红斑病

牡丹红斑病也叫霉病、轮斑病，是牡丹上发生最为普遍的病害之一。病原为芍药枝孢霉，属丝孢纲丝孢目。病菌以菌丝在病组织上及地面枯枝上越冬，翌年春季产生分生孢子再次侵染危害。下部叶片受害最重，开花后危害逐渐明显和加重。天气潮湿季节扩展快。

红斑病主要为害叶片，还可为害绿色茎、叶柄、萼片、花瓣、果实甚至种子。叶片初期症状为新叶背面现绿色针头状小点，后扩展成直径3～5mm的紫褐色近圆形的小斑，边缘不明显。扩大后有淡褐色轮纹，成为直径达7～12mm的不规则形大斑，中央淡黄褐色，边缘暗紫褐色，有时相连成片，严重时整叶焦枯。在潮湿气候条件下，病部背面会出现暗绿色霉层，似绒毛状。绿色茎上感病时，产生紫褐色长圆形小点，有些突起。病斑扩展缓慢，长径仅3～5mm。中间开裂并下陷，严重时茎上病斑也可相连成片。叶柄感病后，症状与绿色茎相同。萼片上初发病时为褐色突出小点，严重时边缘焦枯。暗绿色霉层比较稀疏。

防治方法：①农业措施。冬季整枝时必须将病枝清除，盆土表面挖去10cm左右，重新垫上新土。②药剂防治。常用药有60%防霉宝超微粉剂600倍液、50%多菌灵可湿性粉剂500倍液、70%甲基托布津可湿性粉剂800～1000倍液、75%百菌清可湿性粉剂600倍液、50%多硫悬浮剂800倍液，每7～8天喷1次，连喷2～3次。粉尘法施药或烟熏法施药（适用于温室）为傍晚时喷撒粉尘剂或释放烟雾剂防治叶霉病。常用粉尘剂有5%百菌清粉尘剂、7%叶面净粉尘剂及10%敌托粉尘剂等，每次每667m^2用量为250～300g。粉尘施药或释放烟雾剂后，封闭大棚、温室过夜。烟熏法、粉尘法最好与药液喷雾交替使用。

3. 白绢病

牡丹白绢病病原为齐整小核菌，属半知菌亚门丝孢纲无孢目。此菌不产生无性孢子，也很少产生有性孢子，菌丝初为白色，后稍带褐色，直径3～9μm，后期菌丝可密集在一起，形成油菜籽状菌核。病菌一般以成熟菌核在土壤、被害杂草或病株残体上越冬，通过雨水进行传播。菌核在土壤中可存活4～5年。在适宜的温湿度条件下菌核萌发产生菌丝，侵入植物体。在长江流域，病害一般在6月上旬开始发生，7～8月是病害盛发期，9月以后基本停止发生。

病害主要发生在苗木近地面的茎基部。初发生时，病部表皮层变褐，逐渐向周围发展，并在病部产生白色绢丝状的菌丝，菌丝做扇形扩展，蔓延至附近的土表上，以后在病苗基部表面或土表的菌丝层上形成油菜籽状的茶褐色菌核。苗木受病后，茎基部及根部皮层腐烂，植株的水分和养分的输送被阻断，叶片变黄枯萎，全株枯死。

防治方法：①为了预防苗期发病，可用70%五氯硝基苯粉剂处理土壤，每667m^2地用250g，加干细土5kg，混合均匀后，撒在播种或扦插沟内，然后进行播种或扦插。②发病初期，在苗圃内可撒施70%五氯硝基苯粉剂于土面，每667m^2地亦用250g，施药后松土，使药粉均匀混入土中；亦可用50%多菌灵可湿性粉剂500～800倍液或50%托布津可湿性粉剂500倍液或1%硫酸铜液或萎锈灵10μg/mL或氧化萎锈灵25μg/mL浇灌苗根部，可控制病害的蔓延。③春秋天扒土晾根。树体地上部分出现症状后，将树干基部主根附近土扒开晾晒，可抑制病害的发展。晾根时间从早春3月开始到秋天落叶为止，雨季来临前可填平树穴。晾根时还应注意在穴的四周筑土埂，以防水流入穴内。④选用无病苗木。调运苗木时，严格进行检查，剔除病苗，并对健苗进行消毒处理。消毒药剂可用70%甲基硫菌灵悬浮剂800～1000倍液、2%石灰水、0.5%硫酸铜液浸10～30min，然后栽植。也可在45℃温水中浸20～30min，以杀死根部病菌。⑤病树治疗。根据树体地上部分的症状确定根部有病后，扒开树干基部的土壤寻找发病部位，确诊白绢病后，用刀将根颈部病斑彻底刮除，并用抗菌剂401的50倍液或1%硫酸液消毒伤口，再外涂波尔多浆等保护剂，然后覆盖新土。⑥挖隔离沟封锁病区。

4. 白粉病

牡丹白粉病病原为耧斗菜白粉菌，属子囊菌纲白粉菌目白粉菌科。病菌以闭囊壳（病叶上小黑点）在病残体上越冬，产生子囊孢子，引起初侵染。以分生孢子不断进行再侵染。

染病后叶片上产生白色粉霉斑，常扩大接连成片，甚至覆盖整株叶片和茎干，引起植株早衰或枯死。

防治方法：①加强栽培管理。施氮肥不宜过多，应适当增施钾、钙肥，以增强植株长势，提高抗病力。适时修剪整形，去掉病梢、病叶，改善植株间通风、透光条件。室内盆栽时，植物应置于通风良好、光照充足之处。冬季要控制室内温湿度，夜间要注意通气。秋末冬初移入温室（或冷窖）前，应仔细检查，发现病叶、病梢立即剪除并烧毁，以免带入室内传播蔓延。②药剂防治。发病初期喷洒15%粉锈宁可湿性粉剂1000倍液或70%甲基托布津可湿性粉剂1000倍液，均有良好的防治效果。粉锈宁的残效期可达20～25天，喷药后受病害部位的白色层变暗灰色，干缩并消失。

5. 病毒病

牡丹病毒病病原有：①牡丹环斑病毒（PRV）。病毒粒子球状。难以汁液摩擦接种，可以由蚜虫传播。②烟草脆裂病毒（TRV）。病毒粒子有两种，长的为190nm，短的为45～115nm。能汁液接种，线虫、菟丝子和牡丹种子都能传毒。③牡丹曲叶病毒（PLCV）。由嫁接传染。症状：PRV在叶片上产生深绿和浅绿相间的同心轮纹圆斑，同时有小的坏死斑，植株不矮化；TRV亦在叶片上产生大小不一的环斑或轮斑，有时则呈不规则形；而PLCV引起植株明显矮化，下部枝条细弱扭曲，叶黄化卷曲。

防治方法：①发现病株，及时拔除，清除病株，严格检查，不用病株作繁殖材料。清理周边杂草及菟丝子等。②适时防治蚜虫等传播介体，及早防治传毒蚜虫。③播种前，对种子进行消毒，可用10%漂白粉消毒20min。

6. 根结线虫病

牡丹根结线虫病病原为北方根结线虫。

症状为在细根上产生很多直径3mm的根结，受害严重时被害苗木根系瘿瘤累累，根结连接成串；后期瘿瘤龟裂、腐烂，根功能严重受阻，致使根末端死亡。病株地上部分生长衰弱、矮小、黄化，有的甚至整株枯死。

发病规律为该线虫多在土壤5～30cm处生存，常以卵或雌虫随病残体在土壤中越冬，病土、病苗及灌溉水是主要传播途径。春季，随着地温、气温逐渐升高，4月中下旬越冬卵开始孵化为2龄幼虫，2龄幼虫在土壤中移动寻找根尖，由根冠上方侵入定居在生长锥内，其分泌物刺激导管细胞膨胀，使根形成虫瘿或称根结。牡丹根结线虫一年重复侵染3次，完成其生活史。

防治方法：①农业措施。选用无虫土育苗。移栽时剔除带虫苗或将“根瘤”去掉。清除带虫残体，压低虫口密度，带虫根晒干后应烧毁。深翻土壤，将表土翻至25cm以下，可减轻虫害发生。②化学防治。可选用10%克线磷、3%米乐尔等颗粒剂，每亩3～5kg均匀撒施后耕翻入土。也可用上述药剂之一，每亩2～4kg在定植行两边开沟施入，或随定植穴施入，亩用药量1～2kg，施药后混土防止根系直接与药剂接触。研究发现阿维菌素对根结线虫有较好的防效。③物理防治。采用物理植保技术可以有效预防植物全生育期病虫害，其中根结线虫病可采用土壤电消毒法或土壤电处理技术进行防治。根结线虫对电流和电压耐性弱，采用3DT系列土壤连作障碍电处理机在土壤中施加DC 30～800V、电流超过$50A/m^2$就可有效杀灭土壤中的根结线虫。

7. 金龟甲

金龟甲又称金龟子，其幼虫即蛴螬。金龟子的成虫和幼虫都为害牡丹。为害牡丹的金龟子有多种，如黑绒金龟、华北大黑鳃金龟、暗黑鳃金龟、苹毛丽金龟、铜绿丽金龟。

黑绒金龟成虫为害牡丹芽、叶及花；幼虫取食牡丹根系，造成的伤口又为镰刀菌的侵染创造了条件，导致根腐病的发生。幼虫、成虫均在土中越冬，成虫在4月中、下旬以后开始活动，5月中旬至6月中旬为其活动高峰，以晚上8～11时活动最盛，取食牡丹叶片、嫩茎。春天当10cm深土层温度达到10℃时，蛴螬上移至20cm左右土层中取食牡丹根，幼虫一般不移动为害。当冬季10cm土层温度下降至10℃时，幼虫向土壤深处移动，通常在30～40cm土层中越冬。

防治方法：①成虫防治。金龟子有假死性，可人工振落捕杀；金龟子在夜间有趋光性，可用黑光灯诱杀；5月中旬至6月中旬成虫发生盛期可用90%晶体敌百虫等1000～1500倍液杀灭；成虫羽化盛期在植株下的地面上喷洒50%辛硫磷乳油500～800倍液；成虫取食为害时，喷50%辛硫磷乳油1000倍液。②幼虫防治。施用腐殖的有机肥，施肥时混入杀虫剂；用30%呋喃丹颗粒剂或50%辛硫磷颗粒剂等，每亩地撒施10～15kg，然后翻耕土壤。

8. 介壳虫

介壳虫又名蚧。为害牡丹的介壳虫有多种，如吹绵蚧、粉蚧、牡丹网盾蚧、日本龟蜡蚧、长白盾蚧、桑白盾蚧等。

介壳虫若虫和雌成虫群集枝、芽、叶上吸食体液，排泄蜜露，诱致煤污病发生。使牡丹植株生长衰弱，枝叶变黄，重者枯死。

介壳虫受精的雌虫越冬，4月下旬开始为害，4月底、5月初若虫可遍及全株。初孵虫在卵囊内经过一些时间才分散活动，多定居于叶背主脉两侧。2龄后，移到枝条阴面集居取食为害。3龄时，口器退化不再为害，雌虫固定取食后不再移动，后形成卵囊并产卵其中。每个雌虫可产卵数百粒至2000粒，产卵期约1个月。吹绵蚧适宜生活温度为23～24℃，其排泄物易滋生霉菌，使受害部位变黑。

防治方法：抓住卵的盛孵期喷药，刚孵出的虫体表面尚未披蜡（介壳还未形成，易被杀死），喷洒50%辛硫磷乳油1000～2000倍液，喷药要均匀，全株都要喷到，在蜡壳形成后喷药无效。用呋喃丹液浇灌根际，植株吸收药剂，虫体吸食植株体液后毒杀。

9. 蜗牛

为害牡丹的蜗牛主要有灰巴蜗牛、条花蜗牛等。

灰巴蜗牛在阴雨天湿度大时大量繁殖，取食牡丹芽、嫩叶，严重时1株有

30～50头蜗牛为害。被害株叶上有蜗牛吃过的缺痕和排放的许多黑绿色虫粪，外包一层白色黏液性物质；蜗牛足腺体能分泌黏液，凡蜗牛爬过的茎、叶上都留有一条银灰色的痕迹。

以成贝和幼贝在土层和落叶层中越冬。螺壳口用一层白膜封闭。翌年3～4月开始为害，白天藏于牡丹基部杂草、落叶或土层中栖息，夜晚出来为害，若是阴雨天，白天也为害。蜗牛4月下旬交配，5月在寄主根部疏松土壤中产卵。每头雌贝产卵近百粒，10多粒卵黏合成块状，卵期10多天；幼贝孵出后，多居于土层或落叶下，不久即分散为害，7～8月是幼贝为害盛期。连续阴雨天、土壤湿度大，为害严重；天旱时，蜗牛多潜伏于土中，用白膜封闭螺口；11月开始越冬。

防治方法：清晨或阴雨天人工捕捉，集中杀灭；为害期间喷洒90%晶体敌百虫900～1000倍液或50%辛硫磷乳油1000倍液，连续喷3～4次；傍晚，在蜗牛活动的地方撒敌百虫粉剂，杀灭成贝和幼贝。

10. 刺蛾类

为害牡丹的刺蛾主要有桑褐刺蛾、扁刺蛾、黄刺蛾、中国绿刺蛾等。

桑褐刺蛾幼虫取食叶肉，仅残留表皮和叶脉。以老熟幼虫在树干附近土中结茧越冬，3代成虫分别在5月下旬、7月下旬、9月上旬出现。成虫夜间活动，有趋光性，卵多成块产在叶背；幼虫孵化后在叶背群集并取食叶肉，半月后分散为害，取食叶片。老熟后入土结茧化蛹。

防治方法：①农业措施。秋冬季摘虫茧或敲碎树干上的虫茧，减少虫源。②物理防治。利用成虫趋光性设置黑光灯诱捕成蛾；初孵幼虫有群集性，可摘除虫叶消灭之。③化学防治。在幼虫盛发期喷洒50%辛硫磷乳油1000～1500倍液等。

11. 蚜虫

为害牡丹的蚜虫主要有棉蚜、桃蚜等。当春天牡丹萌发后，蚜虫开始为害，取食叶片的汁液，使被害叶卷曲变黄。幼苗长大后，蚜虫常聚生于嫩梢、花梗、叶背等处，使茎叶卷曲萎缩，以致全株枯萎死亡。

蚜虫在高温干燥条件下，繁殖快，为害严重。蚜虫一年可繁殖数代乃至20～30代。蚜虫分泌蜜汁，可使被害株茎叶生理活动受阻，同时其蜜汁又是病菌的良好培养基，常引发煤污病等；蚜虫还能传播病毒病。

防治方法：①生物防治。保护和利用天敌，天敌主要有异色瓢虫、七星瓢虫、黄斑盘瓢虫、龟纹瓢虫、食蚜蝇和草蛉等。②化学防治。喷洒50%灭蚜松乳剂乳油1000～1500倍液和喷洒新烟碱类杀虫剂防治。

12. 小地老虎

小地老虎属鳞翅目夜蛾科害虫，俗称土蚕、地蚕。幼虫将幼苗近地面的茎部咬断，使整株死亡。

小地老虎成虫夜间活动，交配产卵，卵产于5cm以下矮小杂草上。成虫对黑光灯及糖醋液等趋性较强，幼虫夜间出来为害，老熟幼虫有假死习性，受惊缩成环形。地老虎喜温暖及潮湿条件，保水性强的壤土、黏壤土、砂壤土均适于地老虎的发生。

防治方法：①农业措施。清除田中杂草，防止成虫产卵是关键一环。②物理防治。用黑光灯、糖醋液诱杀成虫。③化学防治。施用毒饵，把麦麸等饵料炒香，每亩用饵料5～10kg，加入90%敌百虫的30倍水溶液200mL左右，拌匀成毒饵，傍晚撒于地面；地老虎1～3龄幼虫期抗药性差，可用药剂防治，喷洒90%敌百虫800倍液或50%辛硫磷乳油800倍液。

13. 华北蝼蛄

华北蝼蛄为直翅目蝼蛄科害虫，又名大蝼蛄、土狗。

蝼蛄成虫、若虫均在土中活动，取食幼芽或将幼苗咬断致死，受害的根部呈乱麻状。由于蝼蛄的活动将表土层穿成许多隧道，使苗根脱离土壤，致使幼苗因失水而枯死。

蝼蛄3年左右完成1代，以若虫或成虫越冬，翌春地温达8℃的3～4月开始活动。交配后在土中15～30cm处做土室，雌虫把卵产在土室中。成虫夜间活动，有趋光性。

防治方法：施用充分腐熟的有机肥；利用黑光灯诱杀；施用毒饵；生长期被害，可用50%辛硫磷乳油2000倍液浇灌。

14. 金针虫

为害牡丹的金针虫主要有沟金针虫、细胸金针虫、褐纹金针虫。其中，细胸金针虫为害幼苗根部，致植株枯萎死亡。

幼虫喜潮湿及微偏酸性的土壤，一般在5月10cm土层温度为7～13℃时，为害严重；7月中旬土层温度为升至17℃时逐渐停止为害。

防治方法：用70%噻虫嗪种子处理悬浮剂1∶400进行拌种，或用4%噻虫嗪颗粒剂撒施、条施或穴施，可有效防治金针虫。

15. 天牛类

为害牡丹的天牛主要有中华锯花天牛、桑天牛。中华锯花天牛为害程度轻者枝叶枯黄，严重者枝条枯死或整株死亡。

天牛成虫具趋光性，卵散产于牡丹近处土中约3cm处。成虫夜间活动，白天多静伏于牡丹植株隐蔽处。初孵幼虫啃食嫩根茎皮，后多从牡丹近地面的伤口蛀入钻孔，随着幼虫的生长逐渐向根下部蛀食，钻孔道30～70mm。

防治方法：4月下旬至5月上旬，结合松土可破坏蛹室杀死部分蛹。在牡丹周围打孔，深20cm左右，放入磷化铝片，每株牡丹用3～4片。经试验，磷化铝熏杀是防治天牛既实用又经济的一种好方法。

16. 棉铃虫

棉铃虫又名棉铃实夜蛾。主要为害牡丹花芽，钻蛀取食，造成孔洞，影响开花和生长。

以蛹在土室内越冬，成虫夜间出来交尾、产卵，其繁殖力很强，喜欢在现蕾、正开花的寄主上产卵。成虫对短波光和萎蔫的树枝枝叶具有较强的趋性。

防治方法：①物理防治。a. 性诱剂诱捕成虫。每亩 2～3 个棉铃虫性诱捕器，能有效地诱捕到雄蛾。b. 利用杀虫灯诱杀。有条件的可安装各类型杀虫灯，诱杀成虫。c. 糖醋液诱杀。配制糖醋液，白酒∶红糖∶食醋∶水按比例制成糖醋液，置于盆内，放在 1m 高的位置诱杀成虫，每亩 3～5 个。d. 杨树枝把诱杀。棉铃虫对半枯萎的杨树枝有一定趋性，利用这一特征，在 6 月开始诱蛾。70cm 长的 8～10 枝杨树枝捆成一把，每亩插 5～10 把，7 天更换一次，分散插立，每天清晨日出前用塑料袋套住枝把拍打，使成蛾进入袋内进行捕杀。②生物防治。a. 利用天敌防治。棉铃虫的自然天敌有瓢虫、草蛉等，这些益虫可以及时捕食棉铃虫，充分发挥自然控制因素。b. 使用生物农药。棉铃虫发生达到防治指标时，可在作物上喷施爱福丁等生物农药，可有效防治棉铃虫的危害。

在没有达到太大危害的情况下，不提倡使用化学药剂防治，一是化学药剂对授粉的虫媒杀伤较大，二是化学防治成本高于损失程度。

第十四章

药用蕨类植物

蕨类植物是一组具有木质部和韧皮部的维管植物，它们通过孢子进行繁殖，没有种子和花的结构。蕨类植物的孢子体发达，通常具有根、茎、叶的分化，多年生草本，稀一年生。陆生或附生。根通常为不定根，着生在根状茎上。茎通常为根状茎。叶根据起源及形态特征分为小型叶和大型叶两类。配子体结构简单，生活期短，能独立生活。

蕨类植物中可以入药的种类甚多。《神农本草经》中即收载有石韦、贯众、狗脊、卷柏、石长生及乌韭 6 种。

本章主要介绍几种蕨类药用植物蚌壳蕨科的金毛狗脊、铁线蕨的孢子海金沙、紫萁科紫萁、鳞毛蕨科贯众的生物学特性、功效、药理和病虫害防治等生产安全性问题。

一、金毛狗脊

（一）生物学特征

1. 形态特征

金毛狗脊是蚌壳蕨科金毛狗属树形蕨类植物。根状茎卧生、粗大，顶端生一丛大叶，柄长可达 120cm，棕褐色；基部垫状的金黄色茸毛，有光泽，上部光滑；叶片大，广卵状三角形，三回羽状分裂，互生，叶几为革质或厚纸质；孢子囊生于下部的小脉顶端，囊群盖坚硬，棕褐色，孢子为三角状的四面形，透明（图 14-1）。

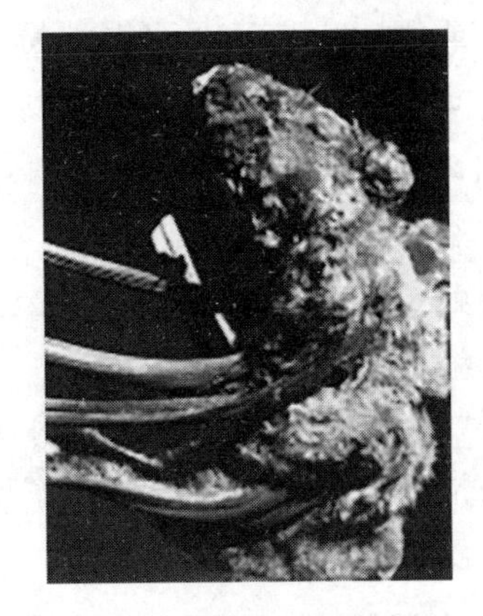

图 14-1　金毛狗脊

2. 分布与生境

分布于中国云南、贵州、四川南部、两广、福建、台湾、海南岛、浙江、江西和湖南南部。印度、缅甸、泰国、马来西亚、琉球及印度尼西亚都有分布。金毛狗脊对生境有很高的要求，其一般生长在土壤为酸性、土壤含水量较高、郁闭度较高，并处于西北和东北坡向的水沟边。

3. 功效

味苦、甘，性温，具有补肝肾、强腰膝、祛风湿等功效。用于腰腿酸痛、手足麻木、半身不遂、遗精、血崩等，并用于治疗骨瘤、颅内肿瘤、骨髓瘤等多种肿瘤等。

4. 化学成分

金毛狗脊含有鞣质、谷固醇、挥发油、蕨素类物质，及水溶性酚酸类如原儿茶醛、原儿茶酸和咖啡酸，还含有正丁基-β-D-吡喃果糖苷、氨基酸、无机元素等。另外，通过理化性质测定，金毛狗脊含有强心苷、蒽醌、糖、三萜、内酯等成分。

（二）病虫害及其防治措施

1. 立枯病

立枯病又称“死苗”，主要由立枯丝核菌（属半知菌亚门）真菌侵染引起。发病植株叶片绿色，枯死，而茎干下部腐烂，呈立枯状。发病初期病株生长停顿，缺少生机。然后出现枯萎，叶片下垂，最后枯死。病株根颈处变细，出现褐色、水浸状腐烂。潮湿时，自然状态下病斑处也会产生蛛丝状褐色丝体。

防治方法：选择充分消毒的培养土和腐熟的肥料作为盆土，忌积水。发现死苗应及时同盆土一并倒掉。上盆定植后，每隔 10 天喷 20％甲基立枯磷乳油 1500

倍液，或用50%克菌丹可湿性粉剂或50%福美双可湿性粉剂500倍液浇灌。

2. 虫害

稻秆潜蝇，属双翅目秆蝇（黄潜叶蝇）科害虫。除为害禾本科作物外，还为害金毛狗脊。

根蚜，属瘿绵蚜科斯绵蚜属，是以成蚜、若蚜集中于根部为害，吸食汁液，致根萎缩变黑或腐烂的害虫。

蝼蛄，是节肢动物门昆虫纲直翅目蝼蛄科害虫，采食植物叶片、根和茎。

防治方法：每亩可用50%辛硫磷乳油80mL兑水75kg喷雾处理。

二、海金沙

（一）生物学特征

1. 形态特征

铁线蕨叶上收集的孢子为海金沙。铁线蕨属蕨类草本植物，其叶轴具窄边，羽片多数，对生于叶轴上的短距两侧。不育羽片尖三角形，两侧有窄边，叶干后褐色，纸质；孢子囊长度超过小羽片中央不育部分，排列稀疏，暗褐色；孢子囊群每羽片3～10枚，横生于能育的末回小羽片的上缘；囊群盖长形、长肾形或圆肾形，上缘平直，淡黄绿色，老时棕色，膜质，全缘，宿存，孢子成熟期5～11月。因其秋季采摘，黄如细沙，如海沙闪亮发光，故名海金沙（图14-2，见彩插）。

图14-2　铁线蕨及孢子粉（海金沙）

2. 分布与生境

分布于中国江苏、浙江、安徽南部、福建、台湾、广东、广西、湖南、贵州、四川、云南、陕西南部。日本、琉球、斯里兰卡、爪哇、菲律宾、印度、热带澳洲都有分布。多生于路边、山坡灌丛、林缘溪谷丛林中，常缠绕生长于其他较大型的植物上。喜温暖湿润环境、空气相对湿度60%以上，喜散射光，忌阳光直射，喜排水良好的砂质壤土，为酸性土壤的指示植物。

3. 功效

清热利湿、通淋止痛，治疗湿热肿毒，及热淋、石淋、血淋、膏淋、尿道涩痛。

4. 化学成分

含海金沙素、反式对香豆酸。

（二）病虫害及其防治措施

铁线蕨常见的病虫害有介壳虫、叶枯病，二者均对其生长有很大的影响。

1. 介壳虫

介壳虫常见的有红圆蚧、褐圆蚧、糠片蚧、矢尖蚧和吹绵蚧等。介壳虫是铁线蕨常见虫害，在温暖潮湿、通风不良的情况下极易发生。发病时可见叶片上有白色的凸起，叶片会下垂、枯萎，严重时整个叶片焦黄。介壳虫往往是雄性有翅，能飞；雌虫寄生在枝叶上，行孤雌生殖，因分泌大量蜜露，极易诱发铁线蕨煤污病。

防治方法：①田间管理。铁线蕨叶片上发现有介壳虫时，应及时剪除受害叶片。秋季时需清除铁线蕨叶片上的虫卵，将枯死的枝剪掉，并集中销毁。②药物治疗。介壳虫出现初期，需喷洒“蚧必治”（主要由噻嗪酮、毒死蜱等成分组成的杀虫剂）的稀释溶液，每5～7天使用1次即可。

2. 叶枯病

叶枯病病原有三种：属于半知菌亚门的赤星病菌，属于子囊菌亚门的炭疽病菌，属于半知菌亚门的盘多毛孢。病原菌以菌丝体与孢子在病落叶等处越冬。

感染叶枯病病菌，导致铁线蕨叶片发黄。发病时，叶片出现黄褐色的病斑，随着病斑的扩大逐渐融合，随即叶片萎蔫。

防治方法：发病时，及时喷洒药剂，可选用波尔多液、多菌灵可湿性粉剂，10天喷洒1次，连续喷洒2～3次即可好转。

三、紫萁

（一）生物学特征

1. 形态特征

紫萁是紫萁科紫萁属蕨类植物，植株高50～80cm；根状茎粗短，或呈稍弯短的树干状；叶簇生，直立，禾秆色，幼时密被茸毛，奇数羽状，对生或近对生，长圆形或长圆状披针形，向基部稍宽，基部往往有1～2片合生圆裂片或宽披针形小裂片，边缘具细锯齿。叶脉两面明显；能育叶与不育叶等高，羽片与小羽片均短缩，小羽片线形，孢子囊密生于小脉；孢子成熟期7～9月（图14-3，见彩插）。

图14-3　紫萁

2. 分布与生境

广泛分布于越南、不丹、日本、朝鲜、印度北部（喜马拉雅山地）和中国。为中国暖温带、亚热带最常见的一种蕨类，北起山东（崂山），南达台湾，西迄云南、贵州、四川西部，向北至秦岭南坡，广泛分布于云南各地。

生长于林下或溪边酸性土上。多分布于林下、山溪两侧和湿润的沟谷中。光照强度和土壤对其生长发育影响较大。对温度的适应性广，温度达8℃时即可开始萌发，15℃左右时叶的生长速度最快，高于20℃时生长开始缓慢，30℃以上生长停止。对水分的要求较严格。喜湿润，不耐干旱。

3. 功效

有清热解毒、杀虫、止血等功效，主治流行性脑脊髓膜炎、流行性乙型脑炎、流行性感冒、腮腺炎等。杀蛲虫、绦虫、钩虫等肠道寄生虫。

4. 化学成分

含尖叶土杉甾酮 A、蜕皮甾酮及蜕皮酮。

（二）病虫害及其防治措施

1. 炭疽病

炭疽病病原为半知菌亚门刺盘孢属（无性态）和部分子囊菌亚门小丛壳属（有网性态），属于真菌性病害，其特征是病斑处有粉红色黏状物，主要危害植株的嫩叶。被害部位开始在叶缘或叶尖呈水渍状圆形、近圆形的暗褐色小斑，而后逐渐由几个病斑扩大成不规则的斑块，颜色变为焦黄，有的病斑呈云片状，边缘有浅红色晕圈，后期病斑中部变为灰白色，有许多微小黑点，严重时整个叶片死亡。

防治方法：①农业措施。及时清除病落叶，并集中销毁，减少侵染源。②药剂防治。发病前喷施 1%波尔多液，保护植株不受侵染；发病初期可用硫酸亚铁（黑矾）30～50 倍液浇灌根际土壤，或用“矾肥水”与清水间隔浇灌。也可用 0.1%～0.2%硫酸亚铁水溶液喷洒叶面。发病期间可喷施 75%百菌清可湿性粉剂 500～800 倍液。其他有效的药剂还有 50%多菌灵可湿性粉剂 800～1000 倍液和 70%托布津可湿性粉剂 800～1000 倍液。

2. 褐斑病

蕨类植物的褐斑病又叫叶斑病或叶枯病，褐斑病病原番薯尾孢属真菌半知菌亚门丝孢目尾孢属。常发生在叶片的顶端，受害叶片初期为圆形黑斑，后扩大成圆形或近圆形，病斑边缘黑褐色，中央灰黑色并有小黑点，此后病斑扩大迅速，叶片最后变成黑色干枯死亡。其主要传播途径是落叶，春夏秋季均有可能发生，高温多湿季节易流行。

防治方法：发现病株要立即隔离喷药，或剪除并集中焚烧，同时喷药保护。可采用 50%多菌灵可湿性粉剂 1000 倍液、50%甲基硫菌灵悬浮剂 1000 倍液、稀释 200 倍的波尔多液等药剂喷施防治。浇水过多或湿度过大，也易发生褐斑病。发病初期，可用 50%代森铵水溶液 300～400 倍液、70%托布津可湿性粉剂 800～1000 倍液等药剂喷施防治。

四、贯众

（一）生物学特征

1. 形态特征

贯众是鳞毛蕨科贯众属多年生蕨类植物。植株高 25～50cm。叶簇生，禾秆色，叶片矩圆披针形，先端钝。叶纸质，两面光滑；叶轴腹面有浅纵沟，疏生披针形及线形棕色鳞片。孢子囊群遍布羽片背面；囊群盖圆形，盾状，全缘（图 14-4，见彩插）。

图 14-4　贯众

2. 分布与生境

分布于中国河北、山西晋城、陕西、甘肃南部、山东、江苏、安徽、浙江、江西、福建、台湾、河南、湖北、湖南、广东、广西、四川、贵州、云南。也分布于日本、朝鲜南部、越南北部、泰国。

喜温暖湿润、半阴环境，耐寒性较强，较耐干旱。在土壤深厚、排水良好、疏松肥沃、富含有机质的微酸性至中性砂质土壤中生长良好。生长适温 16～26℃，冬季能耐－12℃的低温。小苗抗寒性较差。在遮阴和散射光下生长良好，光强介于 2152～6456lx。幼苗喜阴湿，成苗在 30%～40%的散射光下生长良好。要求空气和土壤湿润的环境，但是土壤不能积水。在年降雨 600～1400mm、相对湿度 50%～70%之间生长良好。该种对肥料较为敏感。

3. 功效

① 清热解毒：贯众苦、微寒，有清热、凉血、解毒之功，善解时疫之毒，既能清气分之实热，又能解血分之热毒，可用于防治温热毒邪所致之证，如时疫感冒、风热头痛、温毒发斑、痄腮等。

② 止血：贯众炒炭有收涩止血之功，适用于血热所致之衄血、吐血、便血、崩漏等，尤善治崩漏下血。

4. 化学成分

含间苯衍生物，其主要成分为绵马酸类、黄绵马酸类。尚含微量白绵马素、绵马酚、三叉蕨酚、黄三叉蕨酸、绵马次酸、绵马鞣质以及挥发油、树脂等。

（二）病虫害及其防治措施

该种一般不会有较多病害。病害多由叶片或根部太多水分引起，因此要以预防为主。主要有密环菌根腐病、猝倒病、灰霉病、叶斑病、腐烂病等。防治方法为除去死亡、受伤、干枯的蕨叶，保持温暖干燥的环境。使用多菌灵、百菌清或托布津 800 倍液。

虫害主要有蚜虫、粉蚧、红蜘蛛、介壳虫、蜗牛、蓟马、粉虱等。防治方法是除去死叶、伤叶并烧掉。

附录

我国禁限用农药名单

类型	通用名	禁止使用时间及范围
禁止（停止）使用56种	六六六、DDT、毒杀芬、二溴氯丙烷、杀虫脒、二溴乙烷、除草醚、艾氏剂、狄氏剂、汞制剂、砷类、铅类、敌枯双、氟乙酰胺甘氟、甘氟、毒鼠强、氟乙酸钠、毒鼠硅、甲胺磷、对硫磷、甲基对硫磷、久效磷、磷胺、苯线磷、地虫硫磷、甲基硫环磷、磷化钙、磷化镁、磷化锌、硫线磷、蝇毒磷、治螟磷、特丁硫磷、氯磺隆、胺苯磺隆、甲磺隆、福美胂、福美甲胂、三氯杀螨醇、林丹、硫丹、溴甲烷、氟虫胺、杀扑磷、百草枯、氯丹、灭蚁灵、2,4-滴丁酯、甲拌磷、甲基异柳磷、水胺硫磷、灭线磷	2,4-滴丁酯自2023年1月23日起禁止使用。溴甲烷可用于“检疫熏蒸梳理”。杀扑磷已无制剂登记。甲拌磷、甲基异柳磷、水胺硫磷、灭线磷自2024年9月1日起禁止销售和使用
	克百威、氧乐果、灭多威、涕灭威	禁止在蔬菜、瓜类、茶叶、菌类、中药材上使用。禁止用于防治卫生害虫。禁止用于水生植物的病虫害防治。自2024年6月1日起禁止生产，2026年6月1日起全面禁止销售和使用
	克百威	禁止在甘蔗作物上使用。自2024年6月1日起禁止生产，2026年6月1日起全面禁止销售和使用
限制使用12种	内吸磷、硫环磷、氯唑磷	禁止在蔬菜、瓜类、茶叶、中药材上使用
	乙酰甲胺磷、丁硫克百威、乐果	禁止在蔬菜、瓜类、茶叶、菌类、中药材上使用
	毒死蜱、三唑磷	禁止在蔬菜上使用
	丁酰肼（比久）	禁止在花生上使用
	氰戊菊酯	禁止在茶叶上使用
	氟虫腈	禁止在所有农作物上使用（玉米等部分旱生种子包衣除外）
	氟苯虫酰胺	禁止在水稻上使用

主要参考文献

陈康，谭毅. 中药材病虫害防治大全［M］. 北京：中国医药科技出版社，2006.

陈荣海. 鼠类生态及鼠害防治［M］. 长春：东北师范大学出版社，1991.

陈震. 百种药用植物栽培答疑［M］. 北京：中国农业出版社，2003.

程惠珍. 药用植物栽培在中药现代化中的地位和作用［J］. 中国医药情报，1998，4（2）：109-113.

程惠珍，丁万隆，陈君. 生物防治技术在绿色中药材生产中的应用［J］. 中国中药杂志，2003，28（8）：693-695.

丁建云，丁万隆. 药用植物使用农药指南［M］. 北京：中国农业出版社，2004.

高启超，吴振廷，程新霞. 药用植物病虫害防治［M］. 合肥：安徽科学技术出版社，1988.

郭巧生. 药用植物栽培学［M］. 北京：高等教育出版社，2009.

郭全宝，汪诚信，邓址. 中国鼠类及其防治［M］. 北京：农业出版社，1984.

韩金声. 中国药用植物病害［M］. 长春：吉林科学技术出版社，1990.

韩召军. 植物保护学通论［M］. 北京：高等教育出版社，2001.

何运转，谢晓亮，刘廷辉，等. 中草药主要病虫害原色图谱［M］. 北京：中国医药科技出版社，2019.

黄克南，朱意麟，李斌. 常用中草药识别与应用彩色图谱［M］. 北京：化学工业出版社，2015.

李萍. 现代生药学［M］. 北京：科学出版社，2006.

李兴广，马家宝. 中药学速记歌诀［M］. 北京：化学工业出版社，2014.

刘小梅，吴启堂，李秉滔. 超富集植物治理重金属污染土壤研究进展［J］. 农业环境科学学报，2003，22（5）：636-640.

刘舟，彭秋平，向云亚，等. 我国常见药用植物病毒病的危害与防控［J］. 植物保护，2018，44（1）：9-19.

陆家云. 药用植物病害［M］. 北京：中国农业出版社，1995.

苏建亚，张立钦. 药用植物保护学［M］. 北京：中国林业出版社，2012.

吴文君. 中国植物源农药研究与应用［M］. 北京：化学工业出版社，2021.

吴振廷. 药用植物害虫［M］. 北京：中国农业出版社，1995.

项东宇，贺立虎，袁国卿. 中国药用植物识别技术［M］. 北京：化学工业出版社，2018.

徐汉虹. 植物化学保护学［M］. 5 版. 北京：中国农业出版社，2018.

徐鸿华，楼步青，黄海波. 精编中药材识别与应用图谱［M］. 广州：广东科技出版社，2018.

么厉，程惠珍，杨智. 中药材规范化种植（养殖）技术指南［M］. 北京：中国农业出版社，2006.

叶华谷. 中国中草药志［M］. 北京：化学工业出版社，2022.

叶华谷，邹滨. 中国药用植物［M］. 北京：化学工业出版社，2014.

杨卫平，夏同珩，李朝斗，等. 中草药图谱及常用配方［M］. 贵阳：贵州科技出版社，2010.

图 9-1　人参

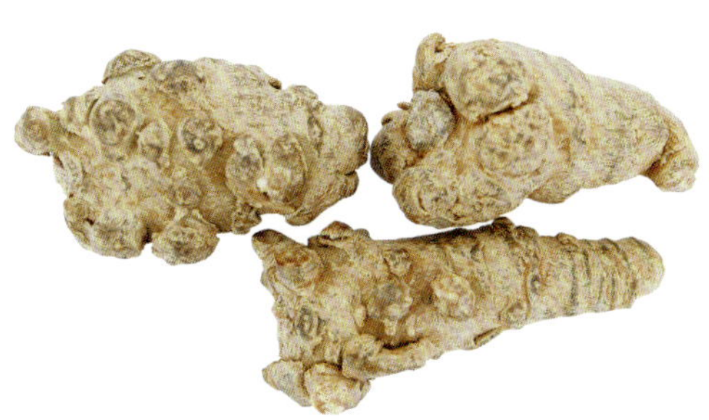

图 9-2　三七

图 9-3　川芎

图 9-4　丹参

图 9-5　乌头

图 9-6　天麻

图 9-7　牛膝

图 9-8　半夏

图 9-9　白术

图 9-10　甘草

图 9-11　白芷

图 9-12　地黄

图 9-13　当归

图 9-15　泽泻

图 10-1　广藿香

图 10-3　肉苁蓉

图 11-1　山茱萸

图 11-2　五味子

图 11-5　栝楼

图 12-1　忍冬

图 12-2　菊花

图 13-1　肉桂

图 13-2　杜仲

图 14-2　铁线蕨及孢子粉（海金沙）

图 14-3　紫萁

图 14-4　贯众